W0275223

Berichtigung

S. 24, 8. Zeile v. o.:	statt „des reduzierten kritischen Drucks“ **lies:** „des reduzierten Drucks“
S. 47, Gl. (48):	hinter $(x_e - x)$ ergänze: $(x_e - x)\,dh$
S. 99, 8. Zeile v. o.:	statt „mit dem Strippgrad $S = 1/A$“ **lies:** „mit dem Strippgrad S statt A“
S. 133, 4. Zeile v. u.:	statt „Vorspannung“ **lies:** „Vorentspannung“
S. 165, 15. Zeile v. o.:	statt „$\approx 10/P_g$“ **lies:** „≈ 6 bis $10/P_g$“

Thormann, Absorption

Verfahrenstechnik in Einzeldarstellungen

Herausgegeben von Dr.-Ing. J. Spangler und Dr.-Ing. W. Matz

6

Absorption

Von

Prof. Dr.-Ing. Kurt Thormann

Frankfurt/Main

Mit 54 Abbildungen

SPRINGER-VERLAG BERLIN HEIDELBERG GMBH

1959

ISBN 978-3-540-02481-1 ISBN 978-3-642-45939-9 (eBook)
DOI 10.1007/978-3-642-45939-9

Ursprünglich erschienen bei Springer-Verlag OHG., Berlin/Göttingen/Heidelberg 1959
Softcover reprint of the hardcover 1st edition 1959

Vorwort

In dem vorliegenden Buch wird versucht, die Verfahrenstechnik der Absorption in einer möglichst kurzen und anschaulichen Form für Ingenieure und Chemiker darzustellen. Dabei wird, ausgehend von den technischen Aufgaben, besonderer Wert auf die Erläuterung der *allgemeinen* Grundlagen, der Zusammenhänge der verschiedenen Einflußgrößen und der für einen wirtschaftlichen Betrieb von Absorptionsanlagen notwendigen Bedingungen gelegt.

Um eine *Gesamtübersicht* über die Absorptionstechnik zu erhalten, wurde für diese allgemeinen, verfahrenstechnischen Probleme eine hinreichende Vollständigkeit angestrebt. Dagegen war es mit Rücksicht auf den gewünschten Umfang des Buches nicht möglich, alle Anwendungsgebiete, z. B. Sonderverfahren, die oft nur als spezielle Ausführungsformen für einen besonderen Zweck anzusehen sind, zu berücksichtigen. Dadurch wurde der Inhalt gleichzeitig gegenüber der beschreibenden Technologie abgegrenzt.

Da gerade für die Verfahrenstechnik eine Anschaulichkeit der Vorgänge in den Apparaturen wertvoll und hierzu eine größenmäßige Vorstellung aller Mengen und ihrer Zustände erforderlich ist, wurden möglichst Anhalts- oder Verhältniszahlen zur Erläuterung eingefügt.

Alle Elemente, die anderen Gebieten der Verfahrenstechnik zugehören, wie Wärmetauscher, Verdampfer, Kondensatoren usw., wurden nicht im einzelnen behandelt. Ebenso wurden auch die Korrosionsfragen nur berührt, wo sie Einfluß auf die Verfahrenstechnik haben. Auf dem Gebiet der Regelung wurden nur die besonderen Verhältnisse der Absorption gestreift.

Die große Zahl der Veröffentlichungen, die über spezielle Probleme der Absorption erschienen sind, machte es unmöglich, alle zu erwähnen, so daß nur wenige, besonders interessierende Arbeiten ausgewählt wurden.

Möge dieses Buch allen Ingenieuren und Chemikern, die sich mit der Verfahrenstechnik der Absorption beschäftigen wollen, einen ausreichenden Überblick über dieses Gebiet geben und ihnen damit von praktischem Nutzen sein.

Frankfurt (Main), im März 1959

K. Thormann

Inhaltsverzeichnis

Bezeichnungen[1]

a Austauschfläche je Raumeinheit einer Füllung in m^2/m^3

A Absorptionsfaktor

A_e, A' effektive Absorptionsfaktoren nach EDMISTER

b Wehrlänge eines Bodenüberlaufs in m

B Differenzbeladung eines chemisch wirkenden Waschmittels in Nm^3/m^3

c Konzentration einer Flüssigkeit in kg-Mol/m^3 oder Nm^3/m^3

c_L spezifische Wärme einer Flüssigkeit in kcal/kg °C

c_p spezifische Wärme des Gases in kcal/kg °C

d Durchmesser von Füllkörpern in m

D Diffusionszahl des absorbierten oder zu absorbierenden Stoffs in m^2/h

E_Z y_2/y_1 = Auswaschungszahl für ein vollkommen regeneriertes Waschmittel

E_{z0} $(y_2 - m\,x_0)/(y_1 - m\,x_0)$ = Auswaschungszahl für ein unvollständig regeneriertes Waschmittel

E_A $(y_2 - y_1)/y_2$ = Auswaschungsgrad bei vollkommener Regeneration des Waschmittels

E_{A0} $(y_2 - y_1)/(y_2 - y_0)$ = Auswaschungsgrad mit Berücksichtigung der unvollständigen Regeneration

E_S Austreibgrad (Strippgrad)

E_i Austauschverhältnis eines Bodens

E_m mittleres Austauschverhältnis

f Fugazität eines reinen Gases in ata

f umgesetzter Anteil eines chemisch wirkenden Mittels bezogen auf den maximalen Umsatz

F Anteil der Zwischenräume in einer trockenen Schüttung von Füllkörpern

F_i Menge einer Komponente im beladenen Waschmittel in Mole/h

G_M Gasmenge in kg-Mol/m^2 h

G Gasmenge in Nm^3/m^2 h oder kg/m^2 h

G_S Gasbelastung im Staupunkt in kg/m^2 h

h Schichthöhe eines Füllkörperturms in m

h Flüssigkeitshöhe in m

H HENRYsche Konstante $= p/c$

H_G Teilhöhe einer Übergangseinheit für die Gasseite in m

H_L Teilhöhe einer Übergangseinheit für die Flüssigkeitsseite in m

H_{0G} Gesamthöhe einer auf die Gasseite bezogenen Übergangseinheit in m

H_{0L} Gesamthöhe einer auf die Flüssigkeitsseite bezogenen Übergangseinheit in m

i Enthalpie in kcal/kg

k_G Einzelübergangszahl für die gasförmige Schicht in kg-Mole/m^2 h 1 at

k_L Einzelübergangszahl für die flüssige Schicht in kg-Mole/m^2 h kg-Mole/m^3

K_G Gesamtstoffübergangszahl bezogen auf die Gasschicht in kg-Mole/m^2 h 1 at

K_L Gesamtstoffübergangszahl bezogen auf die flüssige Schicht in kg-Mole/m^2 h kg-Mole/m^3

K $= y/x$ Gleichgewichtskonstante

L_M Flüssigkeitsmenge kg-Mole/m^2 h

L Flüssigkeitsmenge in kg/m^2 h oder m^3/m^2 h

m Steigung der Gleichgewichtslinie

M_G Molekulargewicht des Gases

M_L Molekulargewicht der Flüssigkeit

M Molarität einer Lösung

n wirkliche Bodenzahl

---

[1] Hier wird noch das *bisher übliche, technische Maßsystem* benutzt. Entsprechend ist das Kraftkilogramm mit kg bezeichnet. Nach dem neuen Einheitensystem kann statt kg als Krafteinheit überall kp (Kilopond) gesetzt werden.

n_{th} theoretische Bodenzahl
N Normalität einer Base
N_G durch die Gasschicht übertragene Stoffmenge in kg-Mole/m² h
N_L durch die flüssige Schicht übertragene Stoffmenge in kg-Mole/m² h
n_{0G} Zahl der auf die Gasseite bezogenen Übergangseinheiten eines Bodens
N_{0G} Zahl der auf die Gasseite bezogenen Übergangseinheiten
N_{0L} Zahl der auf die Flüssigkeitsseite bezogenen Übergangseinheiten
Nu NUSSELTsche Zahl
p Partialdruck einer Komponente in ata
P Druck in ata
P_g Gesamtdruck eines Gasgemischs in ata
P' Eigendampfdruck eines reinen Stoffs in ata
P_r reduzierter Druck
P Produktmenge in Mole/h
q Absorptionswärme in kcal/Nm³
r Geschwindigkeitskonstante einer chemischen Reaktion
R Rücklaufmenge in Mole/m² h
Re REYNOLDSsche Zahl
R Gaskonstante in der Gaszustandsgleichung
S Strippfaktor
Sch SCHMIDTsche Zahl
T absolute Temperatur in °K
T_r reduzierte Temperatur
u Überlaufgeschwindigkeit der Flüssigkeit über ein Wehr in m/s
v spezifisches Volumen des Gases in m³/kg
V_L über ein Wehr strömendes Flüssigkeitsvolumen in m³/s
V_T Füllkörpervolumen eines Turms in m³
w_G Gasgeschwindigkeit in m/s
w_{G0} Gasgeschwindigkeit in den Löchern eines Siebbodens in m/s
w_f Gasgeschwindigkeit im Staupunkt in m/s
x Gehalt des gelösten Stoffs in der Flüssigkeit in Mol/Mol
X Gehalt des gelösten Stoffs im reinen Waschmittel in Mol/Mol
X' Gehalt des gelösten Stoffs im regenerierten Waschmittel in Mol/Mol
y Gehalt des zu lösenden Stoffs im Gas in Mol/Mol
Y Gehalt des zu lösenden Stoffs bezogen auf die Inertgasmenge (Trägergasmenge) in Mol/Mol
Y' Gehalt des zu lösenden Stoffs bezogen auf die Rohgasmenge in Mol/Mol
Z Kompressibilitätsfaktor

Bezeichnungen mit griechischen Buchstaben

α Absorptionskoeffizient von BUNSEN in Nm³/m³ 1 ata
α_i Verhältnis der Eigendampfdrücke, Flüchtigkeitsgrad
ε Aktivitätskoeffizient
γ_N Wichte des Gases im Normzustand in kg/Nm³
γ_L spezifisches Gewicht der Flüssigkeit in kg/m³
γ_{LM} spezifisches Gewicht der Flüssigkeit in kg-Mol/m³
μ Zähigkeit kg/h m
ν kinematische Zähigkeit m²/h

Indizes

$a, b, c, d, \ldots, i$ Komponenten eines Gemischs
1, 2 oberes und unteres Turmende (besonders für Füllkörpertürme)
$1, 2, 3, \ldots n$, Bezifferung der Böden von oben nach unten
0 auflaufendes Waschmittel
L Flüssigkeit
G Gas
th als „theoretisch“ bezeichnete Größe
M in kg-Molen auszudrückende Größe

I. Allgemeine Grundlagen der Absorptionsverfahren

Die Absorptionsverfahren haben die Aufgabe, aus einem Gasstrom bestimmte gas- oder dampfförmige Bestandteile durch einen Stoffübergang in eine lösende Flüssigkeit auf Grund eines Konzentrationsgefälles zwischen Gas und Flüssigkeit zu entfernen. Diese Flüssigkeit wird als Waschmittel, Absorptionsmittel, Absorbens oder auch als Lösungsmittel bezeichnet. Waschmittel und Gas werden im Gegenstrom durchlaufend oder stufenartig in einem Absorber aneinander vorbeigeführt. Das beladene Waschmittel wird in der Regel durch Austreiben der absorbierten Komponenten regeneriert und im Kreislauf auf den Absorber zurückgeführt. Der in die Absorptionsanlage eintretende Rohgasstrom wird dabei in den Reingasstrom, die bei der Regenerierung des beladenen Waschmittels erhaltenen Stoffe und oft auch in einen oder mehrere, verhältnismäßig kleine Nebengasströme geteilt. Die wesentlichen Elemente einer Absorptionsanlage sind in dem auf Abb. 1 dargestellten Fließbild zu ersehen.

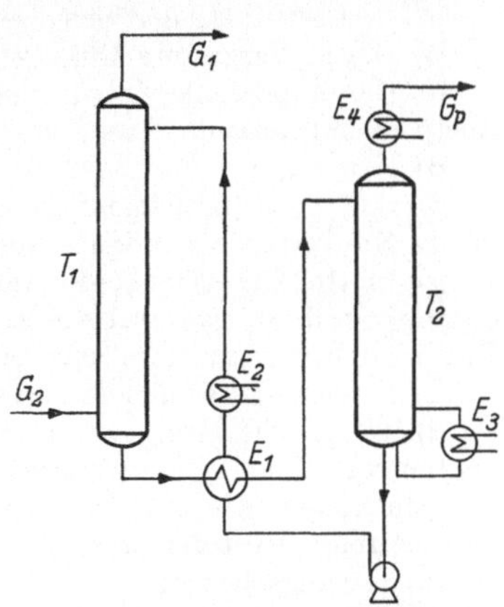

Abb. 1. Fließbild einer Absorptionsanlage. G_1 Reingas, G_2 Rohgas, G_p Produktgas, T_1 Absorber, T_2 Regenerierturm, E_1 Wärmeaustauscher, E_2 Kühler, E_3 Verdampfer, E_4 Kondensator.

Die wichtigsten Teilaufgaben, die in der Absorptionstechnik im Einzelfall zu lösen sind, bestehen in der Wahl des Waschmittels, in der Bestimmung der Waschmittelmenge, der Höhen und Querschnitte der Gegenstromsysteme für den Stoffaustausch zwischen Gas und Waschmittel, in der Ausführung der Regenerierung und in der Ermittlung des Wärme- und Kraftbedarfs. Als wesentliche Unterlage dienen dabei die Phasengleichgewichte zwischen dem Waschmittel und den zu absorbierenden Gasbestandteilen.

Nach der Art des Lösungsvorgangs durch VAN DER WAALSsche Kräfte oder chemische Bindungskräfte unterscheidet man physikalisch lösende und chemisch wirkende Waschmittel. Bei den chemisch absorbierenden Lösungen steigt der Partialdruck des absorbierten Gases mit zunehmender Beladung zunächst nur langsam und kurz vor dem Umsatz des reaktionsfähigen Mittels parabelartig schneller, während er bei den physikalisch lösenden Waschmitteln linear mit der Stoffaufnahme wächst. Die Unterscheidung zwischen physikalischen und chemischen Wäschen ist nicht für alle Fälle streng anwendbar, da es physikalisch lösende Waschmittel gibt, die mit dem zu entfernenden Stoff eine lose chemische Bindung mit einer Dampfdruckerniedrigung eingehen und daher gleichsam eine Übergangsform darstellen.

Andererseits kann die chemische Bindung so fest sein, daß der Gasdruck der absorbierten Komponente über der Lösung Null ist, so daß das Waschmittel mit einfachen Mitteln nicht mehr regenerierbar ist. Bei den für die Absorption verwendeten, chemisch wirkenden Lösungen unterscheidet man daher regenerierbare und nichtregenerierbare Waschmittel. Chemisch wirkende Waschmittel werden besonders zur Auswaschung saurer Gase, wie Kohlendioxyd, Schwefelwasserstoff und Zyanwasserstoff, aber auch zur Absorption von Kohlenoxyd und bestimmter ungesättigter Kohlenwasserstoffe verwendet.

Unter den Gasgemischen, die in der Absorptionstechnik als eintretende Rohgase häufig vorkommen, sind besonders folgende Gruppen wichtig:

a) Brennstoffdestillationsgase, Kokereigas, Schwelgase.
b) Durch Vergasung flüssiger Brennstoffe erzeugte Gase.
c) Durch partielle Oxydation von Kohlenwasserstoffen entstandene Gase, Acetylen enthaltende Gase, aus Dehydrierungen erhaltene Gase.
d) Naturgase.
e) Spaltgase (Krackgase), Raffinerieabgase.
f) Konvertgase (Endgase aus einer CO-Konvertierung).
g) Inerte Gase, insbesondere Luft oder Schutzgasgemische, die Dämpfe organischer Lösungsmittel wie z. B. Ketone, Alkohole, Äther, Ester, Aromaten, Benzinkohlenwasserstoffe usw. enthalten.
h) Kreislaufgase oder Endgase aus Synthesen.
i) Technische Gase aus verschiedenen Prozessen, die anorganische Komponenten wie Chlor, Chlorwasserstoff, Stickoxyde, Kohlenoxyd, Schwefeldioxyd usw. enthalten, wie z. B. Abgase aus Chlorierungen, Gase aus der Ammoniakverbrennung, Röstofengase, Abgase aus Kalk- oder Magnesitöfen usw.
k) Gärungsabgase.

Von wenigen Ausnahmen abgesehen, ist die Absorption um so wirtschaftlicher durchzuführen, je höher der Druck der eintretenden Gase ist. Alle Verfahren, bei denen Gase unter Druck erzeugt werden, haben daher den Vorteil, daß die nachfolgenden Absorptionsanlagen billiger gebaut und betrieben werden können.

Bau- und Betriebskosten einer Absorptionsanlage werden ferner um so höher, je geringer der Restgehalt der zu entfernenden Komponente im gewaschenen Gas sein soll, der mit y_1 bezeichnet sei. Beträgt der Gehalt dieser Komponente im Rohgas y_2, so wird die Auswaschungszahl für den Fall, daß das Waschmittel vollständig regeneriert ist, in folgender Weise definiert:

$$E_z = \frac{y_2}{y_1} \tag{1}$$

Die Zahl der ausgewaschenen Zehnerpotenzen wird durch den Wert von $\log(y_2/y_1)$ dargestellt.

Der Auswaschungsgrad beträgt dann für den gleichen Fall:

$$E_A = \frac{y_2 - y_1}{y_2} \tag{2}$$

Damit die Auswaschung nicht weiter getrieben wird als unbedingt notwendig ist, müssen die Anforderungen entsprechend dem Verfahrenszweck festgelegt werden. Von den zahlreichen Aufgaben, die dabei einzeln oder gemeinsam auftreten können, seien nur einige als Beispiele erwähnt, die besonders häufig vorkommen:

a) Bestimmte Gaskomponenten sind mehr oder weniger vollständig als Produkte mit bestimmten Reinheitsspezifikationen z. B. mit begrenzten Gehalten an anderen Komponenten zu gewinnen.

b) Durch die nachfolgenden Verarbeitungsstufen, z. B. Synthesen, werden bestimmte Anforderungen an die Reinheit des gewaschenen Gases z. B. hinsichtlich der Entfernung von Kontaktgiften gestellt. In anderen Fällen soll der Laugeverbrauch einer nachfolgenden Laugewäsche z. B. durch Entfernung der Hauptmenge der sauren Gase vermindert werden.

c) Für den Verwendungszweck außerhalb des Betriebs, z. B. als Ferngas, soll das gewaschene Gas bestimmte Eigenschaften haben.

d) Es soll verhindert werden, daß sich in den angeschlossenen Gasleitungen bei Kälte feste Stoffe oder Kondensate ausscheiden.

e) Eine nachfolgende Tieftemperaturgaszerlegung erfordert hohe Reinheit von solchen Stoffen, die bei tiefen Temperaturen fest werden.

Wenn die Stoffe aus dem Gas als Produkte zu gewinnen sind (Fall a), so begnügt man sich oft mit der Auswaschung von etwa 1,5 bis 2,0 Zehnerpotenzen.

Handelt es sich um die Entfernung von Kontaktgiften aus Synthesegasen, z. B. um die Entfernung von Schwefelverbindungen (Fall b), so ist oft eine Auswaschung von 4 bis 6 Zehnerpotenzen erforderlich.

Wird das Gas z. B. als Stadt- oder Ferngas (Fall c) vorwiegend für Heizzwecke verwendet, so beziehen sich die Anforderungen, abgesehen von den Brenneigenschaften, besonders auf den Gehalt an Schwefelwasserstoff, organischem Schwefel, Ammoniak, Kohlendioxyd, Zyanwasserstoff und Stickoxyd. Hierfür bestehen in allen Ländern Normen. Im Ferngas und ähnlichen Gasen soll z. B. der H_2S-Gehalt unter 0,2 g/100 Nm³ Gas, der organische Schwefel bis 25 g/100 Nm³, Ammoniak unter 0,3 g/100 Nm³, Zyanwasserstoff bis 15 g/100 Nm³, Stickoxyd bis 0,2 cm³/m³ betragen.

Im Fall d muß der Taupunkt des Gases je nach den örtlichen Verhältnissen z. B. auf ±0° C oder −5° C festgelegt werden. Dadurch ergeben sich die Gehalte der fraglichen Komponenten im Reingas.

Eine nachfolgende Tieftemperaturgaszerlegung (Fall e) erfordert geringste Gehalte an Wasserdampf und Kohlendioxyd, die nur durch eine Natronlaugenwäsche und eine Trocknung z. B. mit Diäthylenglykol erreicht werden können.

Soll eine bestimmte Komponente mit begrenzten Gehalten an den übrigen Komponenten gewonnen werden (Fall a), so muß für diese Komponente als sogenannte Schlüsselkomponente ein geeigneter Auswaschungsgrad festgelegt werden, damit die übrigen Komponenten nur teilweise absorbiert werden. Ferner können die mitabsorbierten Komponenten teilweise in der Regeneration abgetrennt werden. Eine andere Möglichkeit besteht in der Wahl eines selektiv wirkenden Waschmittels, falls ein solches bekannt ist.

Ist z. B. Schwefelwasserstoff aus einem Gas zu entfernen und ist es nicht möglich, diesen unmittelbar oder nach Verbrennung in die Außenluft abzulassen, so dürfen die Beimengungen des in der Regeneration erhaltenen Schwefelwasserstoffgases die weitere Verarbeitung auf elementaren Schwefel oder Schwefelsäure nicht stören. Der Schwefelwasserstoffgehalt in diesem Gas soll möglichst nicht unter 15% liegen. Der Gehalt dieses Gases an mitgeführten Kohlenwasserstoffen darf einen bestimmten Wert und diese selbst ein bestimmtes mittleres Molekulargewicht nicht überschreiten, damit z. B. katalytisch hergestellte Schwefelsäure nicht unter den üblichen Gehalt verdünnt wird oder damit nach dem CLAUS-Verfahren hergestellter Schwefel die handelsübliche Farbe erhält.

Von den niedrigstsiedenden Stoffen, die in der Absorptionstechnik normalerweise noch aus einem Gas zu entfernen sind, seien als Beispiele Kohlenoxyd, Äthylen, Acetylen, Äthan und Kohlendioxyd genannt. In der Tieftemperaturtechnik, die hier als Sondergebiet außer Betracht gelassen wird, werden auch niedriger siedende Stoffe durch Absorption entfernt, wie z. B. Methan durch Auswaschung mit flüssigem Stickstoff.

Zu den höchstsiedenden Stoffen, die noch durch Absorption gewonnen werden, gehört das Naphthalin, das bei normalen Temperaturen bereits fest ist.

Die Fragen der Dimensionen, die in der Absorptionstechnik zweckmäßig oder aus besonderen Gründen zu verwenden sind, werden in folgendem kurz zusammengefaßt:

Die Mengen von Gas und Flüssigkeit werden in der Regel auf die Flächeneinheit des durchströmten Querschnitts, also z. B. auf 1 m^2 des Turmquerschnitts bezogen. Soweit sie zu Phasengleichgewichten in Beziehung gesetzt werden, gibt man ihnen die Dimensionen kg-Mole/m² h. Sie werden in diesem Fall mit dem Index M versehen und mit G_M und L_M bezeichnet. Wenn die Mengen von Gas und Flüssigkeit in Gleichungen auftreten, die auf hydrodynamischen Vorgängen beruhen und Kraftwirkungen ausdrücken, werden sie mit der Dimension kg/m² h verwendet und ohne Index geschrieben.

Die Zusammensetzungen x für die Flüssigkeit und y für das Gas werden in molaren Einheiten angegeben, da sie in der Regel zu Phasengleichgewichten in Beziehung gesetzt werden müssen. Die x, y-Beziehungen für die Phasengleichgewichte werden stets mit Molenbrüchen x und y erhalten, die sich auf die vorhandenen Gemische von Flüssigkeit und Gas beziehen.

Für die Absorptionstechnik ist zu beachten, daß sich die Mengenströme während des Absorptionsvorgangs ändern. Die Mole des eintretenden Gasgemischs vermindern sich um die Mengen der absorbierten Komponenten. Das eintretende Waschmittel vermehrt sich um die gleichen Mengen. Setzt man daher die Zusammensetzungen der Flüssigkeit x und des Gases y, bezogen auf die in den jeweiligen Absorberquerschnitten tatsächlich vorhandenen Flüssigkeits- und Gasmengen, in Molenbrüchen ein, so erhält man für beide Phasen über den ganzen Turm veränderliche Bezugsgrößen. Der Vorteil der auf die vorhandenen Gemische bezogenen Molenbrüche x und y besteht andererseits darin, daß in vielen Fällen für die x, y-Funktionen der Phasengleichgewichte lineare Beziehungen erhalten werden.

Da grundsätzlich die Mengenströme eines Systems gleichzeitig als Bezugsgrößen für die Zusammensetzungen verwendet werden müssen, wird die Aufstellung von Beziehungen zwischen diesen vereinfacht, wenn die Mengen für Flüssigkeit und Gas in den Gegenstromsystemen als konstant angesehen werden können.

Bei konstant angenommenen Strömen für Flüssigkeit und Gas ergeben die Molenbrüche x und y, die für die Darstellung der Phasengleichgewichte zu verwenden sind, auch für die aus Mengenbilanzen erhaltenen Zusammensetzungen von Gas und Flüssigkeit lineare Beziehungen.

Man kann die Gehalte an den absorbierten oder zu absorbierenden Komponenten auf die eigentliche, von absorbierten Stoffen freie Waschmittelmenge und die Inertgasmenge beziehen, die beim Absorptionsvorgang praktisch unverändert bleibt. Damit erhält man konstante Bezugsgrößen für die Zusammensetzungen. Die Gehalte an absorbierten oder zu absorbierenden Stoffen, die auf die davon freien Trägerströme von Flüssigkeit und Gas bezogen sind, seien mit X für die Flüssigkeit und mit Y für das Gas bezeichnet. Da die Phasengleichgewichte mit den Molenbrüchen x und y erhalten werden, müssen x und y für die

Phasengleichgewichte durch X und Y ausgedrückt werden. Hierfür gelten folgende Verhältnisse für eine durch den Index i gekennzeichnete Komponente:

$$x_i = \frac{X_i}{1 + \sum X} \tag{3a}$$

$$y_i = \frac{Y_i}{1 + \sum Y} \tag{3b}$$

Die Additionen $\sum X$ und $\sum Y$ sind dabei nur für die absorbierten oder zu absorbierenden Komponenten vorzunehmen. Man erhält daher auch dann, wenn die x, y-Funktion für die Gleichgewichte linear ist, in einem X, Y-System für die Phasengleichgewichte eine gekrümmte Kurve. Dagegen erhält man mit den Zusammensetzungen X und Y als Veränderliche für Beziehungen, die aus Stoffbilanzen für den Absorptionsvorgang abgeleitet sind, wegen der Unveränderlichkeit der Bezugsgrößen lineare Gleichungen.

Eine weitere Möglichkeit besteht darin, die Zusammensetzungen auf die eintretenden Ströme, also auf das regenerierte Waschmittel und das zu behandelnde Rohgas zu beziehen. Diese Größen sind bei jeder Absorptionsaufgabe als gegeben und als konstant anzusehen. Diese Gehalte seien mit X' und Y' bezeichnet. Für die Beziehungen zu den Molenbrüchen x und y gelten folgende Verhältnisse:

$$x_i = \frac{X'_i}{1 + \sum X'} \tag{4a}$$

$$y_i = \frac{Y'}{\sum Y'} \tag{4b}$$

Dabei sind unter $\sum X'$ alle Anteile der absorbierten Komponenten und unter $\sum Y'$ alle jeweils vorhandenen Gasanteile zu summieren.

Eine für viele Fälle brauchbare Näherungslösung erhält man, wenn man die Zusammensetzungen der Flüssigkeit auf die Summe von reinem Waschmittel und der Hälfte der absorbierten Stoffe und die Gaszusammensetzungen auf die Summe der inerten Gase und die Hälfte der zu absorbierenden Stoffe bezieht und mit diesen konstanten Mengen rechnet. In diesem Fall können die Zusammensetzungen von Gas und Flüssigkeit näherungsweise durch die Molenbrüche x und y dargestellt werden, so daß eine Umrechnung der Gleichgewichtsbeziehungen entfällt.

Wenn daher die Zusammensetzungen im folgenden vorwiegend mit den Molenbrüchen x und y, die sich auf die Gemische beziehen, angegeben sind, so können für Flüssigkeit und Gas auch andere konstante Mengen eingesetzt und die Zusammensetzung z. B. durch X und Y oder X' und Y' ausgedrückt werden, wenn die für die Gleichgewichtsdarstellung benutzten Molenbrüche x und y in der angegebenen Weise umgerechnet werden.

In der Absorptionstechnik sind x und y für die absorbierten oder zu absorbierenden Stoffe oft sehr klein. Für diesen Fall gilt mit genügender Annäherung:

$$x = X = X' \quad \text{und} \quad y = Y = Y' \tag{5}$$

Es ist dabei ferner zu berücksichtigen, daß die Genauigkeit, mit der Absorptionsanlagen berechnet werden können, oft beschränkt ist, und daß die Abweichungen, die durch konstant angenommene Mengenströme und durch den Bezug der Molenbrüche x und y auf diese Ströme entstehen, häufig im Rahmen der insgesamt auftretenden Fehlergrenzen liegen.

Da in der Absorptionstechnik das Verhältnis des Partialdrucks einer Komponente zum Atmosphärendruck bisweilen mehr interessiert als das Verhältnis zum Gesamtdruck, wird zur Angabe der Konzentration im Gas statt des Gehalts im Gas y oft der Partialdruck der betrachteten Komponente p (ata) benutzt. Da die Partialdrücke hierbei vielfach als groß oder klein bezeichnet werden, sei erwähnt, daß man für normale Aufgaben in der Absorptionstechnik einen Partialdruck über etwa 5 ata als groß und unter 0,05 ata als klein ansehen kann.

Zur weiteren Unterrichtung sei auf folgende in Buchform erschienenen Darstellungen der Absorption hingewiesen, die auch umfangreiche Zusammenstellungen der Literatur enthalten:

SHERWOOD, TH. K., u. R. L. PIGFORD: Absorption and extraction. New York: McGraw-Hill 1952.

RAMM, W. M.: Absorptionsprozesse in der chemischen Technik. Berlin: VEB-Verlag Technik 1953. — Übersetzung aus dem Russischen von S. TRAUSTEL, Russische Ausgabe: Moskau 1951.

MORRIS, G. A., u. J. JACKSON: Absorption towers. With special reference to the design of packed towers for absorption and stripping. London: Butterworth 1953.

II. Phasengleichgewichte bei der Absorption

1. Besonderheiten der Absorptionsgleichgewichte

Die Gleichgewichtsbeziehungen stellen den Zusammenhang zwischen den Zusammensetzungen einer Gasphase und den Konzentrationen einer Flüssigkeit dar, die sich bei gleicher Temperatur und einem gegebenen Druck im Gleichgewicht befinden. Sie geben die Möglichkeit, die maximale Beladung eines Waschmittels zu berechnen und seine Eignung zu beurteilen. Die Phasengleichgewichte besagen jedoch unmittelbar nichts über die Zeit, in der sich diese von einem Ausgangszustand angefangen, in dem Flüssigkeit und Gas zusammengebracht werden, einstellen.

Bei einer Absorptionsaufgabe sind mindestens 3 Stoffe beteiligt: das Waschmittel, ein Gas und die zu absorbierende Komponente. Oft bestehen sowohl das Gas als auch das Waschmittel aus zahlreichen Komponenten. Dabei werden regelmäßig zahlreiche Stoffe teilweise oder ganz absorbiert. Umgekehrt können auch Anteile des Waschmittels in kleinen Mengen in das Gas übergehen.

Grundsätzlich sind die Gleichgewichte zu unterscheiden, die lediglich zwischen den reinen Komponenten des Gases und dem Waschmittel bestehen und sich einstellen würden, wenn die anderen Komponenten nicht vorhanden wären, und die tatsächlichen Gleichgewichte, bei denen auch der gegenseitige Einfluß aller Komponenten aufeinander wirksam ist. Für viele Aufgaben genügt es, nur die Gleichgewichte zwischen dem Waschmittel und den einzelnen Gaskomponenten zu berücksichtigen.

Wegen der Verschiedenartigkeit der Gleichgewichte mit einem physikalisch lösenden und einem chemisch wirkenden Waschmittel werden diese im folgenden getrennt behandelt.

Die tiefste Temperatur, die bei der Absorption regelmäßig im Absorber auftritt, ist durch das jeweils vorhandene Kühlwasser, z. B. auf etwa +25° bis +35° C oder bei einer Kaltwäsche durch die Verdampfertemperatur einer Kältemaschine z. B. auf −30° C, beschränkt.

Bei den als Gase oder Inertgase bezeichneten Stoffen liegt die kritische Temperatur unterhalb der Absorptionstemperatur. Die kritischen Temperaturen der ganz oder größtenteils zu absorbierenden Komponenten sind meist höher als die Absorptionstemperatur (Dämpfe).

Für die Absorptionstechnik ist besonders die Abhängigkeit des Partialdrucks über der Flüssigkeit bei konstanter Temperatur in Abhängigkeit von der Konzentration der Flüssigkeit von Bedeutung.

2. Wahl des Waschmittels

Die wichtigste Forderung, die an ein physikalisch lösendes Waschmittel gestellt wird, ist eine hohe Löslichkeit der zu absorbierenden Gaskomponenten in diesem. Eine ausreichende Löslichkeit ist in der Regel als vorhanden anzusehen, wenn z. B. Waschmittel und zu absorbierender Stoff chemisch zu einer homologen Reihe gehören und das zu absorbierende Gas in diesem nahezu mit idealem Partialdruckverhalten gelöst ist.

Das Molekulargewicht der physikalisch wirkenden Waschmittel soll möglichst klein sein, damit die in Umlauf gesetzte Waschmittelmenge nicht durch ein höheres Molekulargewicht vergrößert wird.

Das Waschmittel soll andererseits einen geringen Dampfdruck bei der Absorptionstemperatur und entsprechend einen hohen Siedepunkt oder Siedebeginn haben, damit der infolge des Eigendampfdrucks im gewaschenen Gas mitgeführte Waschmittelanteil möglichst gering ist und damit die absorbierten Stoffe genügend rein und ohne großen Wärmeaufwand in der Regeneration von ihm abgetrennt werden können. Das Waschmittel muß insbesondere gegenüber der höchstsiedenden, absorbierten Gaskomponente, die in der Regeneration noch abzutreiben ist, einen genügend hohen Siedepunktsunterschied aufweisen. Die Siedelage des Waschmittels richtet sich daher nach dem Siedepunkt dieser Gaskomponenten. Wird die Absorptionstemperatur durch Kühlwasser aufrechterhalten, so daß diese maximal bei etwa 30 bis 35° C liegt, so soll das Waschmittel bei dieser Temperatur einen geringen Eigendampfdruck, z. B. kleiner als 0,001 oder kleiner als 0,0001 ata je nach dem Betriebsdruck der Absorption, haben, damit eine Nachwäsche im Hauptgasstrom zur Rückgewinnung von Waschmittelresten aus dem gewaschenen Gas möglichst entbehrlich ist.

Die Siedetemperatur des Waschmittels beim Atmosphärendruck ist oft auf etwa 220° C beschränkt, weil diese Temperatur noch durch Beheizung mit Hochdruckdampf erreicht werden kann. Die höchsten Siedetemperaturen, auf die man ein Waschmittel, z. B. in einem Röhrenofen zum Zweck der Regeneration erhitzt, liegen bei etwa 300° C. Niedrigsiedende, organische Waschmittel, die etwa im Bereich von 50 bis 100° C bei Normaldruck sieden, können nur bei tiefen Temperaturen zur Absorption verwendet werden, die durch eine Kältemaschine erzeugt werden müssen.

Soll eine bestimmte Gaskomponente bevorzugt gegenüber einer Gaskomponente z. B. einer anderen Stoffgruppe von ähnlicher Siedelage aus dem Gas durch Absorption entfernt werden, so muß das Waschmittel ein selektives Lösungsvermögen haben. Die mit physikalisch lösenden Waschmitteln erreichbaren Selektivitäten liegen jedoch bei gleicher Temperatur selten unter 1:5 bis 1:10, so daß von der Komponenten der anderen Stoffgruppe etwa $^1/_5$ bis $^1/_{10}$ mit ausgewaschen wird. Zum Vergleich sei vermerkt, daß die Dampfdruckverhältnisse zweier, in der Siedereihe aufeinanderfolgender Kohlenwasserstoffe, die sich um ein Kohlenstoffatom im Molekül unterscheiden, etwa in der Größenordnung von 1 : 3 liegen.

Die Forderung einer einfachen Regenerierbarkeit des Waschmittels bedingt, daß es mit den absorbierten Gasbestandteilen keine Azeotrope oder nicht regenerierbare, chemische Verbindungen bildet. Die Regeneration eines organischen Waschmittels wird erleichtert, wenn dieses wasserunlöslich ist, weil es in diesem Fall zur Regeneration durch unmittelbares Einblasen von Wasserdampf behandelt werden kann. Wenn bei Temperaturen unter 0° C absorbiert werden soll, kann ein wasserlösliches Waschmittel wegen der Vermeidung der Eisbildung vorteilhaft sein.

Der Erstarrungspunkt, bzw. der Trübungspunkt des Waschmittels soll mindestens etwa 10° C unterhalb der niedrigsten, in der Absorptionsanlage auftretenden Temperatur liegen. Wenn bei Temperaturen unterhalb der Kühlwassertemperatur absorbiert werden soll, ist eine Beschränkung auf —30° C günstig, um den Einbau von Spezialstählen zu vermeiden.

Im Interesse eines guten Wärmeübergangs in den Austauschern und Kühlern ist ein hohes Wärmeleitvermögen des Waschmittels wichtig. Geringe Zähigkeit bei der Absorptionstemperatur erleichtert den Wärme- und Stoffübergang, die Flüssigkeitsführung und das Aufsteigen von Gasblasen.

Das Waschmittel soll keine korrosiven Eigenschaften haben, damit unlegierte Stähle für den Bau der Anlage verwendet werden können. Bei den höchsten Temperaturen des Verfahrens, die meist in der Regeneration auftreten, soll sich das Waschmittel auch im Dauerbetrieb nicht zersetzen, polymerisieren oder sonst chemisch verändern. Es soll gegenüber den im Gas vorhandenen Komponenten, insbesondere auch gegenüber dem im Gas vorhandenen Sauerstoff indifferent sein.

Das Waschmittel soll ferner möglichst nicht giftig und nicht gesundheitsschädlich sein.

Geringe Waschmittelreste dürfen den Wert der in der Regeneration gewonnenen Produkte nicht beeinträchtigen.

Die Wirtschaftlichkeit des Verfahrens erfordert einen geringen Preis des Waschmittels, um die Kosten für die erste Füllung und den laufenden Waschmittelersatz gering zu halten. Ein betriebseigenes Waschmittel, das im Rahmen des gesamten Produktionsprogramms anfällt und die Abhängigkeit der Waschmittelversorgung von anderer Seite ausschließt, wird in der Regel unter sonst ähnlichen Umständen vorgezogen.

3. Die Absorptionskoeffizienten

Die Gleichgewichte von schwerlöslichen Gasen, etwa bis zu einem Siedepunkt von —10° C, in einer Flüssigkeit können durch ihre Löslichkeit in dieser Flüssigkeit mit Hilfe von Absorptionszahlen oder Absorptionskoeffizienten gekennzeichnet werden. Diese geben an, wieviel Raum- oder Gewichtseinheiten eines Gases bei einem bestimmten Druck dieses Gases und einer gegebenen Temperatur von einer Raum- oder Gewichtseinheit der Flüssigkeit oder einer bestimmten Zahl davon im Gleichgewichtszustand aufgenommen werden. Die Löslichkeit kann durch folgende Größen ausgedrückt werden:

Die OSTWALDsche Löslichkeit α' ist das Verhältnis der Konzentration des Gases in der Flüssigkeit zu der in der Gasphase; diese Größe ist bei der Gültigkeit des HENRY-DALTONschen Gesetzes für eine gegebene Temperatur unabhängig vom Teildruck des Gases.

Der BUNSENsche Absorptionskoeffizient α ist das von der Volumeneinheit des Lösungsmittels bei der betreffenden Temperatur aufgenommene Volumen eines Gases (reduziert auf 0° und 760 Torr Druck), wenn der Teildruck des Gases 760 Torr beträgt.

Der technische Absorptionskoeffizient λ gibt an, wieviel Nm^3 Gas in 1 t Flüssigkeit bei einem Partialdruck des Gases von 1 ata gelöst werden.

Der KUENENsche Absorptionskoeffizient ist das Volumen des Gases in cm^3 (reduziert auf Normbedingungen), welches bei der betreffenden Temperatur von einem Gramm des Lösungsmittels aufgenommen wird, wenn der Teildruck des Gases 760 mm Hg beträgt.

Die Absorptionszahl q gibt die Gramme Gas an, welche von 100 g des reinen Lösungsmittels bei der betreffenden Temperatur aufgenommen werden, wenn der Gesamtdruck, also der Partialdruck plus dem Sättigungsdruck der Flüssigkeit bei der Absorptionstemperatur, 760 mm Hg beträgt.

Der RAOULTsche Absorptionskoeffizient γ ist das Gewicht des Gases in Gramm, welches bei der betreffenden Temperatur von 100 cm^3 des Lösungsmittels aufgenommen wird, wenn der Teildruck des Gases 760 Torr beträgt.

Die Löslichkeiten einiger Gase in Wasser sind in Tabelle 1 (S. 12) mit dem Absorptionskoeffizienten von BUNSEN angegeben.

Der BUNSENsche Absorptionskoeffizient α, der angibt, wieviel Nm^3 eines Gases bei einem Teildruck des Gases von 760 Torr von der Volumeneinheit, d. h. von 1 m^3 der Flüssigkeit bei der betreffenden Temperatur aufgenommen werden, und der technische Absorptionskoeffizient λ werden in der Absorptionstechnik am meisten gebraucht.

Bei der Anwendung eines Absorptionskoeffizienten setzt man voraus, daß die in der Flüssigkeit gelöste Gasmenge proportional mit dem Druck steigt. Bei den in der Absorptionstechnik üblichen Drücken ist dies bei den schwerlöslichen Gasen mit hinreichender Genauigkeit der Fall. Beträgt der Partialdruck einer Komponente des Gases i über der Flüssigkeit z. B. p_i ata, so ist die von einem Kubikmeter Flüssigkeit aufgenommene Menge dieses Gases:

$$G_i = \alpha_i \, p_i \quad [Nm^3/m^3] \tag{6}$$

Wird ein Gas mit dem Absorptionskoeffizienten α_i aus einem Gas-

Tabelle 1

Temperatur °C	Wasserstoff	Sauerstoff	Kohlendioxyd	Luft	H_2S	CO	NO	Methan	Äthan	Äthylen	Acetylen
0	0,02148	0,04889	1,713	0,02885	4,670	0,07381	0,03537	0,05563	0,09874	0,226	1,73
2	0,02105	0,04633	1,584	2742	4,379	6993	3375	5244	9093	211	1,63
4	0,02064	0,04397	1,473	2609	4,107	6632	3222	4946	8372	197	1,53
6	0,02025	0,04180	1,377	2486	3,852	6298	3078	4669	7709	184	1,45
8	0,01989	0,03983	1,282	2372	3,616	5990	2942	4413	7106	173	1,37
10	0,01955	0,03802	1,194	2268	3,399	5709	2816	4177	6561	162	1,31
12	0,01925	0,03637	1,117	2174	3,206	5470	2701	3970	6106	152	1,24
14	0,01897	0,03486	1,050	2088	3,028	5250	2593	3779	5694	143	1,18
16	0,01869	0,03348	0,985	2009	2,865	5049	2494	3606	5326	136	1,13
18	0,01844	0,03220	0,928	1937	2,717	4868	2402	3448	5003	129	1,08
20	0,01819	0,03103	0,878	1871	2,582	4706	2319	3308	4724	122	1,03
25	0,01754	0,02831	0,759	1727	2,282	4323	2142	3006	4104	108	0,93
30	0,01699	0,02608	0,665	1607	2,037	4004	1998	2762	3624	098	0,84
35	0,01666	0,02440	0,592	1504	1,831	3734	1877	2546	3230	—	—
40	0,01644	0,02360	0,530	1415	1,660	3507	1775	2369	2915	—	—
45	0,01624	0,02187	0,479	1352	1,516	3311	1690	2238	2660	—	—
50	0,01608	0,02090	0,436	1298	1,392	3152	1615	2134	2459	—	—
60	0,01600	0,01946	0,359	1216	1,190	2954	1488	1954	2177	—	—
70	0,0160	0,01833	—	1156	1,022	2810	1440	1825	1948	—	—
80	0,0160	0,01761	—	1126	0,917	2700	1430	1770	1826	—	—
90	0,0160	0,0172	—	111	0,84	265	142	1735	176	—	—
100	0,0160	0,0172	—	111	0,81	263	141	170	172	—	—

gemisch G in Nm³, das unter dem Gesamtdruck P_g (ata) steht, von einer Flüssigkeitsmenge L in m³ gelöst, so gilt die Beziehung:

$$G = L \alpha_i P_g \tag{7}$$

Bei der Lösung von verhältnismäßig höher siedenden Gasen wie Kohlendioxyd, Schwefelwasserstoff, Äthylen, Acetylen usw. in organischen Flüssigkeiten ist der Absorptionskoeffizient von den Partialdrücken des Gases abhängig. Je größer der Partialdruck über der Flüssigkeit ist, um so größer ist meist die Druckabhängigkeit. Mit zunehmenden Temperaturen wird die Abhängigkeit von den Partialdrücken geringer. Mit zunehmenden Partialdrücken bei gleicher Temperatur steigt der Absorptionskoeffizient in der Regel. Bei loser chemischer Bindung z. B. bei der Lösung von Kohlendioxyd in Wasser, fällt er mit steigendem Partialdruck.

Bei gleichem Partialdruck sinkt der Absorptionskoeffizient mit zunehmenden Temperaturen. Bei hohen Temperaturen kann der Absorptionskoeffizient niedrigsiedender Gase mit zunehmender Temperatur etwas steigen, so daß in Abhängigkeit von der Temperatur in einem weiten Temperaturbereich ein flaches Minimum auftreten kann.

Vergleicht man die Löslichkeit verschiedener Gase in der gleichen Flüssigkeit bei der gleichen Temperatur, so steigt der Absorptionskoeffizient in der Regel mit zunehmender Siedetemperatur des Stoffs. Findet jedoch eine lose chemische Bindung statt, so ist der Absorptionskoeffizient erheblich größer, als nach dieser Regel im Vergleich mit anderen Gasen zu erwarten wäre. In diesem Fall liegt eine selektive Löslichkeit gegenüber Gasen von ähnlicher Siedelage vor. Soll ein physikalisch wirkendes Waschmittel zur selektiven Absorption zweier Gase mit verhältnismäßig eng aneinanderliegenden Siedepunkten benutzt werden, so müssen die Absorptionskoeffizienten bei gleicher Temperatur sich möglichst um mindestens etwa das Acht- bis Zehnfache unterscheiden.

Bei der Berechnung der absorbierten Mengen mit Hilfe des Absorptionskoeffizienten und der Partialdrücke der einzelnen Komponenten eines Gasgemischs wird der gegenseitige Einfluß der übrigen absorbierten Gase nicht berücksichtigt.

Zur Kennzeichnung der Löslichkeit eines Gases in einer bestimmten Flüssigkeit wird ferner die sogenannte Henrysche Konstante H benutzt, die dem Absorptionskoeffizienten umgekehrt proportional ist. Bedeuten p_i den Gleichgewichtspartialdruck in ata und c_i die Konzentration der Flüssigkeit in kg-Molen/m³, so ist die Henrysche Konstante für eine Komponente i in folgender Weise definiert:

$$H = \frac{p_i}{c_i}. \tag{8}$$

4. Das Raoultsche Geradliniengesetz für die Gasdrücke

Für den Fall idealer Löslichkeit werden die Phasengleichgewichte der einzelnen reinen Komponenten durch eine lineare Beziehung zwischen dem Gehalt der betrachteten Komponente im Gas y (Mol/Mol) und der Konzentration der gleichen Komponente in der Flüssigkeit x (Mol/Mol) dargestellt. Dadurch ist es möglich, die Zusammensetzungen der Gemische, die im Phasengleichgewicht miteinander stehen, in einfacher Weise aus dem Siedeverhalten der einzelnen Komponenten zu bestimmen.

Der Partialdruck jeder beliebigen Komponente p_i über dem flüssigen Gemisch eines idealen Systems steigt nach dem Raoultschen Gesetz proportional der Zusammensetzung x_i der flüssigen Phase. Bezeichnet P_i' den Eigendampfdruck oder Sättigungsdampfdruck der reinen Komponente i bei der Temperatur des Systems t und P_g den Gesamtdruck des Systems, so gilt:

$$p_i = P_i' \, x_i \tag{9}$$

$$y_i = \frac{p_i}{P_g} \tag{10}$$

$$P_i' \, x_i = y_i \, P_g \tag{11}$$

$$\frac{y_i}{x_i} = \frac{P_i'}{P_g} = K_i \tag{12}$$

Das Verhältnis y_i/x_i, das als Gleichgewichtskonstante K_i oder auch als Verteilungszahl bezeichnet wird, ist nur von dem Eigendampfdruck der reinen Komponente und dem Gesamtdampfdruck oder, da zu jedem Dampfdruck eines reinen Stoffs eine bestimmte Sättigungstemperatur gehört, nur von der Temperatur und dem Gesamtdruck abhängig. Die lineare Gesetzmäßigkeit für den Dampfdruck in Abhängigkeit von der Zusammensetzung der Flüssigkeit x gilt mit mehr oder weniger großer Annäherung für chemisch verwandte Stoffe, z. B. für die Glieder einer homologen Reihe.

Bei hohen Drücken treten erhebliche Abweichungen vom idealen Verhalten auf, die weiter unten noch behandelt werden. Ebenso ist dies der Fall, wenn die Siedepunktsunterschiede der betrachteten Komponenten groß sind. Da bei idealem Verhalten jede einzelne Komponente eines Systems der linearen Gesetzmäßigkeit unterliegt, bestehen folgende Beziehungen für die flüssige und die gasförmige Phase:

$$x_a + x_b + x_c \cdots + x_i \cdots = 1 \tag{13}$$

$$y_a + y_b + y_c \cdots + y_i \cdots = 1 \tag{14}$$

$$\frac{y_a}{K_a} + \frac{y_b}{K_b} + \frac{y_c}{K_c} \cdots + \frac{y_i}{K_i} \cdots = 1 \tag{15}$$

$$K_a \, x_a + K_b \, x_b + K_c \, x_c \cdots + K_i \, x_i \cdots = 1 \tag{16}$$

Diese Gleichungen können in der Regel nur durch Probieren und schrittweise Annäherung gelöst werden.

Befindet sich die zu absorbierende Komponente in einem praktisch inerten Gas, z. B. in einem vorwiegend aus Wasserstoff oder Stickstoff bestehenden Gas, so sind am Gleichgewicht nur die Flüssigkeit, im vorliegenden Fall also das Waschmittel, und die zu absorbierende Komponente beteiligt, so daß das Absorptionsgleichgewicht durch eine geradlinige Dampfdruckisotherme nach Abb. 2 dargestellt werden kann.

Die Partialdrücke der absorbierten Gaskomponente sind mit der Annahme der Gültigkeit des RAOULTschen Gesetzes für die konstant angenommene Temperatur t durch die Gerade gegeben, die z. B. nach Abb. 2 von $x = 0$, $p_a = 0$ bei $x = 1$ auf den Eigendampfdruck des reinen Stoffs P'_a ansteigt. Sie wird auch als Siedelinie bezeichnet. Beträgt der Partialdruck im Gasgemisch z. B. p_a, so ist die Gleichgewichtsbeladung des Waschmittels durch den Abschnitt x_a gegeben. Der Gehalt im Gas ist durch $y_a = p_a/P_g$ gegeben. Der Gesamtdruck P_g, der in dieser Darstellung nicht enthalten ist, kann bei der Absorption erheblich größer als P'_a sein. Werden die Ordinaten des Bilds durch den Gesamtdruck P_g dividiert, so erhält man statt der Partialdrücke die entsprechenden Gasgehalte y_a.

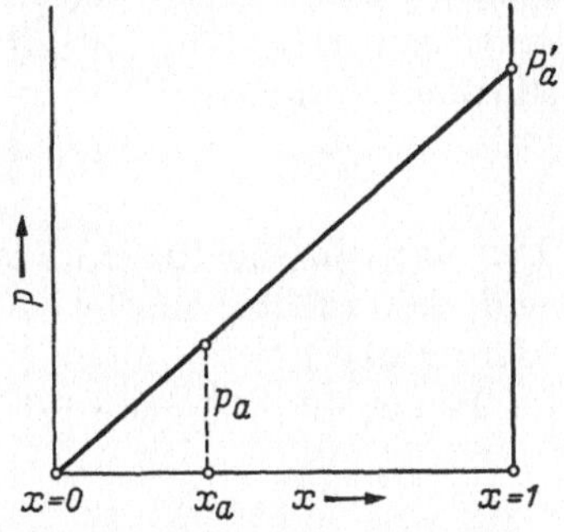

Abb. 2
Abhängigkeit des Gasdrucks p von der Konzentration der Flüssigkeit x nach dem RAOULTschen Geradliniengesetz.

Eine einfache Beziehung zwischen der Gleichgewichtskonstanten $K = y/x$ und dem BUNSENschen Absorptionskoeffizienten α ergibt sich aus der Proportionalität zwischen dem Molenbruch x und dem Produkt des Absorptionskoeffizienten α und des Partialgasdrucks p. Dabei werden zur Vereinfachung mit Rücksicht auf die geringe Beladung des Waschmittels bei der Absorption von Gasen, für die ein Absorptionskoeffizient verwendet wird, die Mole des absorbierten Stoffs bei den Molen der Flüssigkeit nicht berücksichtigt. Man erhält dabei für die Beladung x:

$$x = \frac{p\,\alpha\,M_L}{\gamma_L\,22{,}4} \qquad (17$$

Hierin bedeuten:

M_L Molekulargewicht der Flüssigkeit,

γ_L spezifisches Gewicht der Flüssigkeit in kg/m³,

22,4 Normvolumen des Gases/Mol.

Durch Erweitern mit dem Gesamtdruck P_g ergibt sich mit $y = p/P_g$:

$$K = \frac{\gamma_L 22{,}4}{M_L \alpha P_g} \tag{18}$$

Die Gleichgewichtskonstante K wird dabei für die gleiche Temperatur erhalten, für die der Bunsenabsorptionskoeffizient α eingesetzt wird.

Treten zwischenmolekulare Kräfte zwischen dem Waschmittel und der absorbierten Komponente auf, so kann näherungsweise die Rechnung mit den Gleichgewichtskonstanten beibehalten werden, wenn die Abweichungen vom idealen Verhalten durch Zufügen eines Aktivitätskoeffizienten berücksichtigt werden. Diese Möglichkeit wird bei der Absorption dadurch begünstigt, daß die einzelnen absorbierten Komponenten in der Regel im Waschmittel nur in geringen Konzentrationen auftreten. Es gilt daher für eine Komponente i mit nichtidealem Verhalten:

$$\frac{y_i}{x_i} = \frac{\varepsilon_i P_i'}{P_g} = K_i \tag{19}$$

Der Aktivitätskoeffizient ε ist bei verringerter Löslichkeit größer als 1 und bei erhöhter Löslichkeit, z. B. infolge loser chemischer Bindung, kleiner als 1.

Physikalisch lösende Waschmittel sind, wenn man von den niedrigsiedenden Gasen absieht, für die Absorption in der Regel ungünstig und wenig geeignet, wenn der Aktivitätskoeffizient für die auszuwaschende Komponente größer als etwa 6 bis 8 ist. Andererseits vermindert ein großer Aktivitätskoeffizient die Kosten der Regeneration.

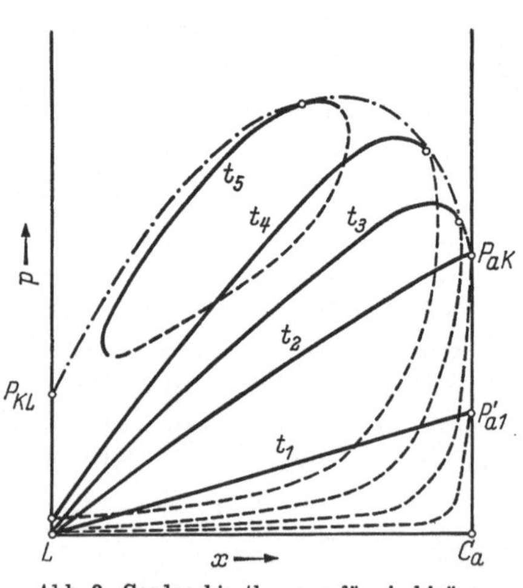

Abb. 3. Gasdruckisothermen für ein binäres Gemisch für 5 Temperaturen.

Die Eigendampfdrücke der zu absorbierenden Gaskomponenten, die zur Bestimmung der Gleichgewichtskonstanten bekannt sein müssen, ergeben sich aus den bekannten Dampfdruckkurven, die den Sättigungsdampfdruck in Abhängigkeit von den Temperaturen darstellen. Ein Eigendampfdruck einer reinen Komponente ist jedoch nur bis zum kritischen Punkt dieser Gaskomponente vorhanden. Eine Dampfdruckisotherme, die mit $x = 0$ beginnt und daher noch für Absorptionsaufgaben verwendet werden kann, ist jedoch auch noch bis zur kritischen Temperatur des Waschmittels vorhanden, die oft erheblich über der kritischen Temperatur der zu absorbierenden Komponente liegt.

Auf Abb. 3 sind mehrere Dampfdruckisothermen für ein binäres System gezeigt, das aus dem hochsiedenden Waschmittel L und einer Gaskomponente C_a besteht. Die ausgezogene Linie bezeichnet die Siedekurve, die gestrichelte Kurve die Kondensationslinie, die durch die Flüchtigkeit des absorbierten Stoffs und auch des Waschmittels entsteht. Für eine verhältnismäßig tiefe Temperatur t_1 ergibt sich die Isotherme $L\,P'_{a1}$. Bezeichnet P_{aK} den kritischen Punkt der zu absorbierenden Gaskomponente mit der Temperatur t_2, so ist mit $L\,P_{aK}$ die letzte bis $x = 1$ durchgehende Isotherme gegeben. Bei höheren Temperaturen bilden die Isothermen Schleifen, wie sie mit den Kurven für die Temperaturen t_3 und t_4 dargestellt sind. Diese Kurven sind jedoch noch für Absorptionszwecke brauchbar, da sie von $x = 0$ ausgehen. Bei Temperaturen oberhalb der kritischen Temperatur des Waschmittels, z. B. bei der Temperatur t_5 ergibt sich eine geschlossene Kurve. Bei dieser Temperatur ist ein Absorptionsverfahren nicht mehr durchführbar. Die Isothermen werden durch die kritische Kurve der Gemische umhüllt, die die Grenze für das Vorhandensein zweier Phasen angibt.

5. Darstellung von Absorptionsgleichgewichten durch ein ternäres System

Bei der Absorption mit einem physikalisch lösenden Waschmittel sind mindestens ein Gas, dessen kritische Temperatur unterhalb der Absorptionstemperatur liegt, der zu absorbierende Stoff, dessen kritische Temperatur meist oberhalb der Absorptionstemperatur liegt, und ein Waschmittel beteiligt, daß in der Regel durch sehr geringe eigene Dampfdrücke gekennzeichnet ist. Man kann daher die Absorptionsgleichgewichte für diesen Fall eines ternären Systems durch eine geeignete Zustandsgröße, z. B. durch den Druck für eine konstante Temperatur über einem Dreiecksnetz für die Zusammensetzungen in einem prismatischen Raumbild darstellen.

Auf Abb. 4 sind die Gasdrücke über dem Dreieck ALG für die Zusammensetzungen der flüssigen und der gasförmigen Phase bei der als konstant betrachteten Absorptionstemperatur mit den Siede- und den Kondensationskurven dargestellt. Die 3 Ecken des Dreiecks ALG entsprechen den reinen Stoffen der zu absorbierenden Komponente C_a, des Waschmittels L und des Gases G. Die Siedekurve des Stoffs C_a in Lösung mit dem Waschmittel L ist durch die Gerade $P_L\,P'_a$ wiedergegeben. Die Siede- und Kondensationskurven der binären Systeme L–G und C_a–G erreichen die Druckordinate des reinen Gases G nicht, sondern bilden schleifenförmige, in sich geschlossene Kurven, und zwar

P'_a–$P_{K\,II}$–$P_{S\,II}$–P'_a für das Gemisch C_a–G und P_L–$P_{K\,I}$–$P_{S\,I}$–P_L für das Gemisch L–G. Die Punkte $P_{K\,I}$ und $P_{K\,II}$ stellen die höchsten kritischen Drücke der Gemische C_a–G und L–G dar. Dabei ist der Druck $P_{K\,I}$ immer erheblich höher als $P_{K\,II}$.

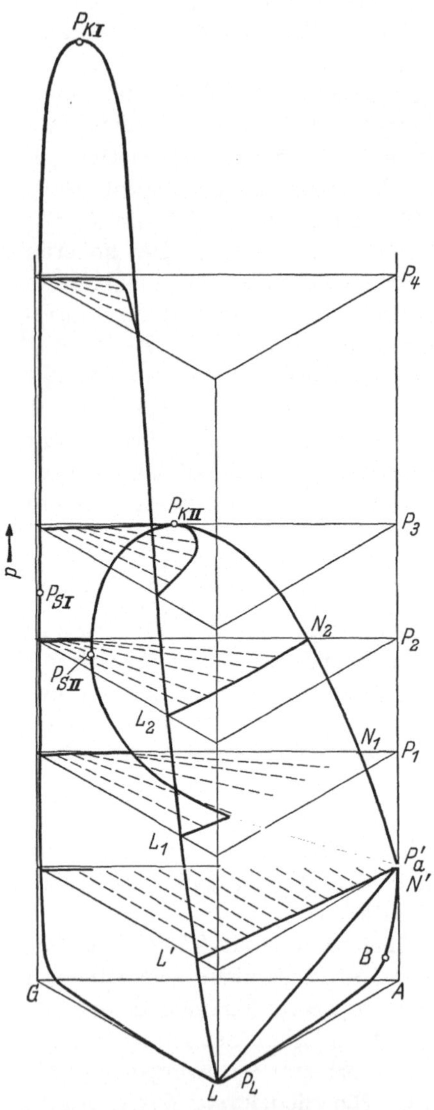

Abb. 4. Gasdrücke bei konstanter Temperatur für ein aus dem Waschmittel L, einer Gaskomponente G und dem zu absorbierenden Stoff (Punkt A) bestehendes System über einem Dreiecksnetz für die Zusammensetzungen (Mol/Mol) mit den Ebenen für fünf verschiedene Gesamtdrücke.

Oberhalb dieser Zustände ist in den beiden Systemen $C_a G$ und GL nur eine homogene Phase möglich. Die Punkte $P_{S\,I}$ und $P_{S\,II}$ geben in den Systemen GC_a und GL den höchsten Gehalt der gasförmigen Komponente G in den Gasphasen dieser binären Systeme an. Die Kurvenzüge P'_a–P_L, P_L–$P_{K\,I}$ und P'_a–$P_{K\,II}$ umranden eine gekrümmte Siedefläche im ternären Raum. Ebenso umranden die Kurven P_L–B–P'_a, P_L–$P_{I\,S}$–$P_{K\,I}$ und P'_a–$P_{S\,II}$–$P_{K\,II}$ eine gekrümmte Kondensationsfläche. Legt man durch das Druckprisma Ebenen konstanten Drucks, z. B. bei den Drücken P'_a, P_1, P_2, P_3 und P_4, so schneiden diese die beiden Flächen bei Drücken über dem Druck $P_{K\,II}$ in geschlossenen Kurven und bei Drücken unterhalb des Drucks $P_{K\,II}$ in zwei getrennten Kurven für die Gas- und die flüssige Phase. Zwischen diesen Kurven konstanten Drucks erstrecken sich die Gleichgewichtskonnoden, die die im Gleichgewicht zugehörigen Punkte für die Gas- und die Flüssigkeitsphase miteinander verbinden.

Besteht die gasförmige Komponente aus einem besonders niedrig siedenden Gas, wie z. B. Wasserstoff oder Luft, so liegt der kritische Druck für das im Waschmittel gelöste Gas $P_{K\,I}$ sehr hoch. Bei verhältnismäßig geringen Drücken, z. B. bei Gesamtdrücken bis etwa 20 ata, fällt die Siedekurve für die flüssige

Phase dann praktisch mit den Zusammensetzungen der Dreieckseite AL zusammen. In diesem Fall nähert sich z. B. auf Abb. 4 die Löslichkeitskurve L_1N_1 der Dreiecksseite für den Druck P_1 so dicht, daß man die Löslichkeit des Gases G in dem Waschmittel L unberücksichtigt lassen kann, so daß man für diesen Grenzfall nur mit dem zu absorbierenden Stoff C_a und dem Waschmittel L zu rechnen hat und den Absorptionsvorgang mit diesem binären System behandeln kann.

Für den Fall, daß die Gaskomponente aus einem besonders niedrig siedenden Gas besteht, dessen Löslichkeit im Waschmittel unberücksichtigt bleibt, kann auch die Absorption zweier Komponenten C_a und C_b von verschiedener Siedelage in einem ternären System LAB mit den Druckkurven bzw. -flächen für eine konstante Temperatur dargestellt werden. Hierbei ist ideales Verhalten für die 3 Komponenten C_a, C_b und L angenommen. Aus dem auf Abb. 5 dargestellten, ternären System für die niedrigsiedende Komponente C_a und die höhersiedende Komponente C_b läßt sich die Beziehung zwischen den Partialdrücken p_a und p_b und den Eigendampfdrücken der reinen Komponente P_a' und P_b' im Phasengleichgewicht für eine konstant angenommene Temperatur erkennen. Der Partialdruck des Waschmittels L sei so gering, daß er unberücksichtigt bleiben kann. Der Druck des beladenen Waschmittels p_N sei durch den Punkt N gegeben, der in der Dreiecksfläche $LP_a'P_b'$ liegt, wie eine Parallele zur Seite $P_a'P_b'$ zeigt. Er setzt sich aus den Partialdrücken p_a und p_b zusammen. Die molaren Zusammensetzungen der flüssigen Phase entsprechen den Strecken x_a und x_b.

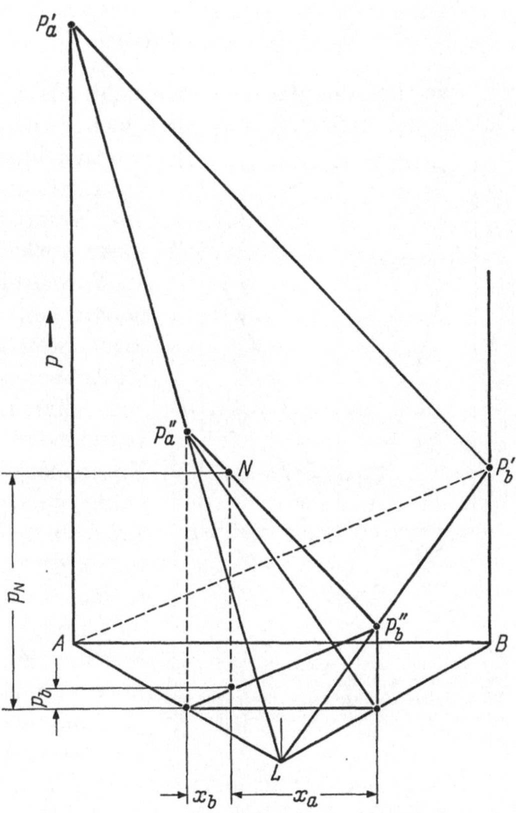

Abb. 5. Darstellung der Gasdrücke von zwei ideal in der Flüssigkeit gelösten Stoffen bei konstanter Temperatur über einem Dreiecksnetz für die Zusammensetzungen.

Wie sich aus den geometrischen Verhältnissen auf Abb. 5 ergibt, gelten folgende Beziehungen:

$$x_a = \frac{p_a''}{P_a'} \quad (20\,a) \qquad\qquad x_b = \frac{p_b''}{P_b'} \quad (20\,b)$$

Durch Erweiterung mit dem Gesamtdruck P_g ergibt sich:

$$K_a = \frac{P_a'}{P_g} \quad (21\,a) \qquad\qquad K_b = \frac{P_b'}{P_g} \quad (21\,b)$$

Die Beladungen des Waschmittels x_a und x_b für den Punkt N lassen sich daher im Fall der Gleichgewichtseinstellung lediglich durch die Gleichgewichtskonstanten für C_a und C_b angeben. Ein gegenseitiger Einfluß der Komponenten ist in diesem Fall nicht vorhanden.

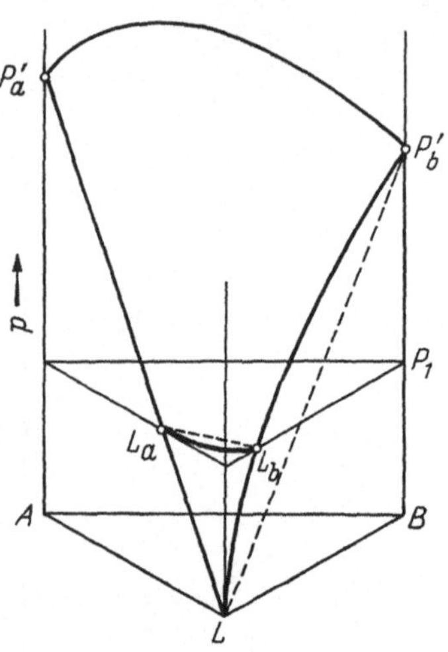

Abb. 6.
Darstellung der Löslichkeit von zwei chemisch verschiedenen Stoffen in einem Waschmittel L durch die Gasdrücke bei konstanter Temperatur über einem Dreiecksnetz für die Zusammensetzungen.

Verhalten sich die beiden Komponenten C_a und C_b gegenseitig nicht ideal, weil sie z. B. zu chemisch verschiedenen Stoffgruppen gehören, so wird ihre Löslichkeit im Waschmittel verschieden sein, auch wenn die beiden Komponenten C_a und C_b verhältnismäßig nahe beieinander sieden. In dem auf Abb. 6 für eine konstante Temperatur dargestellten, ternären System LAB bilden die Komponenten C_a und C_b gegenseitig zwischen den Eigendampfdrücken P_a' und P_b' ein Gemisch mit Maximumdampfdruck. Die eigentliche Gaskomponente C_G, die den Hauptanteil im Gasgemisch bildet, wird auch in diesem Beispiel als inert angesehen und tritt in dem auf Abb. 6 dargestellten System nicht in Erscheinung. Die Komponente C_b ist im Waschmittel L weniger löslich, so daß das Gemisch LC_b eine Dampfdruckerhöhung zeigt. Die Komponente C_a dagegen, die mit dem Waschmittel chemisch verwandt ist und z. B. zur gleichen homologen Reihe gehören möge, bildet mit dem Waschmittel L ein Gemisch mit idealem Siedeverhalten. Für einen Druck P_1, der sich, abgesehen von einem sehr kleinen Partialdruck des Waschmittels, nur aus den Drücken der Komponenten C_a und C_b zusammensetzt, ergibt der reine Stoff C_a die Zusammensetzung des Punktes L_a, während der reine Stoff C_b einen geringeren Gehalt entsprechend dem Punkt L_b in der flüssigen Phase zeigt, obwohl der Stoff C_a niedriger siedet als der Stoff C_b. Der gegenseitige Einfluß der Komponenten C_a und C_b kommt darin zum Ausdruck, daß die zwischen den Punkten L_a und L_b im ternären Gebiet verlaufende Löslichkeitskurve für den Druck P_1 nicht geradlinig entsprechend der gestrichelten Linie, sondern infolge des Einflusses des Dampfdruckmaximums zwischen den Eigendrücken der reinen Stoffe P'_a und P'_b in dem Bereich geringerer Konzentrationen derart gekrümmt ist, daß bei einem Überschuß von C_a weniger von dem Stoff C_b gelöst ist.

Ein System dieser Art wird z. B. erhalten, wenn man mit einer hochsiedenden Kohlenwasserstofffraktion einen niedrigsiedenden Alkohol und einen Kohlenwasserstoff von nahezu gleicher Siedelage absorbiert, die in einem inerten Gas enthalten sind. Der Alkohol würde in diesem Fall der Komponente C_b und der Kohlenwasserstoff der Komponente C_a entsprechen.

Je mehr der Dampfdruck der auszuwaschenden Komponente über dem Waschmittel gegenüber einer anderen Komponente von ähnlicher Siedelage sich erniedrigt und je mehr der Partialdruck der zweiten Gaskomponenten sich über dem Waschmittel erhöht, um so selektiver absorbiert das Waschmittel die erste Komponente. Als selektive Waschmittel zum Beispiel für den Fall der Absorption von Acetylen eignen sich besonders Dimethylformamid, Dimethylsulfoxyd, Butyrolakton und Azeton, während Kohlenwasserstoffe für diese Aufgabe ungenügend sind.

6. Abweichungen vom idealen Verhalten bei hohen Drücken

Mit zunehmendem Druck werden die Unterschiede zwischen den Zusammensetzungen der Gasphase und der Flüssigkeit geringer. Dicht unterhalb des kritischen Drucks sind die Zusammensetzungen von Flüssigkeit und Gas nahezu gleich. Die Abweichungen vom idealen Verhalten mit zunehmendem Druck, die von der Nähe oder Entfernung des kritischen Punkts abhängen, beeinflussen daher wesentlich die Phasengleichgewichte.

Dabei sind die kritischen Drücke der einzelnen reinen Komponenten und der kritische Druck des ganzen Systems zu unterscheiden. Bei den Gemischen mit idealen oder nahezu idealen Eigenschaften liegt der maximale kritische Druck des Gemischs erheblich über den kritischen Drücken der einzelnen reinen Komponenten.

Die kritischen Drücke der niedrigsiedenden Kohlenwasserstoffe und zahlreicher weiterer Stoffe liegen in der Größenordnung von 38 bis 50 Atmosphären. Die mittelsiedenden Kohlenwasserstoffe haben kritische Drücke von etwa 20 bis 37 ata. Die Drücke der niedrigsiedenden Gase liegen in ähnlicher Größenordnung. Höhere kritische Drücke haben z. B. folgende Gase:

	P_K ata		P_K ata
Schwefelwasserstoff . .	91,8	Ammoniak . . .	115,2
Schwefeldioxyd	80,2	Stickoxydul . . .	74,1
Kohlendioxyd	75,3		

Die kritischen Gemischdrücke sind um so höher, je weiter die kritischen Temperaturen der Hauptbestandteile des Systems auseinanderliegen. Gasgemische, die z. B. erhebliche Mengen an Wasserstoff und Kohlenoxyd neben niedrigsiedenden Kohlenwasserstoffen enthalten, zeigen kritische Drücke, die um ein vielfaches höher liegen als diejenigen von Gemischen, die nur aus Methan und niedrigsiedenden Kohlenwasserstoffen bestehen. Der maximal anwendbare Absorptionsdruck kann im ersten Fall also höher gewählt werden als bei den Kohlenwasserstoffgasgemischen.

Als Beispiel zeigt Abb. 7 die Siedekurven von Kohlenwasserstoffen und die kritischen Kurven für einzelne binäre Gemische in Abhängigkeit von der Temperatur. Der maximale kritische Druck des Systems wird, wie diese Kurven zeigen, von der höchstsiedenden Komponente, die bei der Absorption durch das Waschmittel gegeben ist, und von den vorwiegend vertretenen, niedrigstsiedenden Komponenten des Gases gebildet.

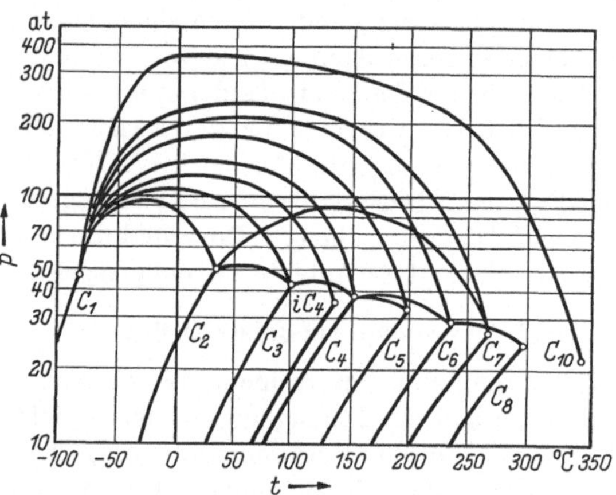

Abb. 7. Siedekurven von Kohlenwasserstoffen und kritische Kurven (Konvergenzdrücke) einiger mit ihnen gebildeter, binärer Gemische nach Angaben von F. W. WINN [Petroleum Refiner Bd. 33 (1954) Nr. 6, S. 131]

Die Phasengleichgewichtszustände eines binären Gemischs für verschiedene Temperaturen liegen zwischen den Siedekurven der beiden reinen Bestandteile oder einer Siedekurve und der kritischen Kurve, die sich von den beiden kritischen Punkten, wie auch Abb. 7 zeigt, in das Gebiet hoher Drücke erstreckt. Zwischen diesen Kurven liegt eine Siedefläche und eine Kondensationsfläche. Schnitte für verschiedene Temperaturen durch ein binäres p–t-System z. B. nach Abb. 7 ergeben in Abhängigkeit von den Zusammensetzungen Isothermen z. B. in der auf Abb. 3 dargestellten Form mit einer Kurve für die Flüssigkeit und einer darunterliegenden Kurve für das mit dieser Flüssigkeit im Gleichgewicht befindliche Gas. Schnitte für konstanten Druck erzeugen Isobaren, die in gleicher Weise aus einem Kurvenpaar für Flüssigkeit und Dampf bestehen. Dabei liegt die Gaskurve über der Siedekurve. Der höchste Druck eines binären Gemischs, der auf der kritischen Kurve auftritt und auch als Konvergenzdruck bezeichnet wird, bestimmt wesentlich die Gleichgewichte im Bereiche hoher Drücke.

Während man z. B. in der Destillationstechnik mit dem Betriebsdruck stets erheblich unter den kritischen Drücken der einzelnen Komponenten bleibt und einen Druck von etwa 20 at in der Regel nicht überschreitet, weil die Komponenten in diesem Fall verhältnismäßig eng beieinander sieden, kann man bei der Absorption mit Drücken arbeiten, die über den kritischen Drücken der einzelnen Komponenten liegen, weil die Hauptkomponenten, nämlich das Waschmittel und das Gas sehr weit auseinander sieden.

Das RAOULTsche Geradliniengesetz für die Gasdrücke bei konstanter Temperatur setzt ideales Verhalten der Komponenten des Gemischs voraus. Mit zunehmendem Druck wird das Produkt von Druck und spezifischem Volumen pv kleiner, als es der absoluten Temperatur nach der Gaszustandsgleichung entsprechen würde.

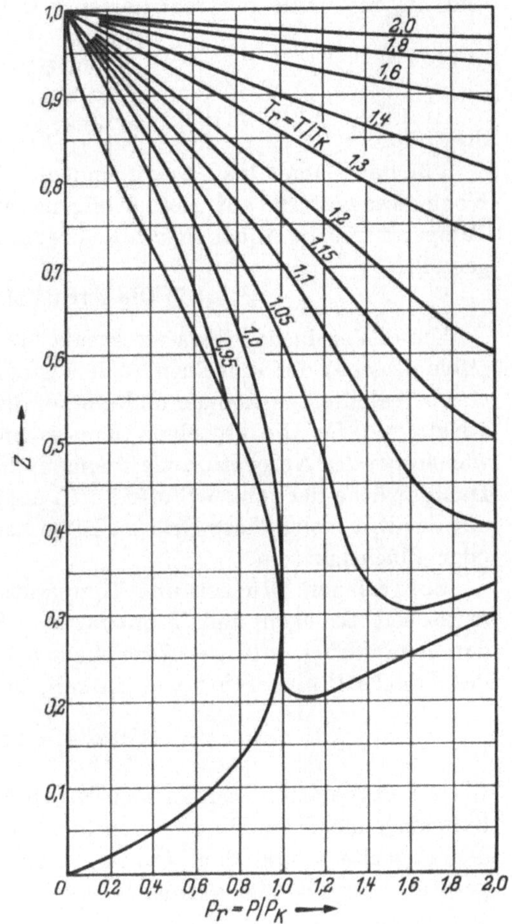

Abb. 8. Kompressibilitätsfaktor $Z = PV/RT$ für Kohlenwasserstoffe in Abhängigkeit vom reduzierten Druck P_r für verschiedene reduzierte Temperaturen T_r.

Diese Abweichungen der reinen Stoffe vom idealen Verhalten werden mit den Größen der Gaszustandsgleichung durch den Kompressibilitätsfaktor Z in folgender Weise gekennzeichnet:

$$Z = \frac{pv}{RT} \tag{22}$$

Für kleine Drücke und geringe Temperaturen ist $Z = 1$, d. h. die Beziehung zwischen Druck, Temperatur und Volumen ist in diesem Fall durch die allgemeine Gaszustandsgleichung gegeben. Auf Grund des Gesetzes der übereinstimmenden Zustände läßt sich der Kompressibilitätsfaktor Z als Maß des P–V–T-Verhaltens der Stoffe in Abhängigkeit der kritischen Werte für Temperatur und Druck T_K und P_K mit Hilfe der reduzierten Temperaturen und Drücke:

$$T_r = \frac{T}{T_K} \tag{23}$$

$$P_r = \frac{P}{P_K} \tag{24}$$

darstellen.

Für das Gebiet bis $P_r = 2$ sind die Kompressibilitätsfaktoren der Kohlenwasserstoffe auf Abb. 8 allgemein für verschiedene reduzierte Temperaturen in Abhängigkeit des reduzierten kritischen Drucks dargestellt.

7. Die Fugazitäten

Um den einfachen linearen Ansatz für die Konzentrationen x und y (Molenbrüche) der einzelnen reinen Stoffe in der Flüssigkeit und im Gas beibehalten zu können und um auf diese Weise die Gleichgewichtskonstanten für die einzelnen Komponenten auch für hohe Drücke, wie sie bei der Absorption vorkommen, zu verwenden, ersetzt man die Dampfdrücke der reinen Stoffe durch entsprechend korrigierte Größen mit der Dimension eines Drucks. Diese bezeichnet man als Fugazitäten oder Flüchtigkeiten.

Bei geringen Drücken und Temperaturen, die erheblich unter den kritischen Drücken und Temperaturen liegen, sind die Fugazitäten den Dampfdrücken gleich. Bezeichnet man die Fugazität, die an Stelle des Drucks P eingeführt werden soll, mit f, so gilt:

$$\lim_{P \to 0} \frac{f}{P} = 1 \tag{25}$$

Die Fugazitäten werden aus der Differenz der chemischen Potentiale einer idealen und einer nichtidealen Mischung erhalten. Zwischen der Fugazität f und dem Druck P eines reinen Gases bei der Temperatur T ergibt sich daraus folgende Beziehung:

$$\ln \frac{f}{P} = \frac{1}{RT} \int_0^P \left(V - \frac{RT}{P} \right) dP \tag{26}$$

Das Verhältnis f/P entspricht einem Aktivitätskoeffizienten zur Berücksichtigung des nichtidealen Verhaltens bei hohen Drücken. Das reale Molvolumen V kann aus den PVT-Daten ermittelt werden. Es kann auch mit den Virialkoeffizienten errechnet werden. Hierfür liegen brauchbare Ansätze vor (s. auch G. Kortüm[1]).

---

[1] Kortüm, G., u. H. Buchholz-Meisenheimer: Die Theorie der Destillation und Extraktion von Flüssigkeiten. Berlin/Göttingen/Heidelberg: Springer 1952.

Die Fugazität läßt sich auch durch den oben definierten Kompressibilitätsfaktor Z mit Hilfe des reduzierten Drucks $P_r = P/P_K$ in folgender Form darstellen:

$$\ln \frac{f}{P} = \int_0^P \frac{(Z-1)}{P_r}\, dP_r \tag{27}$$

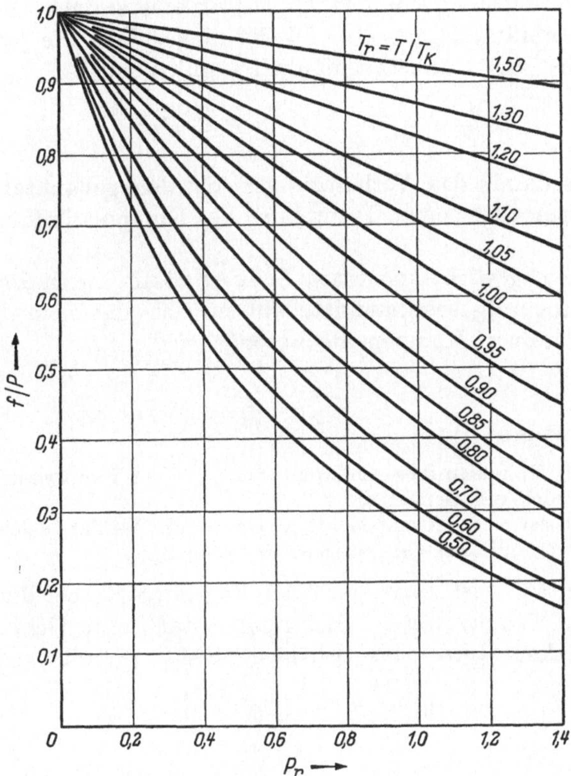

Abb. 9. Verhältnis der Fugazität zum Druck in Abhängigkeit vom reduzierten Druck P_r für verschiedene reduzierte Temperaturen T_r.

Für zahlreiche Kohlenwasserstoffe sind die Verhältnisse von Fugazität zu Druck für verschiedene Drücke und Temperaturen berechnet worden (s. auch SAGE u. LACEY[1]).

Stellt man das Verhältnis von Fugazität zu Druck als Funktion des reduzierten Drucks $P_r = P/P_K$ für verschiedene reduzierte Temperaturen $T_r = T/T_K$ dar, so erhält man Kurven, die auf Grund des

[1] SAGE, B. H., u. W. N. LACEY: Monograph on API-research project 37, 1950. American Petroleum Institute.

Gesetzes der übereinstimmenden Zustände allgemein für eine Gruppe von chemisch verwandten Stoffen anwendbar sind. Eine Kurvenschar dieser Art für das Verhältnis f/P für Kohlenwasserstoffe in Abhängigkeit vom reduzierten Druck $P_r = P/P_K$ ist für verschiedene reduzierte Temperaturen auf Abb. 9 nach W. K. LEWIS und W. C. KAY[1] dargestellt.

Für das Verhältnis f/P hat H. G. ELROD[2] eine einfache Beziehung zum Kompressibilitätsfaktor $Z = PV/RT$ angegeben, die jedoch nur für Drücke bis zum kritischen Punkt P_K gültig ist:

$$\frac{f}{P} = \frac{1}{2 - Z} \qquad [\text{für } P < P_K] \tag{28}$$

Man kann damit das Verhältnis f/P für den genannten Druckbereich aus einer allgemeinen Darstellung des Kompressibilitätsfaktors bestimmen.

Da die Gleichgewichtskonstante K eines Stoffs durch Druck und Temperatur eindeutig bestimmt ist, läßt sie sich allgemein durch die Fugazität der reinen Komponente ausdrücken:

$$K = \frac{y}{x} = \frac{f_L}{f_G} \tag{29}$$

Hierin bedeuten:

f_L Fugazität der reinen flüssigen Komponente bei der Temperatur und dem Gesamtdruck des Gemischs,

f_G Fugazität der reinen Komponente im Gaszustand bei der Gleichgewichtstemperatur und dem Gesamtdruck des Gemischs.

Die Fugazität f_L ist angenähert der Fugazität f_{Pi} bei dem Druck gleich, der der Temperatur im Sättigungszustand entspricht. Für die Gleichgewichtskonstante eines beliebigen Stoffs i ergibt sich daher:

$$K_i = \frac{f_{Pi}}{f_G} \tag{30}$$

Die K-Werte, die aus den oben angegebenen Beziehungen als Quotienten zweier Fugazitäten errechnet sind, werden in verschiedener Weise für Zwecke der technischen Verwendung, insbesondere für Absorptionsaufgaben dargestellt.

Häufig werden die K-Werte für mehrere Stoffe in Abhängigkeit vom Gesamtdruck für eine bestimmte Temperatur aufgetragen. Für jede vorkommende Temperatur, mindestens für die mit Kühlwasser erreichbaren Absorptionstemperaturen und für die Regenerationstemperaturen braucht man ein besonderes Bild. Mit dieser Darstellung erhält man jedoch die Abhängigkeit vom Druck vollständig für den

[1] LEWIS, W. K., u. W. C. KAY: Oil Gas J. Bd. 32 (1934) S. 45.

[2] ELROD, H. G.: Industr. Engng. Chem. Bd. 47 (1955) S. 2199.

gesamten Bereich, in welchem 2 Phasen auftreten. Als Beispiel zeigt Abb. 10 die K-Werte für die niedrigstsiedenden Kohlenwasserstoffe der Paraffinreihe in Abhängigkeit vom Gesamtdruck für eine Temperatur von 32 °C nach Angaben von D. L. KATZ, R. H. SCHATZ und B. WILLIAMS[1]. Wenn der Gesamtdruck gleich dem Eigendampfdruck der reinen Komponente im Sättigungszustand wird, ist $K = 1$. Alle Kurven laufen in dem kritischen Konvergenzdruck (Punkt C) zu-

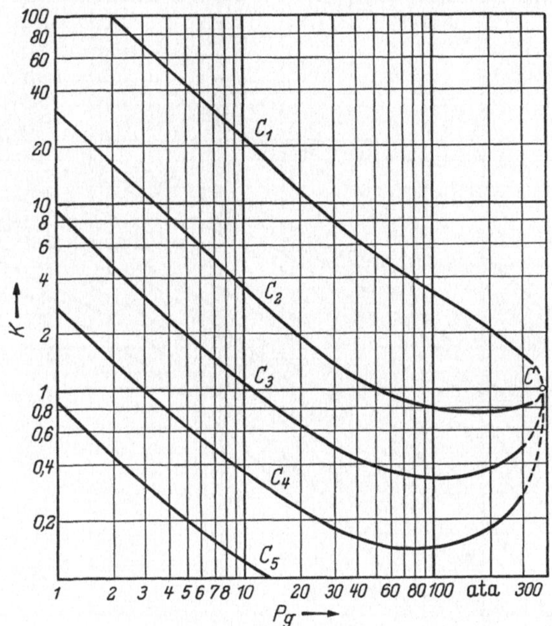

Abb. 10. Gleichgewichtskonstanten $K = y/x$ von Paraffinkohlenwasserstoffen für eine Temperatur von 32° C in Abhängigkeit vom Gesamtdruck P_g.

sammen, dessen Lage von den Zusammensetzungen abhängig ist, wie weiter unten noch näher ausgeführt wird. In diesem Punkt ist die Gleichgewichtskonstante $K = 1$. Es ist der höchste Druck des Systems, bei dem noch 2 Phasen auftreten können.

Bei Drücken, die über dem Eigendampfdruck der betrachteten Komponente entsprechend dem Druck für $K = 1$ liegen, durchläuft der K-Wert für die leichten Kohlenwasserstoffe in Abhängigkeit vom Druck für eine bestimmte Temperatur ein Minimum. Bei der eigentlichen Gaskomponente, im vorliegenden Fall dem Methan ist dieses

---

[1] KATZ, D. L., R. H. SCHATZ u. B. WILLIAMS: Petroleum Refiner Bd. 32 (1955) 8, S. 101.

Minimum jedoch nicht vorhanden. Je höher die Kohlenstoffatomzahl im Molekül ist, um so tiefer geht das Minimum des K-Wertes. Das Minimum des K-Wertes kommt durch den Einfluß der Fugazität f_G für den Gesamtdruck zustande. In der Absorptionstechnik hält man den Gesamtdruck unterhalb dieses Minimums.

Bei einer anderen Darstellungsweise wird das Produkt $K\,P_g$ in Abhängigkeit von der Temperatur für verschiedene Gesamtdrücke

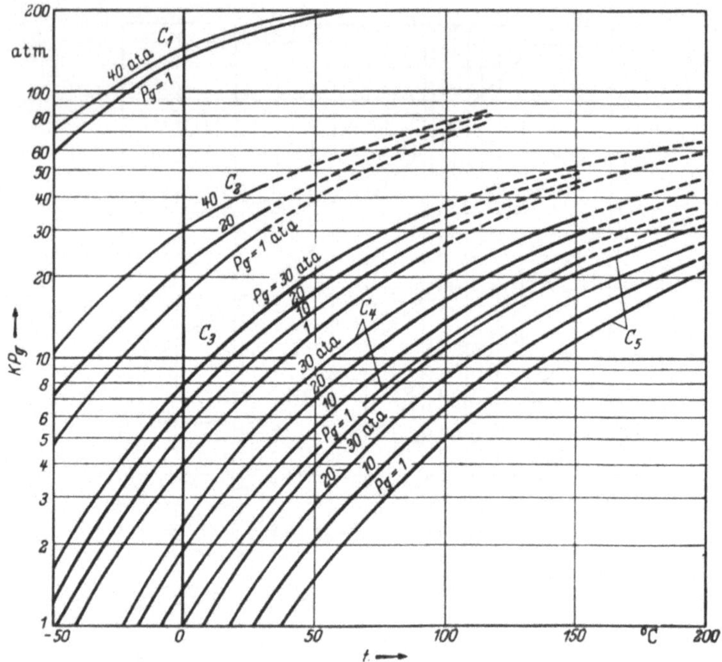

Abb. 11. Produkte von Gleichgewichtskonstanten und Druck $K\,P_g$ von Paraffin-Kohlenwasserstoffen in einem vorwiegend aus Methan bestehenden Gas für verschiedene Gesamtdrücke in Abhängigkeit von der Temperatur.

angegeben. Das Produkt $(f_{Pi}/f_G)\,P_g$ entspricht einem korrigierten Eigendampfdruck einer reinen Komponente und kann bei allen Rechnungen wie dieser eingesetzt werden. Als Beispiel zeigt Abb. 11 die Funktion $K\,P_g$ für verschiedene Paraffinkohlenwasserstoffe für Drücke von 0 bis 30 ata nach Angaben von I. B. Maxwell[1]. Man hat den aus dieser Darstellung für eine bestimmte Temperatur erhaltenen $P_g\,K$-Wert mit dem Gesamtdruck zu dividieren, um die Gleichgewichtskonstante zu erhalten. Bezeichnet wieder P_i' den Eigendampfdruck der reinen Komponente im Sättigungszustand, so erhält man unmittel-

[1] Maxwell, I. B.: Data Book on Hydrocarbons. New York 1950.

bar den Aktivitätsfaktor zur Berücksichtigung der Abweichungen vom idealen Verhalten infolge des höheren Gesamtdrucks durch Division mit P'_i:

$$\varepsilon = \left(\frac{f_{Pi}}{f_G}\right)\frac{P_g}{P'_i} \tag{31}$$

Er gibt an, ob z. B. eine Komponente infolge des Einflusses des hohen Gesamtdrucks mehr oder weniger in einem Waschmittel löslich ist als bei idealem Verhalten.

Bei einer anderen Darstellung werden die K-Werte ebenfalls für eine Gruppe von Stoffen in Abhängigkeit von der Temperatur für einen bestimmten Gesamtdruck aufgetragen. Für die leichten Kohlenwasserstoffe finden sich solche Tafeln im Handbuch von PERRY[1].

Ein Berechnungsverfahren, das nahezu alle Einflüsse auf die K-Werte berücksichtigt, haben M. BENEDICT, G. WEBB und L. RUBIN in einer halbempirischen Beziehung für die leichten Kohlenwasserstoffe angegeben[2]. Auf Grund dieser Arbeiten sind die KELLOGG-Tafeln für die Gleichgewichtskonstanten der leichten Kohlenwasserstoffe entstanden. Jede dieser Tafeln bezieht sich auf einen einzelnen Stoff und einen bestimmten Druck. Die Gleichgewichtskonstante wird dabei in Abhängigkeit von der Temperatur für konstante, mittlere Siedetemperaturen der flüssigen Phase dargestellt. Zur Berücksichtigung der Zusammensetzung der Gasphase ist eine besondere Hilfstafel für einen Korrekturfaktor beigegeben, der diesen in Abhängigkeit von der mittleren, molaren Zusammensetzung der Gasphase zeigt. Der für hohe Drücke in den KELLOGG-Tafeln verwendete Fugazitätskoeffizient, der durch den Quotienten von Fugazität zu molarem Gehalt der betreffenden reinen Komponente definiert ist, wird in Abhängigkeit von der Temperatur für verschiedene konstante, molare mittlere Siedepunkte angegeben. Der K-Wert wird dann mit dem Quotienten der Fugazitätskoeffizienten von Flüssigkeit und Gas gebildet. Auf diese Weise werden die Einflüsse der Zusammensetzungen von Flüssigkeit und Gas auf die K-Werte bei allen Drücken und Temperaturen berücksichtigt.

Von den zahlreichen Zusammenstellungen und Berechnungsweisen von K-Werten seien hier erwähnt:

ORLICEK, A. F., H. PÖLL u. H. WALENDA: Hilfsbuch für Mineralöltechniker, Berlin/Göttingen/Heidelberg: Springer 1955.

Arbeitsmappe für Mineralölingenieure, Deutscher Ingenieur-Verlag, Düsseldorf.

GAMSON, B. W., u. K. M. WATSON: Nat. Petroleum News, Technical Section Nr. 36 (1944).

---

[1] PERRY, J. H.: Chemical Engineers Handbook. New York 1950.

[2] Chem Engng. Progr. Bd. 47 (1951) 9, S. 449 und Bd. 47 (1951) 12, S. 609.

Maxwell, J. B.: Data book on hydrocarbons. New York: Van Nostrand Comp. 1950.

Doss: Physical constants of the principal hydrocarbons. New York: The Texas Co. 1943.

Perry, J. H.: Chemical Engineers Handbook. New York: McGraw-Hill Book Comp. 1950.

Sage, B. H., u. W. N. Lacey: Thermodynamic properties of the lighter paraffin hydrocarbons and nitrogen. API-Research Project 37, American Petroleum Institute. New York, (1950).

Smith, K. A., u. R. B. Smith: Vaporization equilibrium constant charts. Sonderdruck: Petroleum processing (1949).

Katz, D. L., u. M. I. Rzasa: Bibliography for physical behavior of hydrocarbons. Ann. Arbor: I. W. Edwards 1946.

Organick, E. I., u. G. G. Brown: Prediction of hydrocarbon vapor-liquid equilibria. Chem. Engng. Progr., Symposium Series Nr. 2, Bd. 48 (1952).

Benedict, M., G. B. Webb, L. C. Rubin u. L. Friend: An empirical equation for thermodynamic properties of light hydrocarbons and their mixtures. Chem. Engng. Progr. Bd. 47 (1951) 8, S. 419; 9, S. 449; 11, S. 571 u. 12, S. 609.

Granet, J.: Calculating Properties of Gases and gas mixtures. Petroleum Refiner Bd. 32 (1953) 6, S. 125.

Kirkbride, C. G., u. J. W. Bertetti: High pressure absorption of low-boiling hydrocarbons. Ind. Engng. Chem. Bd. 35 (1943) S. 1242.

Solomon, E.: Liquid Equilibrium in mixture of light hydrocarbons and absorber oils. Chem. Engng. Progr., Symposium Series, Nr. 3, Bd. 48 (1952).

Winn, F. W.: Simplified nomographic presentation of hydrocarbon vapor liquid equilibria. Chem. Engng. Progr., Symposium Series, Nr. 2, Bd. 48 (1952).

Für die Absorptionstechnik ist besonders die Frage von Interesse, in welcher Weise die Flüchtigkeit der einzelnen Komponenten des Gases infolge eines höheren Gesamtdrucks gegenüber dem idealen Siedeverhalten und entsprechend die Löslichkeit des betrachteten Stoffs im Waschmittel sich ändern.

Um den Einfluß des Gesamtdrucks, wie er bei der Absorption von Kohlenwasserstoffen häufig vorkommt, der Größenordnung nach abzuschätzen, wird im folgenden das Verhältnis der Fugazität f_{P_i} eines reinen Stoffs für den Dampfdruck, der der Gleichgewichtstemperatur des Systems entspricht, zu der Fugazität f_G der gleichen Komponente für die gleiche Temperatur und den Gesamtdruck des Systems für ein Beispiel näherungsweise angegeben. Es wird dabei angenommen, daß die Hauptkomponente des Gases aus Methan besteht.

Die Absorptionstemperatur liegt mit Rücksicht auf die mittleren Kühlwasserverhältnisse oft bei 30 bis 35° C. Die kritischen Temperaturen der zu absorbierenden Kohlenwasserstoffe, insbesondere der Schlüsselkomponente, die möglichst vollständig aus dem Gas zu gewinnen ist, liegen in der Größenordnung von 150 bis 250° C, so daß die reduzierte Absorptionstemperatur oft in der Größenordnung von 0,6 bis 0,7 liegt. Der kritische Druck der fraglichen Kohlenwasserstoffe beträgt etwa 30 bis 70 Atmosphären. Der Eigendampfdruck der reinen

Komponenten liegt bei der Absorptionstemperatur etwa in der Größenordnung von 0,2 bis 4,0 ata. Der reduzierte Druck für den Dampfdruck der reinen Komponente umfaßt daher einen Bereich von 0,003 bis 0,1. Er ist daher in jedem Fall verhältnismäßig klein. Das Verhältnis f_{P_i}/P'_i der Fugazität der reinen Komponente zum Eigendampfdruck liegt daher nach der allgemeinen Darstellung des Verhältnisses f/P etwa zwischen 0,9 und 1,0. Dagegen ist die Fugazität der gleichen Komponente für die gleiche Temperatur und den Gesamtdruck des Systems entsprechend der Höhe des vorgegebenen Gesamtdrucks in weiteren Grenzen veränderlich. Beträgt der Absorptionsdruck z. B. etwa 20 bis 30 at, so liegt der reduzierte Druck hierfür etwa zwischen 0,3 und 0,75. Für eine reduzierte Temperatur zwischen 0,6 und 0,7 ergibt sich der Quotient f_G/P_g in der Größenordnung von 0,4 bis 0,72. Die Fugazität f_G ist daher erheblich kleiner als der Gesamtdruck. Man erhält daher für den Aktivitätskoeffizienten, der das nichtideale Verhalten durch den Einfluß des höheren Drucks berücksichtigt, für das Beispiel eines Kohlenwasserstoffgemischs etwa folgenden Bereich:

$$\varepsilon = \frac{f_{P_i}}{f_G} \frac{P_g}{P_i} = \frac{(0,9 \div 1,0)}{(0,4 \div 0,72)}$$

Der Aktivitätskoeffizient liegt daher im vorliegenden Fall im Mittel etwa bei 1,7. Die betrachteten Komponenten werden daher durch den Einfluß des Gesamtdrucks erheblich flüchtiger und sind daher im Waschmittel weniger löslich.

Liegt der Gesamtdruck unter dem Eigendampfdruck, so ist der Aktivitätskoeffizient $\varepsilon < 1$, so daß die Komponente weniger flüchtig erscheint und im Waschmittel löslicher ist. Da das Waschmittel, verglichen mit den zu absorbierenden Stoffen, den geringsten Dampfdruck hat, wird seine Flüchtigkeit durch hohen Gesamtdruck am meisten erhöht.

Die niedrigstsiedenden Stoffe des Gemischs erscheinen durch den Einfluß des hohen Gesamtdrucks weniger flüchtig, so daß ihre Löslichkeit im Waschmittel zunimmt. Bei tiefen Temperaturen werden die absorbierten Komponenten verglichen mit dem Eigendampfdruck flüchtiger als bei hohen Temperaturen. Extrem hohe Drücke verschlechtern die Absorptionswirkung, da diejenigen Komponenten, die vollständig vom Waschmittel aufgenommen werden sollen, flüchtiger werden und die niedrigstsiedenden Komponenten, die im Gas verbleiben sollen, in erhöhtem Maß mitabsorbiert werden. Bei der Absorption niedrigsiedender Kohlenwasserstoffe aus methanhaltigen Gasen liegt dieser maximale Grenzdruck etwa in der Größenordnung von 70 at.

Besteht das Gasgemisch nicht vorwiegend aus Methan und anderen niedrigsiedenden Kohlenwasserstoffen, so ändern sich die Gleichgewichte bei hohen Drücken entsprechend den vertretenen Gasarten und ihrer Zusammensetzung.

8. Der Einfluß der Zusammensetzungen

Die Veränderungen der Phasengleichgewichte, die je nach der Gaszusammensetzung bei der Absorption mit einem physikalisch lösenden Waschmittel bei hohen Drücken auftreten, lassen sich aus der Darstellung der K-Werte in Abhängigkeit vom Druck für eine konstante Temperatur nach Abb. 10 ersehen, da sich der kritische Punkt des Gemischs C auf der Waagerechten für $K = 1$ entsprechend dem höheren Konvergenzdruck verschiebt. Enthält das Gas z. B. Wasserstoff, Kohlenoxyd und andere niedrigsiedende Gase, so wandert der kritische Punkt des Gemischs C (Abb. 10) auf der Linie für $K = 1$ nach rechts in das Gebiet höherer Drücke. Es ergibt sich daraus, daß der Bereich für die K-Minima größer wird und daß die K-Werte bei hohen Drücken kleiner werden. Die Flüchtigkeit der betrachteten Komponente wird also in einem solchen Gas bei hohen Gesamtdrücken geringer als bei einem vorwiegend aus Methan bestehendem Gas.

Nach einem Vorschlag von J. B. MAXWELL[1] kann man bei Gasen, die außer C_1- bis C_4-Kohlenwasserstoffen noch Wasserstoff und andere Gase enthalten, bei Bestimmung der Fugazitäten einen effektiven Druck verwenden, der aus dem Produkt des wirklichen Gesamtdrucks und der Wurzel des molaren Kohlenwasserstoffanteils des Gases gebildet wird. Die Fugazitäten werden also danach mit einem kleineren Gesamtdruck bestimmt.

Eine weitere Möglichkeit, den Gehalt an niedrigsiedenden Gasen bei Berechnung der Gleichgewichtskonstanten zu berücksichtigen, besteht darin, daß man entsprechend dem tatsächlich vorhandenen Anstieg des kritischen Gemischdrucks bei Bestimmung der Fugazität einen höheren kritischen Druck einsetzt und diesen höher annimmt, wenn z. B. der Wasserstoffgehalt größer ist. Der reduzierte Druck für den Gesamtdruck P_g/P_K wird dann kleiner. Damit wird dann das Verhältnis f_G/P_g größer und die Gleichgewichtskonstante K kleiner. Auch diese Überlegung zeigt, daß eine Erhöhung des Konvergenzdrucks, z. B. infolge eines hohen Gehalts des Gases an Wasserstoff infolge der Verminderung des reduzierten Drucks den K-Wert vermindert. Um einen Anhalt über die Größenordnung der Veränderung der Flüchtigkeit durch den Methan- oder Wasserstoffgehalt zu geben, sei vermerkt, daß das Produkt $K P_g$ der leichten Kohlenwasserstoffe bei Drücken von etwa 30 bis 40 at und bei einem vorwiegend aus

[1] MAXWELL, J. B.: Data book on hydrocarbons. New York 1950.

Methan bestehenden Gasanteil etwa auf das Doppelte bis Dreifache des Eigendampfdrucks der reinen Komponente und bei höheren Kohlenwasserstoffen etwa bis zum 10fachen ansteigt, und daß bei wasserstoffhaltigen Gasen die Fugazität gegenüber dem idealen Verhalten nur auf das 1,3- bis 1,5fache sich vergrößert.

Ist das mittlere Molekulargewicht des Gases dagegen größer, als es dem Methan entsprechen würde, enthält es z. B. nur einen verhältnismäßig kleinen Anteil von Methan und erhebliche Anteile von C_2–C_3-Kohlenwasserstoffen und gegebenenfalls auch Kohlendioxyd, so verschiebt sich der kritische Druck des Gemischs (Punkt C) in der Darstellung der K-Werte für eine gegebene Temperatur nach Abb. 10 auf der Linie für $K = 1$ weiter nach links in das Gebiet kleinerer Drücke. Das Minimum des K-Werts liegt dann, abgesehen vom Methan, bei höheren K-Werten als bei einem Gemisch, in welchem Methan die vorherrschende Gaskomponente ist. Dagegen vermindert sich auch die Gleichgewichtskonstante des Methans bei hohen Drücken. Die Löslichkeit des Methans im Waschmittel steigt demnach in diesem Fall infolge des höheren Molekulargewichts des Gases mit größer werdendem Druck.

Wie sich aus den obigen Darlegungen, die von einem Methangas ausgingen, ergibt, ist die allgemeine Tendenz des Einflusses der Gaszusammensetzung die, daß die K-Werte der zu absorbierenden Stoffe für eine gegebene Temperatur und einen gegebenen, hohen Druck mit dem mittleren, molaren Siedepunkt des Gases steigen. Dieser Anstieg ist um so größer, je höher der Gesamtdruck ist.

Im allgemeinen ist der Einfluß der mittleren molaren Siedetemperatur des Gases auf die K-Werte bei den üblichen Absorptionstemperaturen, besonders bei hohen Drücken, größer als der Einfluß der mittleren molaren Siedetemperatur der Flüssigkeit, im vorliegenden Fall also des Waschmittels.

Der Einfluß der mittleren molaren Siedelage der Flüssigkeit kommt teils dadurch zustande, daß eine höhere Siedelage der Flüssigkeit den kritischen Konvergenzdruck des Gemischs erhöht, teils dadurch, daß ein Aktivitätskoeffizient hinzukommt, der die geringere Löslichkeit bei größer werdendem Molekulargewicht der Flüssigkeit berücksichtigt. Dabei ist angenommen, daß alle Komponenten des Gemischs chemisch von gleicher Struktur sind. Für die niedrigstsiedenden Stoffe des Gemischs, z. B. für Methan, ist dieser Einfluß gering. Die Gleichgewichtskonstante der übrigen Kohlenwasserstoffe steigt bei einem gegebenen Gesamtdruck in geringen Grenzen mit höher werdendem, mittleren Siedepunkt der flüssigen Phase. Ein solches Gas wird also im Gleichgewicht mit der Flüssigkeit bei gleicher Temperatur und gleichem Druck flüchtiger, wenn das Waschmittel eine höhere Siedelage hat.

Hat die flüssige Phase, im vorliegenden Fall also das Waschmittel, eine andere chemische Struktur als die zu lösenden Komponenten, besteht es also z. B. nicht aus Stoffen der gleichen homologen Reihe wie die Gaskomponenten, so sind die Werte KP_g höher als bei homologen Stoffen. Werden z. B. Paraffine mit einer vorwiegend aromatischen Kohlenwasserstofffraktion absorbiert, so wird die Flüchtigkeit des Gases etwa doppelt so groß, als wenn das Waschmittel vorwiegend aus paraffinischen Kohlenwasserstoffen bestehen würde. Dieser Einfluß kann rechnerisch durch Zufügen eines weiteren Aktivitätskoeffizienten berücksichtigt werden.

9. Bildung von Gashydraten

Da in den Gasen meist Wasserdampf vorhanden ist, besteht bei einzelnen Gasen, wie z. B. Methan, Äthan, Propan, Butan, Schwefelwasserstoff, Schwefeldioxyd, Kohlendioxyd usw., die Möglichkeit zur Bildung von Gashydraten. Da diese sich bei Temperaturen direkt oberhalb von 0° C in fester Form ausscheiden, können dadurch Verstopfungen der Apparate eintreten, z. B. in den Gaskühlern, wenn die Gase vor der Absorption tiefer gekühlt werden sollen, oder in den Kondensatoren der Regenerierkolonnen. Gashydrate können sich nur bei bestimmten Partialdrücken und Temperaturen bilden, die von dem sogenannten Tripelpunkt abhängen, in welchem Gas, Flüssigkeit und feste Phase miteinander im Gleichgewicht stehen. Die Grenzlinien zwischen dem Gashydrat und dem Gemisch der Komponenten und zwischen den verschiedenen Aggregatzuständen sind in einem p–t-Bild auf Abb. 12 schematisch dargestellt. Im Tripelpunkt T grenzen 4 Zustandsbereiche aneinander, in denen folgende Phasen beständig sind:

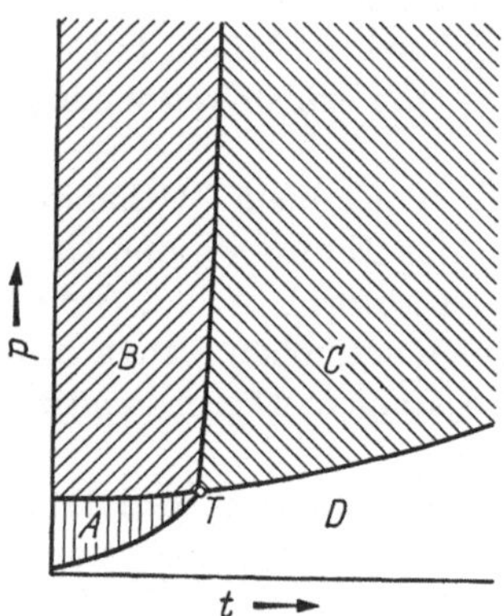

Abb. 12. Druck-Temperatur-Grenzen für die Zustandsbereiche von Gashydraten.

A: Gashydrat + gasförmiger Stoff,
B: Gashydrat + flüssiger Stoff,
C: Wasser + flüssiger Stoff,
D: Wasser + gasförmiger Stoff.

Im allgemeinen treten Gashydrate in dem Temperaturbereich etwa zwischen 0 und 35° C und bei Partialdrücken über 1 ata auf. Bei jedem Hydrat wird eine bestimmte Zahl von Molen Wasser gebunden.

Es gibt z. B. folgende Hydrate:

Methan .... $CH_4 \cdot 7\,H_2O$
Äthan .... $C_2H_6 \cdot 8\,H_2O$
Propan .... $C_3H_8 \cdot 8\,H_2O$
Kohlendioxyd ...... $CO_2 \cdot 7\,H_2O$
Schwefelwasserstoff . . $H_2S \cdot 6\,H_2O$
Schwefeldioxyd ..... $SO_2 \cdot 6\,H_2O$.

Die Möglichkeit einer Hydratbildung wird in der Absorptionstechnik durch Trocknen des Gases, durch Zumischung einer wasserlöslichen Flüssigkeit oder durch einen Betrieb oberhalb der Hydratbildungstemperatur, z. B. etwa bei $+30°$ C vermieden.

10. Absorptionsgleichgewichte mit chemischer Bindung

Während die in den vorangehenden Abschnitten behandelten physikalisch lösenden Flüssigkeiten einen Gasdruck entwickeln, der ungefähr proportional der molaren Beladung der Flüssigkeit ansteigt, zeigen die mit chemischer Bindung absorbierenden Waschmittel, besonders bei geringen Beladungen, eine starke Gasdruckminderung. Erst bei hohen Gasaufnahmen steigt der Gasdruck über der flüssigen Phase nach einer Potenzfunktion stark an.

Die maximale Aufnahmefähigkeit einer chemisch wirkenden Waschlösung ist durch die Zahl der Mole des reagierenden Mittels in der Raumeinheit der Lösung gegeben, die bei vollem Umsatz entsprechend den stöchiometrischen Verhältnissen Gasmole binden. In diesem Fall ist jedoch der Partialdruck des absorbierten Gases sehr groß, so daß die volle Beladung in der Absorptionstechnik nicht voll erreicht werden kann.

Die chemische Bindung muß jedoch, damit die Waschlösung sich für ein Absorptionsverfahren eignet, leicht umkehrbar sein, damit die Lösung regeneriert und im Kreislauf wieder verwendet werden kann. Diese Bedingung ist praktisch dann erfüllt, wenn der Partialdruck des aufgenommenen Gases über einen großen Bereich von Beladungen bei der Regenerationstemperatur größer als etwa 0,1 ata ist. Chemische Bindungen, bei denen der Partialdruck des aufgenommenen Gases auch bei erhöhten Temperaturen in einem großen Bereich von Beladungen nahezu Null ist, sind praktisch als nicht umkehrbar anzusehen.

Zu den Gasbestandteilen, die durch chemische Bindung absorbiert werden, gehören besonders die sogenannten sauren Gase, wie Kohlendioxyd, Schwefelwasserstoff, Zyanwasserstoff usw. Zur Absorption dieser Gase dienen wäßrige Lösungen organischer oder anorganischer

Basen, wie z. B. Lösungen von Alkalikarbonaten, Aminen wie Mono- oder Diäthanolamin, Ammoniak, Trikaliumphosphat usw. Aber auch zahlreiche andere Gase, für die ein chemisch wirkendes Waschmittel bekannt ist, werden durch Absorption aus Gasen entfernt wie Kohlenoxyd, organische Schwefelverbindungen wie das Kohlenoxysulfid, ungesättigte Kohlenwasserstoffe, insbesondere Acetylenderivate usw.

Man verwendet dabei vorzugsweise wäßrige Lösungen, weil diese die basischen Eigenschaften infolge der guten Ionisierung am besten zur Wirkung kommen lassen.

Die wäßrigen Lösungen, die als chemisch wirkende Waschmittel Verwendung finden, nehmen nur geringste Mengen an nichtsauren Gasbestandteilen, wie z. B. Wasserstoff, Kohlenwasserstoffe usw., auf. Die Selektivität zwischen sauren und nichtsauren Gasen ist daher größer als bei physikalisch wirkenden Waschmitteln. Ein weiterer Vorteil ist der, daß die Absorptionsgleichgewichte der wäßrigen Lösungen durch hohe Gesamtdrücke nicht beeinflußt werden. Der kritische Gemischdruck liegt so hoch, daß der Gesamtdruck nur durch die Kondensation einer zweiten flüssigen Phase begrenzt ist. Allerdings bringt ein hoher Gesamtdruck bei der Absorption mit chemisch wirkenden Waschmitteln nur Vorteile, wenn der Anteil der auszuwaschenden Komponente verhältnismäßig klein ist oder der verlangte Auswaschungsgrad groß ist. Bei der Absorption mit wäßrigen Lösungen braucht man daher in der Regel auch bei hohen Gesamtdrücken nicht mit den Fugazitäten zu rechnen.

Bei der Verwendung wäßriger Lösungen müssen die Löslichkeitsgrenzen beachtet werden, die von den Temperaturen und den Gehalten an dem nichtumgesetzten und umgesetzten reagierenden Mittel abhängen. Anderenfalls können z. B. bei der Verwendung von Alkalikarbonaten zur Auswaschung von Kohlendioxyd erhebliche Mengen von Bikarbonaten ausfallen, die zu Verstopfungen in den Apparaten führen können. Die Löslichkeit dieser Stoffe nimmt im allgemeinen mit der Temperatur zu. Die Löslichkeit des Bikarbonats in Wasser ist geringer als die des Karbonats.

Bei der Verwendung von Alkalikarbonaten z. B. darf die anfängliche Karbonatkonzentration eine Grenze nicht überschreiten, die durch die tiefste Temperatur des Verfahrens und die maximale Umsetzung zu Bikarbonat gegeben ist. Bei einer bestimmten Temperatur wird die mit Rücksicht auf die Salzausscheidung umsetzbare Menge um so kleiner, je höher die anfängliche Karbonatkonzentration ist. Wenn hohe Beladungen infolge hoher Partialdrücke des Kohlendioxyds möglich sind, ergeben sich je nach dem Temperaturniveau Grenzgehalte der Lösung, die nicht überschritten werden dürfen, um das Ausfallen einer festen Phase zu vermeiden.

Die Gleichgewichte für die Absorption mit chemisch wirkenden Lösungen werden durch den Partialdruck der absorbierten Komponente in Abhängigkeit des umgesetzten Anteils des mit dem Gas reagierenden Stoffs bei konstanter Temperatur angegeben. Wird z. B. Kohlendioxyd mit Natrium- oder Kaliumkarbonatlösung absorbiert, so wird dieses dabei nach folgenden Gleichungen umgesetzt:

$$Na_2CO_3 + CO_2 + H_2O \rightleftarrows 2NaHCO_3$$

$$K_2CO_3 + CO_2 + H_2O \rightleftarrows 2KHCO_3$$

Bei der Absorption läuft die Reaktion von links nach rechts, bei der Regenerierung der Lösung in umgekehrter Richtung. Bei der Aufnahme von einem Mol Kohlendioxyd durch ein Mol Karbonat entstehen danach 2 Mole Bikarbonat. Ist ein erheblicher Karbonatüberschuß vorhanden, so ist der CO_2-Partialdruck sehr gering, mit zunehmender Bikarbonatbildung steigt er zunächst langsam und bei hohem Bikarbonatanteil sehr stark an.

Bei der Regeneration wird das gebildete Bikarbonat durch Wärmezufuhr und durch Abtreiben mit Dampf zersetzt, wobei der CO_2-Partialdruck stark erniedrigt und CO_2-Gas freigesetzt wird.

Für den CO_2-Partialdruck p_{CO_2} über der Lösung gilt mit der Gleichgewichtskonstanten K_1 entsprechend der obigen Reaktionsgleichung nach dem Massenwirkungsgesetz:

$$p_{CO_2} = \frac{(NaHCO_3)^2}{K_1(Na_2CO_3)} \tag{32}$$

Mit den Bezeichnungen:

f als Bikarbonat vorhandener Anteil der gesamten Base ($f \leqq 1$),
N Normalität der Base,
n Exponent

nimmt die obige Gleichung folgende Form an:

$$p_{CO_2} = \frac{2f^2 N^n}{(1-f) K_1}. \tag{33}$$

Die Konstante K_1 ist von der Temperatur abhängig und wird um so kleiner, je höher die Temperatur ist.

Für den CO_2-Partialdruck in mm QS gilt für Natriumkarbonatlösungen mit der Temperatur T (°K) und für Normalitäten von $N = 0{,}5$ bis 2,0 als Funktion des Natriumbikarbonat–Karbonat-Anteils für den Temperaturbereich von 20 bis 65° C nach K. L. Mai und A. L. Babb[1]:

$$p_{CO_2} = \frac{1{,}257 \cdot 10^5 f^2 N^{1{,}362}}{(1-f)} \exp - (2729/T) \tag{34}$$

[1] Mai, K. L., u. A. L. Babb: Industr. Engng. Chem. Bd. 47 (1955) 9, S. 1749.

Der CO_2-Partialdruck über der Lösung steigt daher bei konstanter Temperatur und Normalität nach einer Exponentialfunktion mit dem umgesetzten Anteil des reagierenden Mittels steil an. Wie sich aus dieser Beziehung ergibt, wird der Partialdruck mit zunehmender Temperatur größer.

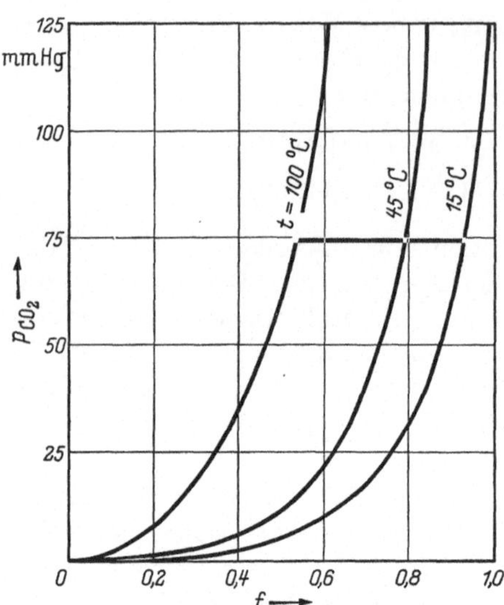

Abb. 13. CO_2-Gleichgewichtspartialdrücke über 1 N-Natriumkarbonat–Bikarbonat-Lösungen in Abhängigkeit vom umgesetzten Anteil *f*.

Als Beispiel zeigt Abb. 13 den CO_2-Partialdruck über Natriumkarbonat–Bikarbonat-Lösungen mit der Normalität 1 in Abhängigkeit vom Bikarbonatanteil *f* nach Angaben von A. SIEVERTS und A. FRITZSCHE[1] und C. HARTE, E. BAKER und H. PURCELL[2]. Bei diesen Lösungen sind, wie das Beispiel zeigt, die CO_2-Partialdrücke sehr gering. Die Regeneration ist daher nur mit erheblichem Dampfbedarf möglich.

Solche Lösungen werden auch zur Absorption von Schwefelwasserstoff, insbesondere bei Anwesenheit von CO_2, benutzt, wobei sich der Umsatz in folgender Weise vollzieht:

$$Na_2CO_3 + H_2S \rightleftarrows NaHCO_3 + NaHS$$

Der H_2S-Partialdruck richtet sich entsprechend nach folgender Beziehung:

$$p_{H_2S} = \frac{K_2 (NaHCO_3)(NaHS)}{(Na_2CO_3)} \tag{35}$$

Je mehr CO_2 in der Gasphase im Verhältnis zum Schwefelwasserstoff vorhanden ist, um so geringer ist die Aufnahmefähigkeit für H_2S. Für das Verhältnis der Partialdrücke von H_2S und CO_2 gilt folgende Beziehung:

$$\frac{p_{H_2S}}{p_{CO_2}} = \frac{K_3 (NaHS)}{(NaHCO_3)} \tag{36}$$

Die Konstante K_3 steigt in geringen Grenzen mit der Normalität der Lösung und sinkt erheblich mit zunehmender Temperatur. Bei einem

[1] SIEVERTS, A., u. A. FRITZSCHE: Z. anorg. allg. Chem. Bd. 133 (1924) S. 1.
[2] HARTE, C., E. BAKER u. H. PURCELL: Industr. Engng. Chem. Bd. 21 (1933) S. 1128.

gegebenen H_2S/CO_2-Verhältnis in der Gasphase steigt daher das Verhältnis der vorhandenen Hydrosulfidmenge zur Bikarbonatmenge mit zunehmender Temperatur.

Die Gleichgewichtskonstante für p_{H_2S} ergibt sich aus dem Verhältnis $K_2 = K_3/K_1$.

Für die gleichen Zwecke haben sich verschiedene Amine bewährt, insbesondere Mono-, Di- und Triäthanolamine, wobei folgende Reaktion abläuft:

$$2\,RNH_2 + CO_2 + H_2O \rightleftarrows (RNH_2)_2H_2CO_3$$

Es bildet sich demnach zunächst ein Karbonat, das durch weitere CO_2-Aufnahme teilweise in ein Bikarbonat umgesetzt wird. Die durch weitere CO_2-Aufnahme entstehenden, sauren Salze lassen sich leicht durch Wärmezufuhr zersetzen. Da die Verbindungen gut in Wasser löslich sind, können sie auch bei normalen Temperaturen mit verhältnismäßig hohen Konzentrationen verwendet werden.

Zu den Waschmitteln, die sich besonders zur Auswaschung von H_2S eignen, gehört ferner das Trikaliumphosphat. Die Absorption von Schwefelwasserstoff verläuft im wesentlichen nach folgender Reaktion:

$$K_3PO_4 + H_2S \rightleftarrows K_2HPO_4 + KHS\,.$$

Es eignet sich auch für die Waschung von Gasen, die kein oder wenig Kohlendioxyd enthalten. Gleichgewichtsdrücke für Schwefelwasserstoff über 20- und 50%-Trikaliumphosphatlösungen zeigt Abb. 14 nach T. W. Rosebaugh[1] für 38 und 105° C.

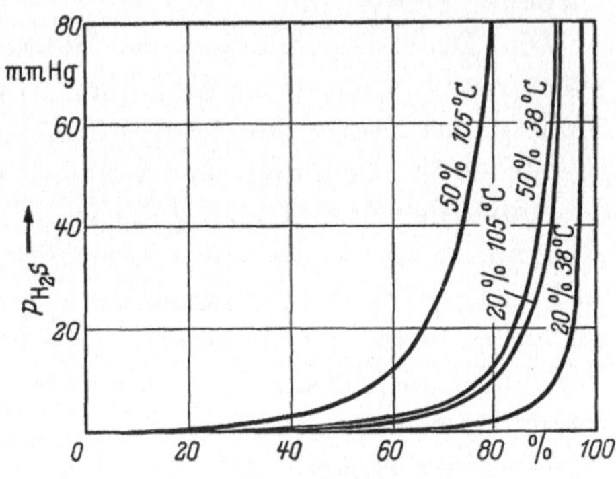

Abb. 14. H_2S-Gleichgewichtspartialdrücke über 20- und 50%-Trikaliumphosphatlösungen bei 38 und 105° C in Abhängigkeit vom umgesetzten Anteil.

Bei der Verwendung von Ammoniak in wäßriger Lösung als Waschmittel für saure Gase werden die Gleichgewichte durch die Flüchtigkeit des Ammoniaks und dadurch beeinflußt, daß ein großer Teil des Ammoniaks praktisch in Form von Ammoniumsalzen vorhanden ist (s. auch E. Terres, W. Attig und F. Tscherter)[2].

Zur Entfernung von Schwefelwasserstoff dienen ferner Verbindungen von starken anorganischen Basen mit schwachen, nichtflüchtigen

---

[1] Rosebaugh, T. W.: Proc. Amer. Petroleum Inst. Bd. 19 M, Sect. III (1938) S. 47.

[2] E. Terres, W. Attig u. F. Tscherter: GWF Bd. 98 (1957) Nr. 21, S. 512 (248 Gas).

Aminosäuren. In diese Gruppe gehört insbesondere das als H_2S-Waschmittel bekannte Alkazid (s. auch H. BÄHR)[1].

Die anorganischen Lösungen geben, da sie nicht flüchtig sind, die Möglichkeit, auch bei erhöhten Temperaturen, z. B. zwischen 70 und 100° C, zu absorbieren. Die CO_2-Partialdrücke steigen zwar mit der Temperatur. Infolge der parabelartigen Gestalt der Gleichgewichtskurve besteht jedoch auch bei erhöhten Temperaturen ein ausreichendes Partialdruckgefälle für den Stoffübergang. Eine hohe Beladungsfähigkeit ist dadurch bedingt, daß man bei erhöhten Temperaturen mit konzentrierteren Lösungen arbeiten kann.

Der Gesamtdruck über der Lösung setzt sich bei der Absorption unter erhöhten Temperaturen aus dem Gasdruck des absorbierten Stoffs, z. B. des Kohlendioxyds, in den oben erwähnten Beispielen und dem Wasserdampfpartialdruck zusammen. Der Wasserdampfpartialdruck entspricht nicht dem Sättigungsdruck des reinen Wassers bei der Gleichgewichtstemperatur, sondern ist um die Dampfdruckerniedrigung kleiner, die sich durch die gelösten Stoffe ergibt. Diese ist jedoch für eine gegebene Temperatur und eine bestimmte Konzentration des chemisch reagierenden, gelösten Stoffs nicht konstant, sondern steigt mit der Umsetzung, wenn die Elektrolytmenge sich dabei vergrößert, wenn z. B. bei der Absorption von Kohlendioxyd mit einer Alkalikarbonatlösung aus einem Mol Karbonat bei der Bindung 2 Mole Bikarbonat entstehen.

Die Druckerniedrigung des Wasserdampfs bei konstanter Temperatur entspricht einer Siedepunktserhöhung bei konstantem Druck. Sie liegt bei den in der Absorptionstechnik verwendeten Lösungen oft in der Größenordnung von 2 bis 5° C.

Außer der Auswaschung der sauren Gase seien als Beispiele für die Absorption mit chemischer Bindung die Auswaschung von Olefinen und Acetylenkohlenwasserstoffen mit Kupfersalzlösungen, Silbernitratlösungen usw. erwähnt. Es bilden sich dabei schwerflüchtige Verbindungen, die sich durch Erhitzung zersetzen lassen. Solche Gleichgewichte werden z. B. verwendet, um gesättigte Kohlenwasserstoffe von weniger gesättigten Kohlenwasserstoffen durch ein Absorptionsverfahren zu trennen.

Als weiteres Beispiel sei die Absorption von nitrosen Gasen zur Herstellung von Salpetersäure erwähnt. Die Stärke der gebildeten Säure wird begrenzt durch den NO_2-Partialdruck über der Lösung. Für die Reaktion gilt dabei folgendes Schema:

$$3\,NO_2 + H_2O = 2\,HNO_3 + NO$$

---

[1] H. BÄHR: Chemische Fabrik, Bd. 11 (1938) Nr. 23/24, S. 283.

Die Gleichgewichtskonstante für diese Reaktion ergibt sich aus:

$$K = \frac{p_{NO}\, a^2_{HNO_3}}{p^3_{NO_2}\, a_{H_2O}} \tag{37}$$

Darin bedeuten a_{HNO_3} und a_{H_2O} die Aktivitäten der betreffenden Stoffe in der Flüssigkeit. Die Gleichgewichte dieser Reaktion werden durch das Verhältnis der Partialdrücke $p_{NO}/p^3_{NO_2}$ in Abhängigkeit von der Säurekonzentration dargestellt. Entsprechend dem exothermen Charakter dieser Reaktion nimmt das Verhältnis NO/NO_2 im Gas, das mit einer Säure von bestimmter Stärke im Gleichgewicht steht, mit zunehmender Temperatur ab. Aus den Gleichgewichten ergibt sich, daß bei Atmosphärendruck die maximal durch Absorption erreichbare Säurekonzentration bei gewöhnlichen Temperaturen etwa 68 Gew.-% HNO_3 beträgt.

III. Stoffaustausch bei der Absorption

1. Die Schichtentheorie

Da bei der Absorption und dem umgekehrten Vorgang, der Desorption oder Entgasung, stets eine gasförmige und eine flüssige Phase vorhanden sind, durchquert der übergehende Stoff zwei dünne Schichten (Filme) der beiden Phasen, die sich an der Grenzfläche berühren. In diese oder aus diesen Schichten gelangt der zu übertragende Stoff vorwiegend durch turbulente Strömungsvorgänge. Dabei kann man annehmen, daß der Stofftransport bis an die Schichten keinen erheblichen Widerstand vorfindet. In dem turbulenten Bereich der beiden Phasen ist daher kein wesentliches Konzentrationsgefälle für den Stofftransport notwendig. Die Zwischenfläche verhält sich wie eine Wand, so daß die turbulenten Bewegungen dort ausklingen. In unmittelbarer Nähe der Trennfläche wird der auszutauschende Stoff nur durch molekulare Diffusion gefördert. Je größer die Turbulenz infolge des Bewegungszustands der beiden Phasen ist, um so dünner sind die beiden Schichten an der Grenzfläche zwischen den beiden Phasen.

In der Gasphase entspricht die dünne Schicht der PRANDTLschen Grenzschicht. Auf der Flüssigkeitsseite denkt man sich den gesamten Diffusionswiderstand auf die erwähnte dünne Schicht bezogen. Mit der Annahme dieser beiden Schichten sucht die sogenannte Zweischichten- oder Filmtheorie alle Vorgänge des Stoffübergangs zu erklären, indem sie den gesamten, tatsächlich vorhandenen Stoffübergangswiderstand durch den Widerstand der beiden dünnen Schichten oder einer dieser Schichten ersetzt.

Als treibende Kraft muß in der Gasschicht ein Partialdruckgefälle und in der flüssigen Schicht ein entsprechendes Konzentrationsgefälle vorhanden sein. Da an dem Stoffübergang teils die molekulare Diffusion, teils die Turbulenz beteiligt sind und da die Anteile dieser beiden Vorgänge am Stoffübergang und auch die Weglänge, über die der Stoff diffundiert, nicht angegeben werden können, verteilt man das gesamte Konzentrationsgefälle auf die beiden dünnen Schichten an der Zwischenfläche und faßt alle Einflüsse in empirischen Stoffübergangszahlen oder Stoffübergangsbeiwerten für die Gasschicht k_G und für die Flüssigkeitsschicht k_L zusammen. Sie werden zur Unterscheidung von den weiter unten behandelten Gesamtübergangszahlen auch als Einzelübergangszahlen bezeichnet. Die Konzentration in einer senkrecht zur Richtung des Stofftransports liegenden Fläche kann man dabei als konstant ansehen.

An der Trennfläche selbst wird ein Gleichgewichtszustand entsprechend den Phasengleichgewichten zwischen der gasförmigen und der flüssigen Phase angenommen. Die Zusammensetzungen in den turbulenten Kernströmungen von Gas und Flüssigkeit außerhalb der beiden Grenzschichten können in der Regel als bekannt angesehen werden. Es können daher die wirksamen Konzentrationsgefälle angegeben werden, wenn die Widerstände gegen den Stoffübergang in den beiden Phasen bekannt sind.

Die Übergangszahl k_G für die Gasschicht gibt an, wieviel kg-Mole je Stunde und 1 m² Übergangsfläche bei einem Partialdruckunterschied von einer Atmosphäre in der Gasschicht übergehen. Wird die je Flächen- und Zeiteinheit übergegangene Stoffmenge in kg-Molen/h m² mit N, der Partialdruck der übergehenden Komponente an der Grenzfläche mit p_i und der mittlere Partialdruck des gleichen Stoffs im Kern der turbulenten Gasströmung mit p bezeichnet, so gilt für den Übergang in der Gasschicht bis zur Grenzfläche:

$$N_G = k_G(p - p_i) \tag{38}$$

In ähnlicher Weise gibt die Übergangszahl k_L für die flüssige Schicht an, wieviel kg-Mole je Flächen- und Zeiteinheit für die Einheit des Konzentrationsunterschieds von der Grenzfläche durch die flüssige Schicht hindurchgehen. Wird die Konzentration an der Trennfläche, die dem Phasengleichgewicht mit dem Gas an dieser Fläche entspricht, mit c_i und die mittlere Konzentration in der Kernströmung der Flüssigkeit mit c bezeichnet, so erhält man die je Flächen- und Zeiteinheit übergegangene Stoffmenge N_L in kg-Molen/m² h aus folgender Beziehung:

$$N_L = k_L(c_i - c) \tag{39}$$

Da der Stoffstrom in gleicher Menge aus der einen Phase durch die

Grenzfläche in die andere Phase übergeht, sind die Mengen N_G und N_L einander gleich. Es gilt daher:

$$N = N_G = N_L = k_G\,(p - p_i) = k_L\,(c_i - c) \qquad (40)$$

Da sich die Mengen N_G und N_L auf die Flächeneinheit beziehen, muß diese geometrisch definiert sein. Die obenstehenden Gleichungen sind daher beispielsweise anwendbar, wenn die Flüssigkeit an den Wänden eines Rohrs oder über eine Schüttung von Füllkörpern gleicher Art herabströmt. Durch Multiplikation der Gleichungen mit der wirksamen Fläche a, z. B. in m^2/m^3 für eine Füllkörperschüttung, wird die in der Raumeinheit übergegangene Stoffmenge erhalten.

Da sowohl die wirksam beteiligte Fläche als auch die Übergangszahlen k_G und k_L von den hydrodynamischen Verhältnissen an der Austauschfläche abhängen, ist es schwierig, der Stoffübergangszahl und der wirksamen Fläche getrennte Werte zuzuordnen. Man verwendet daher für die Berechnung von Stoffübergängen besser das Produkt $k_G a$ bzw. $k_L\,a$, das durch Versuche bestimmt werden kann.

Meist bereitet jedoch die Aufteilung der Stoffübergangswiderstände für die Absorption bzw. für die Desorption auf die flüssige und auf die gasförmige Grenzschicht Schwierigkeiten, weil es nicht möglich ist, den Partialdampfdruck p_i bzw. die Konzentration c_i, die an der Grenzfläche im Phasengleichgewicht miteinander stehen, zu bestimmen. In diesem Fall ist es daher nicht möglich, die Einzelstoffübergangszahlen k_G und k_L für die beiden Schichten getrennt zu erfassen. Dagegen läßt sich der Gesamtwiderstand beim Stoffübergang leicht durch Versuche bestimmen. Man hat daher zur Berechnung der übergehenden Stoffmenge N Gesamtstoffübergangszahlen oder -beiwerte K_G und K_L eingeführt, bei denen der Gesamtwiderstand entweder nur auf die Gasseite oder nur auf die Flüssigkeitsseite bezogen wird.

Wird der Gesamtwiderstand auf die Gasseite bezogen, so wird das treibende Partialdruckgefälle durch den mittleren Partialdruck p der übergehenden Komponente im Kern der turbulenten Gasströmung und durch den Gleichgewichtspartialdruck p_e der gleichen Komponente dargestellt, der im Phasengleichgewicht zur mittleren Konzentration c im Kern der Flüssigkeitsströmung gehört. Wird der Gesamtwiderstand des Stoffübergangs nur auf die Flüssigkeitsseite bezogen, so wird das treibende Gefälle aus der mittleren Konzentration c im Kern der Flüssigkeit und aus der Konzentration c_e gebildet, die im Gleichgewicht mit dem mittleren Partialdruck im Kern der turbulenten Gasströmung p steht. Das bei Benutzung der Gesamtstoffübergangszahlen K_G und K_L einzusetzende Gefälle ist daher im ersten Fall durch den Partialdruckunterschied $(p - p_e)$ und im zweiten Fall durch den Konzentrationsunterschied $(c_e - c)$ gegeben.

Werden Gesamtstoffübergangszahlen verwendet, so erhält man daher die je Flächen- und Zeiteinheit übergehende Stoffmenge in kg-Molen/m² h aus folgender Beziehung:

$$N = K_G(p - p_e) = K_L(c_e - c) \tag{41}$$

Die sowohl für die Einzel- als auch für die Gesamtstoffübergangszahlen anzuwendenden Gradienten sind in einem Diagramm mit den Partialdrücken der übergehenden Komponente p (ata) und den Konzentrationen c (kg-Mole/m³) für eine konstante Temperatur auf Abb. 15 dargestellt.

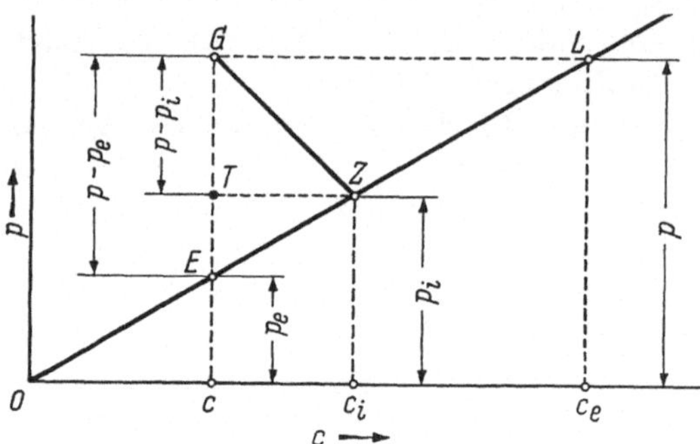

Abb. 15. Darstellung des Partialdrucks des absorbierten Stoffs in Abhängigkeit von den Konzentrationen beim Stoffübergang vom Gas in die Flüssigkeit.

Hier ist eine Gleichgewichtskurve OL für das aus dem Waschmittel und dem absorbierten Stoff bestehende System mit den Partialdrücken p_i über den Konzentrationen c_i wiedergegeben. Die Zustände von Gas und Flüssigkeit seien mit dem Punkt G durch den mittleren Partialdruck p im Kern der Gasströmung und die Konzentration c im Kern der Flüssigkeit gegeben. Zum Teildampfdruck p gehört im Phasengleichgewicht die Konzentration der Flüssigkeit c_e, die durch Punkt L dargestellt wird, der auf der Gleichgewichtskurve liegt. Der Konzentration c, die den Zustand des Punkts G kennzeichnet, entspricht im Phasengleichgewicht der Punkt E mit dem Partialdruck p_e. Würde der Widerstand gegen den Stoffübergang auf der Flüssigkeitsseite unendlich klein sein, so wäre ein Konzentrationsunterschied in der Flüssigkeit für den Stofftransport nicht erforderlich. Das treibende Gefälle wird in diesem Fall auf Abb. 15 ausschließlich durch den Partialdruckunterschied $(p - p_e) = GE$ dargestellt. In einem Absorptionssystem würde daher der Zustand des Punkts G zunächst dem Gleichgewichtszustand des Punkts E zustreben, wobei die Beladung in Richtung auf den Punkt Z steigen kann. Wenn auf der Gasseite praktisch kein Widerstand vorhanden und dort ein Partialdruckgefälle nicht erforderlich wäre, so würde sich das treibende Gefälle auf den Konzentrationsunterschied $(c_e - c) = GL$ beschränken. Bei einem Absorptionsvorgang würde sich der Zustand des Punkts G in Richtung auf den Punkt L ändern.

In den meisten Fällen, die bei der Absorption vorkommen, ist ein Widerstand sowohl auf der Gasseite als auch auf der Flüssigkeitsseite vorhanden. An der Trennfläche zwischen den beiden Schichten werden daher Flüssigkeit und Gas, z. B. entsprechend dem Zustand des Punkts Z, mit der Konzentration der Flüssigkeit c_i und dem Partialdruck p_i im Gleichgewicht sein. Dem Punkt Z entspricht auf dem Ordinatenabschnitt GE der Punkt T. Aus der obenstehenden Beziehung erhält man:

$$\frac{(p - p_i)}{(c_i - c)} = \frac{k_L}{k_G} \tag{42}$$

Der Anstieg der Geraden GZ entspricht daher dem Verhältnis k_L/k_G. Ist k_L sehr klein gegenüber k_G, so nähert sich die Gerade GZ dem Konzentrationsunterschied GL. Ist k_L sehr groß gegenüber k_G, so nähert sich GZ dem Partialdruckunterschied GE.

Bei kleinen Partialdrücken, wie sie in der Absorptionstechnik häufig vorkommen, kann das Gleichgewicht zwischen der Gasphase und der Flüssigkeit nach dem Henryschen Gesetz durch eine geradlinige Beziehung mit der Konstanten H angenommen werden:

$$p = Hc \tag{43}$$

Mit den Bezeichnungen der Abb. 15 ergeben sich dann folgende Gleichgewichtsbeziehungen:

$$p_e = Hc$$
$$p_i = Hc_i$$
$$p = Hc_e$$

Aus den obenstehenden Gleichungen erhält man damit durch Elimination von c_i und p_i folgende Beziehungen für den Zusammenhang zwischen den Gesamtübergangszahlen K_G und K_L und den Einzelübergangszahlen k_G und k_L:

$$\frac{1}{K_G} = \frac{1}{k_G} + \frac{H}{k_L} \tag{44}$$

$$\frac{1}{K_L} = \frac{1}{k_L} + \frac{1}{H\,k_G} \tag{45}$$

Da der reziproke Wert einer Stoffübergangszahl dem entsprechenden Übergangswiderstand proportional ist, besagen diese Gleichungen, daß der auf eine Phase bezogene Gesamtwiderstand sich aus den Teilwiderständen der beiden Phasen zusammensetzt, wobei jedoch bei dem Teilwiderstand der anderen Phase der Anstieg der Gleichgewichtskurve mit der Henryschen Konstante hinzuzufügen ist. Die Gleichungen gelten nur für Lösungen, die dem Henryschen Gesetz folgen.

Bei geringer Löslichkeit der zu absorbierenden Komponente, wenn also H große Werte erreicht, oder wenn der Widerstand auf der Gasseite sehr gering ist, ist oft k_G groß gegenüber k_L. In diesem Fall wird $K_L = k_L$. Bei geringem Widerstand auf der Flüssigkeitsseite oder auch kleinen Werten von H wird $K_G = k_G$.

Neben der Film- oder Schichtentheorie, die am meisten verwendet wird, wurde zur Erklärung des Stoffübergangs die Penetrationstheorie entwickelt. Sie wurde besonders von R. HIGBIE[1] und P. V. DANCKWERTS[2] ausgearbeitet. Dabei wird angenommen, daß die Turbulenz sich bis zur Oberfläche der Flüssigkeit ausbreitet, so daß die Wirbel ununterbrochen Teilchen aus dem Hauptstrom der Flüssigkeit an die Trennfläche bringen. Dort werden sie eine begrenzte Zeit der Einwirkung des Gases ausgesetzt und danach durch andere Teilchen ersetzt. Während des fortgesetzten Wechsels der Teilchen absorbiert die Flüssigkeit an der Trennfläche zwischen den beiden Phasen die gleiche Gasmenge wie im Falle der Schichtentheorie für die gleiche Zeitdauer. Die Absorptionsgeschwindigkeit nimmt dabei mit der Einwirkungszeit an der Oberfläche ab. In einem bestimmten Augenblick besteht die Oberfläche aus einer Menge von Teilchen mit verschiedenen Konzentrationen des absorbierten Gases, die mit verschiedener Geschwindigkeit weiter absorbieren. Die mittlere Absorptionsgeschwindigkeit hängt von der Verteilung der Teilchen von verschiedenem Alterszustand an der Flüssigkeitsoberfläche ab. Um die mittlere Absorptionsgeschwindigkeit N für die Einheit der Oberfläche zu finden, multipliziert man den Oberflächenanteil mit dem Alter t mit der Absorptionsgeschwindigkeit für die ruhende Flüssigkeit für die Einwirkungsdauer z und summiert die Produkte über alle Altersstufen, so daß der Stoffübergang auf ein statistisches Problem zurückgeführt wird. Dabei wird für die Abhängigkeit von der Zeit z eine Verteilungsfunktion $\Phi(z)$ eingeführt. Der Anteil der Oberfläche mit dem Alter zwischen z und $(z + dz)$ ist dann durch $\Phi(z)\,dz$ gegeben. Ist die je Flächeneinheit bei ruhender Oberfläche absorbierte Gasmenge in der Zeit z durch $Q(z)$ gegeben, so erhält man:

$$N = \int_{z=0}^{\infty} \Phi(z)\, dQ(z)\,. \tag{46}$$

Für die Bestimmung der Verteilungsfunktion $\Phi(z)$ für das Alter der Oberflächenteilchen macht DANCKWERTS die Annahme, daß zwischen dem Alter der Oberflächenteilchen und der Wahrscheinlichkeit des Ersatzes durch ein anderes Teilchen kein Zusammenhang besteht. Nach DANCKWERTS ergibt sich dann für die physikalische Absorption mit der Diffusionszahl D_L und mit s für den Anteil der Oberflächenerneuerung für die Stoffübergangszahl auf der Flüssigkeitsseite k_L:

$$k_L = \sqrt{D_L\, s} \tag{47}$$

---

[1] HIGBIE, R.: Trans. Amer. Inst. Chem. Engrs. Bd. 31 (1935) S. 365.
[2] DANCKWERTS, P. V.: Industr. Engng. Chem. Bd. 43 (1951) S. 1460.

2. Bestimmung der Höhe von Füllkörpertürmen

Da sich die Austauschfläche für Füllkörper definieren läßt, kann für diese die notwendige Turmhöhe mit Hilfe der Stoffübergangszahlen und des treibenden Gefälls bestimmt werden. Die je Flächeneinheit des Turmquerschnitts durch Absorption oder Desorption insgesamt übertragene Stoffmenge ist gleich dem Produkt von Stoffübergangszahl je Raumeinheit der Turmfüllung, Turmhöhe und treibendem Partialdruck- oder Flüssigkeitskonzentrationsgefälle. Das Gefälle, das für den Stoffübergang erforderlich ist, wird in der Regel entweder als Mittelwert durch eine Integration über die ganze Turmhöhe oder als logarithmischer Mittelwert bestimmt.

Die Partialdrücke oder Gasgehalte der zu absorbierenden Komponente über und unter dem Turm y_1 und y_2 sind stets durch den Zweck der Absorption gegeben. Die Stoffübergangszahlen K_G und K_L werden über die Turmhöhe als konstant angesehen. Durch Gleichsetzung der bei der Absorption aus dem Gas entfernten und durch Stoffübergang übertragenen Mengen erhält man:

$$L_M\,dx = G_M\,dy = K_G\,a\,P_g(y - y_e)\,dh = K_L\,a\,\gamma_{LM}(x_e - x) \tag{48}$$

Hierin bedeuten:

a Berührungsfläche im Turm je Raumeinheit (m^2/m^3),
h gesamte Schichthöhe (m),
K_L Gesamtstoffübergangszahl, bezogen auf die Flüssigkeitsseite (kg-Mole/h m^2 kg-Mole/m^3) = (m/h),
K_G Gesamtstoffübergangszahl, bezogen auf die Gasseite (kg-Mole/h m^2 ata),
P_g Gesamtdruck (ata),
γ_{LM} Wichte der Flüssigkeit (kg-Mole/m^3),
x_e, y_e Molenbrüche des zu absorbierenden Stoffs im Phasengleichgewicht mit dem Gas und mit der Flüssigkeit,
G_M, L_M Gas- und Flüssigkeitsbelastung (kg-Mole/m^2 h).

Durch Integration über die Zusammensetzungen zwischen den Turmenden, wobei das untere Ende mit 2 und das obere Ende mit 1 bezeichnet ist, ergeben sich mit Bezug auf die Gas- oder die Flüssigkeitsseite für die gesamte Schichthöhe:

$$h = \frac{G_M}{K_G\,a\,P_g} \int_{y_1}^{y_2} \frac{dy}{(y - y_e)} \tag{49}$$

$$h = \frac{L_M}{\gamma_{LM}\,K_L\,a} \int_{x_1}^{x_2} \frac{dx}{x_e - x} \tag{50}$$

Diese Integrale können für jeden beliebigen Verlauf der Gleichgewichtskurve durch graphische Integrationsverfahren gelöst werden.

Da die Gleichgewichtsfunktionen für die physikalisch lösenden Waschmittel vollkommen oder nahezu als Gerade verlaufen, läßt sich der für den Stoffübergang wirksame Partialdruck- oder Konzentrationsunterschied durch den logarithmischen Mittelwert ersetzen. Die in einem x, y-System senkrecht gemessenen Abstände zwischen der Betriebsgeraden (s. S. 64) und der als Gerade angenommenen Gleichgewichtslinie seien mit Δy und an den Turmenden mit $(\Delta y)_1$ und $(\Delta y)_2$ bezeichnet.

Zwischen der Veränderung des Gefälls und der Abnahme der Konzentration y im Gas ergibt sich folgende Proportionalität:

$$\frac{dy}{d\Delta y} = \frac{y_2 - y_1}{(\Delta y)_2 - (\Delta y)_1} \tag{51}$$

Damit läßt sich das Integral für $(dy/\Delta y)$ durch einen logarithmischen Mittelwert Δy_m für die Grenzen zwischen den Konzentrationen y_1 und y_2 in folgender Weise ausdrücken:

$$\int_{y_1}^{y_2} \frac{dy}{\Delta y} = \frac{(y_2 - y_1)}{((\Delta y)_2 - (\Delta y)_1)} \int_{\Delta_1}^{\Delta_2} \frac{d\Delta y}{\Delta y} = \frac{(y_2 - y_1)}{(\Delta y)_2 - (\Delta y)_1} \ln \frac{(\Delta y)_2}{(\Delta y)_1} = \frac{(y_2 - y_1)}{(\Delta y)_m} \tag{52}$$

Damit erhält man für die Turmhöhe h mit dem Mittelwert $(\Delta y)_m$ und mit der auf die Gasseite bezogenen Gesamtübergangszahl K_G:

$$h = \frac{G_M (y_2 - y_1)}{K_G a P_g ((\Delta y)_2 - (\Delta y)_1)} \ln \frac{(\Delta y)_2}{(\Delta y)_1} = \frac{G_M}{K_G a P_g} \frac{(y_2 - y_1)}{(\Delta y)_m} \tag{53}$$

Eine analoge Gleichung erhält man mit der auf die Flüssigkeitsseite bezogenen Gesamtstoffübergangszahl K_L, den Konzentrationen x_1 und x_2 an den Turmenden und den Konzentrationsunterschieden $(\Delta x)_2$ und $(\Delta x)_1$ an den Turmenden:

$$h = \frac{L_M (x_2 - x_1) \ln ((\Delta x)_2/(\Delta x)_1)}{\gamma_{LM} K_L a ((\Delta x)_2 - (\Delta x)_1)} = \frac{L_M (x_2 - x_1)}{\gamma_{LM} K_L a (\Delta x)_m} \tag{54}$$

In einem x, y-System sind die Konzentrationsunterschiede Δx durch die waagerechten Unterschiede zwischen Gleichgewichtslinie und Betriebsgerade $(x_e - x)$ gegeben (s. S. 64).

3. Die Übergangseinheiten

Die obenstehenden Ausdrücke für die Turmhöhe h bestehen aus 2 Faktoren, von denen der eine die mit dem Stoffübergang unmittelbar zusammenhängenden Größen zusammenfaßt und die Dimension einer Länge hat. Der andere Faktor, der z. B. in Integralform mit

$$\int \frac{dy}{(y - y_e)} \quad \text{oder} \quad \int \frac{dx}{(x_e - x)}$$

oder mit dem logarithmischen Mittelwert z. B. in folgender Form

$$\frac{(y_2 - y_1)}{((\Delta y)_2 - (\Delta y)_1)} \ln \frac{(\Delta y)_2}{(\Delta y)_1}$$

$$\frac{(x_2 - x_1)}{((\Delta x)_2 - (\Delta x)_1)} \ln \frac{(\Delta x)_2}{(\Delta x)_1}$$

ausgedrückt ist, gibt an, wievielmal der mittlere, beim Stoffübergang wirksame Konzentrationsunterschied, der z. B. in einem x, y-Diagramm, wie es z. B. auf Abb. 18 dargestellt ist, durch die senkrechten oder waagerechten Unterschiede zwischen Betriebsgerade und Gleichgewichtskurve gegeben ist, in dem gesamten, durch die Zusammensetzungen an den Absorberenden bestimmten Konzentrationsunterschied im Gas $(y_2 - y_1)$ oder in der Flüssigkeit $(x_2 - x_1)$ enthalten ist.

Wählt man eine Übergangseinheit so, daß der mittlere Konzentrationsunterschied für den Stoffübergang zwischen den Phasen ebenso groß ist wie der Konzentrationsunterschied der Gas- oder der Flüssigkeitsphase an den Enden dieser Einheit längs der Absorberachse, so stellen die oben angegebenen Ausdrücke die Zahl der Übergangseinheiten dar. Sie werden mit N_{OG} und N_{OL} bezeichnet je nach dem Bezug auf die Gas- oder auf die Flüssigkeitsseite. Die Übergangseinheiten wurden von T. H. CHILTON und A. P. COLBURN[1] eingeführt.

Wie die obenstehenden Gleichungen für die Schichthöhe h zeigen, entsprechen die Ausdrücke

$$\frac{G_M}{K_G a\, P_g} \quad \text{und} \quad \frac{L_M}{\gamma_{LM} K_L a}$$

den Höhen einer Übergangseinheit H_{OG} und H_{OL}, die entweder auf die Gasseite oder nur auf die Flüssigkeitsseite bezogen sind. Sie haben die Dimension einer Länge und geben diejenige Teilhöhe des Turms an, die aus dem Gas eine Stoffmenge in die Flüssigkeit überträgt, die dem örtlich vorhandenen, mittleren Konzentrationsunterschied $(y - y_e)$ oder $(x_e - x)$ entspricht.

Man erhält daher:

$$H_{OG} = \frac{G_M}{K_G a\, P_g} \tag{55}$$

$$H_{OL} = \frac{L_M}{\gamma_{LM} K_L a} \tag{56}$$

Die gesamte Füllkörperschichthöhe ergibt sich aus dem Produkt von Stufenzahl und Gesamthöhe einer Übergangseinheit:

$$h = H_{OG} N_{OG} \tag{57}$$

$$h = H_{OL} N_{OL} \tag{58}$$

[1] CHILTON, T. H., u. A. P. COLBURN: Industr. Engng. Chem. Bd. 27 (1935) S. 255.

Je kleiner die Konzentrationsunterschiede zwischen den Phasen sind, um so größer wird die Stufenzahl N_{OG} oder N_{OL}.

Die Zahl der Übergangseinheiten kann demnach durch den Quotienten von 2 Höhen oder auch durch den Quotienten von 2 Konzentrationsunterschieden ausgedrückt werden. Bezeichnet $(\Delta y)_m$ den mittleren, für den Stoffübergang wirksamen Konzentrationsunterschied, so gilt daher:

$$N_{OG} = \frac{h}{H_{OG}} = \frac{y_2 - y_1}{(\Delta y)_m} \tag{59}$$

Man kann die Zahl der Übergangseinheiten auch durch das Verhältnis des Anstiegs der Gleichgewichtskurve $m = d y_e / d x$ zu der Steigung der Betriebsgeraden L_M/G_M und durch die Auswaschungszahl für ein nicht vollständig regeneriertes Waschmittel, das noch eine Restbeladung mit der Konzentration x_0 enthält, ausdrücken. Diese Auswaschungszahl ist durch das Verhältnis

$$E_{z0} = \frac{y_2 - m\, x_0}{y_1 - m\, x_0} \tag{60}$$

gegeben. Eine solche Beziehung hat A. P. COLBURN[1] zur Berechnung der Zahl der auf die Gasseite bezogenen Übergangseinheiten entwickelt:

$$N_{OG} = \frac{1}{\left(1 - \frac{m\, G_M}{L_M}\right)} \ln \left[\left(1 - \frac{m\, G_M}{L_M}\right)\left(\frac{y_2 - m\, x_0}{y_1 - m\, x_0}\right) + \frac{m\, G_M}{L_M}\right] \tag{61}$$

Auf Abb. 16 ist die Zahl der Übergangseinheiten in Abhängigkeit von dem Verhältnis $(y_2 - m\, x_0)/(y_1 - m\, x_0)$ nach dieser Beziehung dargestellt. Wird das Waschmittel möglichst vollständig regeneriert, so daß die Restbeladung x_0 sehr klein ist, so wird dieses Verhältnis dem Quotienten der Konzentrationen der zu absorbierenden Komponente am unteren und oberen Ende des Absorbers $y_2/y_1 = E_z$ gleich.

Das Verhältnis der Steigung der Gleichgewichtslinie zur Steigung der Betriebsgerade $m\, G_m/L_m$ ist für die Schlüsselkomponente meist kleiner als 1 und liegt oft zwischen 0,7 und 0,8. Es ist praktisch dem reziproken Wert des Absorptionsfaktors A gleich. Wie sich aus Abb. 16 ergibt, sind in diesem Fall zum Auswaschen der ersten Zehnerpotenz etwa 5 Übergangseinheiten und für die zweite und die folgenden Zehnerpotenzen der Auswaschung etwa 8 Übergangseinheiten je Zehnerpotenz erforderlich. Um also unter den genannten Bedingungen eine Zehnerpotenz mehr aus dem Gas zu entfernen, muß die Schichthöhe um etwa 8 Übergangseinheiten vergrößert werden. Soll z. B. die Schlüsselkomponente von 10% Anfangsgehalt auf 0,1% Restgehalt, also um

[1] COLBURN, A. P.: Trans. Amer. Inst. Chem. Engrs. Bd. 35 (1939) S. 211.

2 Zehnerpotenzen ausgewaschen werden, so sind $(5 + 8) = 13$ Übergangseinheiten für die gesamte Füllkörperschichthöhe erforderlich.

Die Gesamthöhen für eine Übergangseinheit H_{OG} und H_{OL} lassen sich aus den Teilhöhen H_G und H_L errechnen, falls über diese etwas bekannt ist. Die oben angegebene Beziehung z. B. für die auf die Gasschicht bezogene Gesamtübergangszahl

$$\frac{1}{K_G} = \frac{1}{k_G} + \frac{H}{k_L}$$

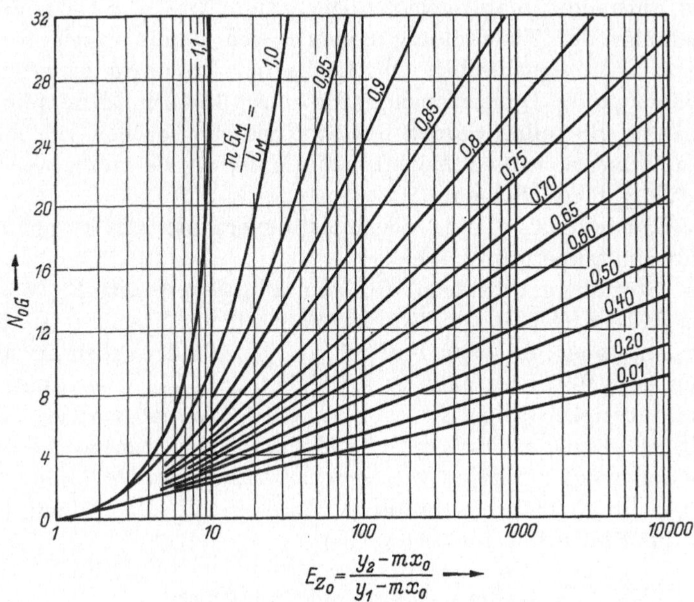

Abb. 16. Zahl der Übergangseinheiten N_{OG} in einem Absorber für verschiedene Verhältnisse $m G_M/L_M$ in Abhängigkeit von den Konzentrationen an den Absorberenden entsprechend der Auswaschungszahl $(y_2 - m\, x_0)/(y_1 - m\, x_0)$.

läßt sich durch Erweiterung mit dem Faktor $G_M/a\, P_g$ in eine Form zur Berechnung der Gesamthöhe einer Übergangseinheit aus den Teilhöhen umwandeln. Die HENRYsche Konstante wird dabei zweckmäßig durch den Anstieg der Gleichgewichtslinie m ausgedrückt:

$$m = \frac{d\,y_e}{d\,x} = \frac{H\, \gamma_{LM}}{P_g}$$

Mit den Substitutionen

$$H_{OG} = \frac{G_M}{K_G\, a\, P_g} \tag{62}$$

$$H_G = \frac{G_M}{k_G\, a\, P_g} \tag{63}$$

$$H_L = \frac{L_M}{\gamma_{LM}\, k_L\, a} \tag{64}$$

erhält man folgende Beziehung für eine auf die Gasseite bezogene Gesamthöhe einer Übergangseinheit:

$$H_{OG} = H_G + \frac{m\,G_M\,H_L}{L_M} \tag{65}$$

Die Stoffübergangszahlen für die Gasseite K_G oder k_G werden meist mit der Dimension kg-Mol/m² h 1 ata, bezogen auf die Austauschfläche, benutzt. Da 1 kg-Mol dem Normvolumen eines Mols in Nm³ = 22,4 Nm³ entspricht und da bei der Absorption nur gasförmige Stoffe übertragen werden, verwendet man auch die Dimension Nm³/m² h 1 ata. Für die Raumeinheit der Turmfüllung ergeben sich damit durch Multiplikation mit der spezifischen Oberfläche der Füllung a in m²/m³ für $K_G\,a$ oder $k_G\,a$ die Dimensionen kg-Mole/m³ h 1 ata und Nm³/m³ h 1 ata = 1/h 1 ata. Bisweilen werden die Stoffübergangsgrößen jedoch auch auf den dimensionslosen Molenbruch (Mol/Mol) als treibendes Konzentrationsgefälle bezogen.

Das Produkt $K_G\,a$ wird allgemein bevorzugt, weil es nur wenig von der Füllkörpergröße abhängt.

Die Stoffübergangszahlen für die Flüssigkeitsseite K_L oder k_L werden auf den Gehalt an absorbiertem Stoff im Waschmittel mit der Dimension kg-Mol/m³ oder Nm³/m³, in Einzelfällen auch in Molenbrüchen (Mol/Mol) oder auch in kg/m³ bezogen. Die Übergangszahlen für die Flüssigkeitsseite K_L oder k_L werden daher vorwiegend mit den Dimensionen kg-Mole/m² h kg-Mole/m³ oder Nm³/m² h Nm³/m³ oder seltener kg/m² h kg/m³ verwendet. Das bevorzugte Produkt $K_L\,a$ oder $k_L\,a$ für die Übergangszahl je Raumeinheit der Füllung erhält damit die Dimension 1/h.

4. Stoffübergang auf Füllkörpern

Um die Abhängigkeit der Stoffübergangszahlen K_G und K_L von den Stoffeigenschaften und den an der Übergangsfläche vorhandenen Strömungsverhältnissen in allgemeingültiger Form für ein physikalisch lösendes Waschmittel darzustellen, faßt man nach den allgemeinen Ähnlichkeitsgrundsätzen die Größen, die den Stoffübergang beeinflussen, in geeigneten dimensionslosen Kenngrößen zusammen. Wegen der Ähnlichkeit von Stoff- und Wärmeübertragung können die Kenngrößen für den Stoffübergang analog den Kenngrößen für den Wärmeübergang gebildet werden. Eine vollständige Darstellung der Anwendung der Ähnlichkeitslehre besonders auch auf Fragen des Stoffübergangs findet sich in den Büchern von W. Matz[1].

[1] Matz, W.: Die Thermodynamik des Wärme- und Stoffaustauschs. Frankfurt 1949 — Anwendung des Ähnlichkeitsgrundsatzes in der Verfahrenstechnik. Berlin/Göttingen/Heidelberg: Springer 1954.

Für die Stoffübertragung kann entsprechend der NUSSELTschen Zahl eine analoge Kenngröße Nu' in folgender Weise definiert werden, wenn die Austauschfläche z. B. aus einem benetzten Rohr besteht:

$$Nu' = \frac{k_L\, d}{D_L} \tag{66}$$

Hierin bedeuten:

d Durchmesser des Rohrs in m,
k_L Stoffübergangszahl für die Flüssigkeitsseite (m/h),
D_L Diffusionszahl des absorbierten Stoffs in der Flüssigkeit (m²/h).

Die Größen, die für die Strömungsverhältnisse wichtig sind, werden in der REYNOLDSschen Zahl zusammengefaßt, z. B. in folgender Form:

$$Re = \frac{L\, d}{\eta\, g} \tag{67}$$

Dabei bezeichnen:

L Flüssigkeitsberieselung (kg/m² s),
η dynamische Zähigkeit (kg s/m²),
g Erdbeschleunigung.

Die den Stoffaustausch beeinflussenden Größen sind die Diffusionszahl D_L (m²/h) und die kinematische Zähigkeit ν (m²/h). Sie werden in der SCHMIDTschen Zahl Sch vereinigt.

$$Sch = \frac{\nu}{D_L} \tag{68}$$

Für den Fall, daß der Widerstand in der Gasschicht sehr klein gegenüber dem Widerstand in der flüssigen Grenzschicht ist, hat G. KLING[1] zahlreiche Versuche, insbesondere für die Absorption und Desorption schwerlöslicher Gase wie CO_2, Cl_2, SO_2 und O_2 in oder aus Wasser ausgewertet. Die Versuche waren in Türmen von 50 bis 500 mm Durchmesser bei Temperaturen zwischen 2 und 32° C ausgeführt. Die Füllungen bestanden aus Ringen von 10 bis 50 mm Durchmesser und Höhe. Die in Anlehnung an den Wärmeübergang von KLING erhaltene Form für den Stoffübergang lautet:

$$Nu' = 4{,}85\,(Re^{0{,}703} - 8{,}85)\, Sch^{1/3} \tag{69}$$

Die Stoffübergangszahlen K_L haben dabei die Dimension $\text{m/h} = \frac{\text{kg}}{\text{m}^2\,\text{h}\,\text{kg/m}^3}$.
Die Stoffübergangszahlen für die Flüssigkeitsseite je m³ Füllraum $K_L\, a$ haben die Dimension $1/\text{h} = \frac{\text{kg m}^2/\text{m}^3}{\text{m}^2\,\text{h}\,\text{kg/m}^3}$. Sie liegen in der Größenordnung von 20 bis 200 (1/h).

Die Einzelstoffübergangszahl $k_G\, a$ für die Raumeinheit der Füllung und für die *Gasseite* steigt mit Potenzfunktionen der Gasbelastung G

[1] KLING, G.: Chemie-Ing.-Techn. Bd. 25 (1953) 10, S. 557.

und der Flüssigkeitsbelastung L, wobei der Einfluß der Gasbelastung überwiegt. Die Stoffeigenschaften werden durch eine Potenzfunktion der SCHMIDTschen Zahl Sch berücksichtigt. Mit einem konstanten Faktor A ergibt sich für die Einzelübergangszahl:

$$k_G a = \frac{A\, G^n L^m}{Sch^s} \tag{70}$$

Die Exponenten n, m und s haben nach den Ergebnissen verschiedener Forscher etwa folgende Größe:

$$n = 0{,}5 \text{ bis } 0{,}9$$
$$m = 0{,}1 \text{ bis } 0{,}4$$
$$s = 0{,}5 \text{ bis } 0{,}67$$

Da die Einzelübergangszahl für die Gasseite mit der entsprechenden Teilhöhe einer Übergangseinheit durch die Beziehung

$$H_G = \frac{G_M}{k_G a\, P_g}$$

verknüpft ist, ergibt sich für diese:

$$H_G = \frac{B\, G^{(1-n)}\, Sch^s}{L^m} \tag{71}$$

Die Exponenten $(1 - n)$ und m liegen in ähnlicher Größenordnung. Beschränkt man sich auf ein gegebenes Stoffsystem, so daß die SCHMIDTsche Zahl als konstant angesehen werden kann, so erhält man mit einer Konstanten C_1 näherungsweise:

$$H_G = C_1 \left(\frac{G}{L}\right)^m \tag{72}$$

Dabei liegt der Exponent m z. B. für die Löslichkeit von Gasen in Wasser bei Verwendung von Ringen von etwa 25 mm in der Größe von 0,25 bis 0,35. Die Konstante C beträgt, um H_G in m zu erhalten, für diesen Fall etwa 0,4 bis 0,8. Für andere Absorptionen und für hohe Schüttungen ist sie oft größer. Während die Übergangszahl für die Gasseite demnach erheblich mit der Gasbelastung steigt, verschlechtert sich die Teilhöhe H_G langsam mit zunehmender Gasbelastung. Mit zunehmender Flüssigkeitsbelastung dagegen steigt die Übergangszahl für die Gasseite und vermindert sich die Teilhöhe für die Gasschicht. Für andere Gase kann H_G im Verhältnis einer Potenzfunktion der SCHMIDTschen Zahl mit einem Exponenten von 0,5 bis 0,6 umgerechnet werden.

Die Einzelübergangszahl für die Gasschicht ist in größerem Maß von der Füllkörpergröße abhängig als die Übergangszahl für die flüssige Schicht. So kann H_G bei großen Ringen z. B. 50 mm um etwa 50% größer sein als bei kleinen Ringen z. B. 12 mm.

Die Einzelübergangszahl je Raumeinheit für die *Flüssigkeitsseite* $k_L a$ ist stets abhängig von einer Potenzfunktion der Flüssigkeitsbelastung. Sie ist dagegen nahezu unabhängig von der Gasbelastung. Die Stoffeigenschaften der Flüssigkeit werden in gleicher Weise wie für $k_G a$ durch eine Potenzfunktion der SCHMIDTschen Zahl berücksichtigt. Der Einfluß der Füllkörpergröße auf die Einzelübergangszahl für die flüssige Schicht ist gering. Bei hohen Beladungen kann noch ein Einfluß der Konzentration auftreten, der mit den Stoffeigenschaften des gelösten Stoffs im Gemisch mit dem Waschmittel im Zusammenhang steht.

Für die Teilhöhe einer Übergangseinheit für die flüssige Schicht ergibt sich nach T. K. SHERWOOD[1] folgende Beziehung:

$$H_L = \frac{L_M}{\gamma_L k_L a} = \frac{1}{A} \left(\frac{L}{\mu_L}\right)^n (Sch)^{0,5} \tag{73}$$

Der Exponent n liegt dabei zwischen 0,2 und 0,5, im Mittel etwa bei 0,34.

Da die Zähigkeit einer Flüssigkeit mit zunehmender Temperatur sinkt und die Diffusionszahl D für die flüssige Phase proportional der absoluten Temperatur ist, steigt H_L mit abnehmender Temperatur. An der unteren Staugrenze, an der der Druckabfall in den Füllkörpern stärker anzusteigen beginnt, steigt die Höhe H_L für die Flüssigkeitsseite schneller.

Beschränkt man sich auf ein bestimmtes Waschmittel, z. B. Wasser, so können alle Stoffeigenschaften zu einer Konstanten C_2 zusammengezogen werden, so daß nur die Flüssigkeitsbelastung als Veränderliche bleibt. Man erhält demnach für die Teilhöhe:

$$H_L = C_2 L^n \tag{74}$$

Da der Exponent n in der Größenordnung von 0,2 bis 0,5 liegt und die Übergangszahl $k_L a$ proportional einer Potenzfunktion der Flüssigkeitsbelastung mit dem Exponenten $(1 - n)$ steigt, wächst die Höhe H_L langsamer mit der Flüssigkeitsbelastung als die Übergangszahl $k_L a$.

Für die Lösung von Gasen in Wasser mit Ringen von etwa 25 mm Durchmesser beträgt die Konstante C_2, wenn die Flüssigkeitsbelastung in kg/m² h eingesetzt wird, etwa 0,013 bis 0,02.

Bei schwerlöslichen Gasen wird in dem obenstehenden Ausdruck für $k_L a$ bisweilen noch eine Potenzfunktion der Diffusionszahl D_L (m²/s) zugefügt.

---

[1] SHERWOOD, T. K., u. R. L. PIGFORD: Absorption and Extraction. 2. Aufl. New York: McGraw-Hill Book Comp. 1952.

Die Flüssigkeitsbelastung hat bei der Absorption mit Füllkörpern auf die Teilhöhen einer Übergangseinheit für die Flüssigkeitsseite H_L und die Gasseite H_G einen verschiedenen Einfluß. Mit zunehmender Flüssigkeitsbelastung fällt H_G und steigt H_L.

Wie die obigen Beziehungen zeigen, steigt die auf die Flüssigkeitsseite bezogene Höhe H_L mit der Flüssigkeitsbelastung im gleichem Maß wie die auf die Gasseite bezogene Höhe H_G mit der Gasbelastung, da die Exponenten der entsprechenden Potenzfunktionen in der gleichen Größenordnung liegen.

Wenn das Partialdruckgefälle groß ist, wenn also z. B. die zu absorbierende Komponente in hohem Anteil im Gas anwesend ist und dieses unter hohem Druck zur Verfügung steht, so müssen große Mengen dieses Stoffs durch die Grenzfläche zwischen den beiden Phasen wandern, so daß der Widerstand auf der Gasseite mit zunehmendem Partialdruck wachsen kann. Der Anteil des Widerstands auf der Gasseite wird daher unter diesen Verhältnissen größer.

Bei der Auswaschung von Kohlendioxyd aus Druckgasen mit Wasser betragen z. B. die in der Technik häufig vorkommenden CO_2-Partialdrücke 5 bis 10 ata. Dabei werden die Füllkörper mit Wassermengen bis zu 100 oder 200 m^3/m^2 h bezogen auf den Turmquerschnitt berieselt, so daß der Widerstand gegen den Stoffübergang auf der Flüssigkeitsseite verhältnismäßig hoch ist. Unter diesen Verhältnissen steigt der Anteil des Widerstands der Gasschicht mit zunehmender Flüssigkeitsbelastung bis auf etwa 50 bis 60% des Gesamtwiderstands an. In einem Gegenstromsystem zur Auswaschung von CO_2 mit Wasser verändert sich daher das Verhältnis des Widerstands auf der Gasseite zu dem Widerstand auf der Flüssigkeitsseite über der Turmhöhe. Im oberen Teil überwiegt der Widerstand in der flüssigen Grenzschicht. Im unteren Teil nimmt der Widerstand auf der Gasseite zu. Bezieht man die Stoffübergangszahl für diese Verhältnisse auf die Flüssigkeitsseite, so kommen in der Beziehung für $K_L\,a$ zu der Potenzfunktion für die Flüssigkeitsbelastung L^n noch eine Abhängigkeit von der Gasbelastung hinzu. Bei einer Verdopplung der Flüssigkeitsbelastung wird der Anteil des Widerstands auf der Gasseite etwa um ein Drittel größer.

Als Anhalt für die Verteilung der Widerstände in den beiden, in Reihe zu durchquerenden Schichten sei hier das Verhältnis des Widerstands der Gasschicht allein zu dem Gesamtwiderstand K_G/k_G in % für einige globale Beispiele angegeben:

für gut wasserlösliche Stoffe,
z. B. Absorption niederer Alkohole in Wasser 85 bis 95%,
Absorption von Gasen in Wasser ...... 30 bis 80%,
für chemisch wirkende Waschmittel ... 1 bis 10%.

Liegt der Widerstand vorwiegend entweder in der Gasschicht oder in der flüssigen Schicht, so entspricht die Höhe für eine Übergangseinheit für den Gesamtwiderstand der Höhe, die aus der Einzelstoffübergangszahl für die zu überwindende Schicht errechnet ist. Im ersten Fall ist daher $H_G = H_{OG}$ und im zweiten Fall $H_L = H_{OL}$.

Ist dagegen ein Widerstand sowohl auf der Gas- als auch auf der Flüssigkeitsseite vorhanden und sieht man die aus der Annahme zweier in Reihe liegender Schichten erhaltene Additivität der Höhen als gültig an, so ergeben sich die Teilhöhen H_L und H_G für den einfachsten Fall mit den nur von den Stoffkonstanten abhängigen Größen C_1 und C_2:

$$H_L = C_2 L^n$$

$$H_G = C_1 \left(\frac{G}{L}\right)^m$$

Bezieht man die Gesamthöhe z. B. auf die Flüssigkeitsseite, so ergibt sich aus den Teilhöhen für die Einzelschichten H_L und H_G:

$$H_{OL} = H_L + \frac{L_M}{m\, G_M} H_G = C_2 L^n + \frac{C_1}{m} \left(\frac{L}{G}\right)^{(1-m)} \frac{M_G}{M_L} \tag{75a}$$

Eine analoge Beziehung gilt für die Höhe H_{OG} (s. unten). Dabei sind die auf die Gleichgewichte sich beziehenden Mengen von Flüssigkeit und Gas L_M und G_M in Molen je m² und h einzusetzen, während die Belastungen des Turmquerschnitts L und G in kg/m² h angegeben werden. Anstieg m und Exponent m sind darin nicht identisch.

An einigen Beispielen sollen die Größenordnungen der Stoffübergangszahlen, die bei der Absorption mit einem physikalisch lösenden Waschmittel vorkommen, und die Beziehungen zu den Höhen für eine Übergangseinheit gezeigt werden.

Für eine Wasserwäsche zur Entfernung von CO_2, die mit einer Gasbelastung G_M von 60 kg-Mole/m² h bezogen auf den Turmquerschnitt bei einem Gesamtdruck P_g von 25 ata arbeitet, sei die Gesamthöhe für eine Übergangseinheit $H_{OG} = 1{,}6$ m angenommen. Damit ergibt sich der Übergang je Raumeinheit der Füllung:

$$K_G a = \frac{G_M}{P_g H_{OG}} = \frac{60}{25 \cdot 1{,}6} = 1{,}5 \ \frac{\text{kg-Mole}}{\text{m}^3\,\text{h at}}$$

Unter günstigen Umständen, z. B. bei der Absorption gutlöslicher Stoffe, können Werte für das Produkt $K_G a$ erreicht werden, die in der Größenordnung von etwa 10 kg-Mole/m³ h at und mehr liegen.

Besonders hohe Übergangszahlen ergeben sich bei der Absorption von Ammoniak in Wasser. Für diesen Fall erhält man Höhen für eine Übergangseinheit H_{OG} zwischen 0,2 und 1,0 m, wobei die kleineren Werte für große Flüssigkeitsbelastungen und die großen Werte für geringe Berieslungen gelten.

In einer Wasserwäsche zur Entfernung von Kohlendioxyd aus Gasen sei eine spezifische Berieslung von 100000 l/m² h angenommen, so daß $L_M = 100000/18 = 5560$ kg-Mole/m² h und die Dichte $\gamma_{LM} = \frac{1000}{18} = 55{,}6$ kg-Mole/m³ betragen. Die Höhe einer Übergangseinheit H_{OL} sei mit 1,2 m angenommen. Die auf die Flüssigkeitsseite bezogene Gesamtübergangszahl errechnet sich daher in folgender Weise:

$$K_L a = \frac{5660}{55{,}6 \cdot 1{,}2} = 83{,}3\,(1/\mathrm{h})$$

Die höchsten Werte, die in Wasserwäschen zur Entfernung von CO_2 erreicht werden, liegen bei etwa 120 bis 180 (l/h).

Bei der Absorption von schwerlöslichen Gasen in Wasser erhält man für Ringe von 15 bis 50 mm Werte für das Produkt $K_L a$, die vorwiegend in dem Bereich von 10 bis 150 (l/h) liegen. Die kleineren Werte gelten dabei für schwache, die höheren Werte für starke Berieslung je Flächeneinheit des Absorberquerschnitts.

Die Höhen für eine Übergangseinheit H_{OL} liegen bei der Absorption von Gasen in Wasser je nach der Flüssigkeitsbelastung in der Größenordnung von 0,5 bis 2 m. Die Teilhöhe H_L beträgt für diese Verhältnisse bei kleinen Flüssigkeitsbelastungen etwa 0,3 m und bei großen Flüssigkeitsbelastungen etwa 0,8 m.

Bei ungenügender Flüssigkeitsverteilung können die Höhen für eine Übergangseinheit unter Umständen doppelt oder dreifach so hoch werden.

Für die Auswaschung von Azeton mit Wasser unter Atmosphärendruck mit Ringen von etwa 25 mm soll im folgenden die Höhe einer auf die Gasschicht bezogenen Übergangseinheit aus der Beziehung (65)

$$H_{OG} = H_G + H_L m \frac{G_M}{L_M} \qquad (75\text{b})$$

errechnet werden.

Gasbelastung: $G = 3000$ kg/m² h

Molekulargewicht des Gases $= 30$

Gasbelastung: $G_M = \frac{3000}{30} = 100$ kg-Mole/m² h

Flüssigkeitsbelastung: $L = 6000$ kg/m² h

$L_M = \frac{6000}{18} = 333$ kg-Mole/m² h

Aktivitätskoeffizient für Azeton in Wasser $= 7{,}1$

Dampfdruck des Azetons bei der Absorptionstemperatur $= 290$ mm Hg

Anstieg der Gleichgewichtslinie: $m = \frac{7{,}1 \cdot 290}{760} = 2{,}71$

$$\frac{m G_M}{L_M} = 2{,}71 \cdot \frac{100}{333} = 0{,}815$$

$$H_G = C_1 \left(\frac{G}{L}\right)^m = 0{,}7 \left(\frac{3000}{6000}\right)^{0{,}25} = 0{,}59 \text{ m}$$

$$H_L = C_2 L^n = 0{,}02 \cdot (3000)^{0{,}4} = 0{,}50 \text{ m}$$

$$H_{OG} = 0{,}59 + 0{,}815 \cdot 0{,}50 = 1{,}0 \text{ m}$$

Dieser Wert ist nur bei gleichmäßiger Berieslung zu erreichen. Praktisch wird man daher noch einen Zuschlag vorsehen.

Sehr geringe Höhen für eine Übergangseinheit können mit kleinen Füllkörpern mit einem Durchmesser von wenigen Millimetern besonders für den Fall kleiner Leistungen erhalten werden, die nach einem Vorschlag von W. MATZ (Farbwerke Hoechst) in senkrechten, zu einem Bündel vereinigten Rohren untergebracht sind.

5. Stoffübergang bei der Absorption mit chemischer Bindung

Wird das Gas durch eine Lösung absorbiert, die ein chemisch wirkendes Mittel enthält, so liegt der Hauptwiderstand für den Stoffübergang meist vorwiegend auf der Flüssigkeitsseite. Der Stoffübergang wird nicht nur, wie bei der physikalischen Absorption, von den Diffusionsvorgängen des Gases in das Waschmittel und dem Transport der gelösten Teilchen in die Hauptmenge des Waschmittels, sondern auch von den Diffusionsvorgängen des noch nicht zur Reaktion gekommenen, chemisch reagierenden Mittels und des Reaktionsprodukts beeinflußt.

Bei der Absorption mit einem physikalisch wirkenden Waschmittel ist der Stoffübergang dort besonders gut, wo die Erneuerung der Flüssigkeitsoberfläche, z. B. infolge hoher Turbulenz, schnell vor sich geht. Bei der Absorption mit einer chemisch wirkenden Lösung können jedoch auch Teilchen, die bereits teilweise beladen sind, noch absorbieren, so daß ein schneller Wechsel der Oberflächenteilchen nicht die gleiche Bedeutung wie bei einem physikalisch lösenden Waschmittel hat.

Die Geschwindigkeit der Absorption in einem chemisch wirkenden Waschmittel wird von der Reaktionsgeschwindigkeit beeinflußt, z. B. bei der Bindung eines sauren Gases von der Stärke der alkalischen Lösung, die als Reaktionsmittel dient. In schwacher Natriumkarbonatlösung ist die Absorptionsgeschwindigkeit für CO_2 bei gleicher Temperatur nahezu ebenso groß wie in Wasser. Mit einer Diäthanolaminlösung ist sie um etwa eine Zehnerpotenz größer als mit einer Natriumkarbonatlösung. Mit Natronlauge ist sie etwa 5mal so groß wie mit der Aminlösung.

Da noch kein Modell gefunden ist, das die Verhältnisse beim Stoffübergang während der Absorption mit einer chemisch wirkenden Lösung der Wirklichkeit entsprechend wiedergibt, verwendet man auch zur Darstellung des Stoffübergangs bei der Absorption mit chemischer Bindung die Schichtentheorie, die sich für die Absorption mit einem physikalisch lösenden Waschmittel bewährt hat. Je nach der Art der

Reaktion ergeben sich verschiedene Beziehungen für den Stoffübergang mit verschiedenem Gültigkeitsbereich.

Der Stoffübergang bei der Absorption mit chemischer Bindung hängt wesentlich von folgenden Größen ab:

k_L Einzelstoffübergangszahl für die Flüssigkeitsseite bei physikalischer Absorption,
D Diffusionszahl des nichtreagierten, gelösten Gases an der Flüssigkeitsoberfläche,
r Geschwindigkeitskonstante der Reaktion,
c^* Konzentration des nichtreagierten Gases in der reagierenden Lösung an der Flüssigkeitsoberfläche,
c_0' Konzentration des nichtreagierten Reaktionsmittels in der Hauptmenge der Flüssigkeit.

Die Geschwindigkeitskonstante r ist abgesehen von der Art der Reaktion abhängig von der Konzentration und der jeweiligen Zusammensetzung der Lösung.

Wenn die Reaktion langsam verläuft oder die Stoffübergangszahl für die physikalische Absorption k_L besonders groß ist, kann man wie für ein physikalisch lösendes Waschmittel für die je Flächeneinheit absorbierte Gasmenge N setzen:

$$N = k_L c^* \tag{76}$$

Für die Absorption mit chemischer Reaktion ergibt sich nach der von P. V. DANCKWERTS[1] entwickelten Theorie:

$$N = c^* \sqrt{D r + k_L^2} \tag{77}$$

Das Verhältnis des Stoffübergangs mit chemischer Reaktion zu dem Stoffübergang bei physikalischer Lösung hängt danach von dem Parameter Dr/k_L^2 ab. Ist k_L klein, so ist das Verhältnis des Stoffübergangs infolge chemischer Reaktion, verglichen mit dem Stoffübergang bei physikalischer Lösung des Gases, sehr groß.

Wenn die Reaktionsgeschwindigkeit hoch ist und die Absorptionsgeschwindigkeit vorwiegend von der Diffusion von Gas und Reaktionsmittel in der Flüssigkeit abhängt, so ergibt sich bei gleichen Diffusionszahlen von Gas und reagierendem Mittel:

$$N = k_L c^* \left(1 + \frac{c_0'}{c^*}\right) \tag{78}$$

Da die Änderung der Partialdrücke der zu absorbierenden Komponente leichter zu bestimmen ist und als treibende Kraft des Stoffübergangs beim Absorptionsvorgang mehr interessiert als die Änderungen der Flüssigkeitskonzentrationen, benutzt man auch für die Absorption mit chemisch wirkenden Lösungen oft die Stoffübergangs-

[1] DANCKWERTS, P. V.: Industr. Engng. Chem. Bd. 43 (1951) S. 1460.

zahlen für die Gasseite. Es wird dabei angenommen, daß das Gas an der Flüssigkeitsoberfläche physikalisch gelöst wird, und daß die molekulare Gaskonzentration in der Hauptmenge der Flüssigkeit klein ist. Dabei ist die treibende Kraft für den Stoffübergang des Gases dem Partialdruckgefälle dieses Gases proportional. Da die Stoffübergangszahl k_G für die Gasschicht groß ist gegenüber dem Wert k_L für die Flüssigkeitsschicht, erhält man aus der Gleichung für die Zweischichtentheorie:

$$\frac{1}{K_G} = \frac{1}{k_G} + \frac{H}{k_L}$$

$$K_G = \frac{k_L}{H}$$

Dabei ist zu berücksichtigen, daß H für eine chemisch reagierende Lösung keine Proportionalitätskonstante ist, sondern sich in Abhängigkeit von den Konzentrationen ändert.

Bei schnell ablaufenden Reaktionen zweiter Ordnung, z. B. bei der Auswaschung von Kohlendioxyd mit Äthanolaminlösungen, nimmt $K_G a$ etwa linear mit der Konzentration des absorbierten Gases in der Lösung ab. Je mehr also Gas gebunden ist, um so kleiner ist die Stoffübergangszahl. Es gilt daher, wenn c_e die maximale Gleichgewichtskonzentration für das absorbierte Gas und c die Konzentration an gelöstem Gas in der Lösung bedeuten, folgende Proportionalität:

$$K_G a \approx (c_e - c) \tag{79}$$

Der Einfluß der Konzentration des reagierenden Mittels in der Lösung c_0' wirkt sich so aus, daß die Stoffübergangszahl bis zu einer verhältnismäßig hohen Konzentration zunimmt, um dann wieder zu fallen. Diese Verminderung des Stoffübergangs bei hohen Konzentrationen des reagierenden Mittels beruht teilweise auf der zunehmenden Zähigkeit der Lösung, teils auf der abnehmenden Ionisierung mit steigender Konzentration. Bei einer bestimmten Temperatur gibt es daher eine günstigste Konzentration an dem reagierenden Mittel, bei der der Stoffübergang unter sonst gleichen Verhältnissen am höchsten ist.

Die Zähigkeit der Lösung μ beeinflußt den Stoffübergang nach einer Potenzfunktion z. B. mit einem Exponenten p. Wird die Konzentration an dem reagierenden Mittel mit der Molarität M ausgedrückt, so gilt folgende Beziehung:

$$K_G a \approx \frac{M}{\mu^p} \tag{80}$$

Da eine chemische Reaktion bei höheren Temperaturen schneller abläuft, steigt die Stoffübergangszahl mit zunehmender Temperatur, jedoch in der Regel nur bis zu einer bestimmten Grenze, bei der sie entweder konstant bleibt oder wieder fällt. Dies beruht teilweise auf der geringeren physikalischen Löslichkeit mit zunehmender Temperatur. Im allgemeinen steigt der Stoffübergang mit zunehmender Temperatur nach einer Potenzfunktion der absoluten Temperatur.

Der Partialdruck der zu absorbierenden Komponente beeinflußt ebenfalls den Stoffübergang, und zwar nimmt dieser mit zunehmender Partialdruckdifferenz ab. Bei kleinen Partialdrücken des zu absorbierenden Gases, d. h. bei kleinen Werten von c^* kann k_L jedoch so groß werden, daß der Widerstand in der Gasschicht einen erheblichen Einfluß gewinnt. Andererseits kann die Stoffübergangszahl für die Flüssigkeitsseite bei hohen Partialdrücken des Gases sich dem Wert für den physikalischen Lösungsvorgang, also einer Absorption ohne Reaktion nähern.

Die verschiedenen Einflüsse auf den Stoffübergang können in einer einheitlichen Beziehung zusammengefaßt werden. Für die Auswaschung von Kohlendioxyd mit Äthanolaminen gilt, z. B. nach A. L. KOHL[1], für die auf die Gasseite bezogene Gesamtstoffübergangszahl K_G:

$$K_G a = \frac{B}{\mu^p} \left(1 + A (c_e - c) M e^{(m T - l \Delta p)}\right) \tag{81}$$

Hierin bedeuten A und B Konstante, p, m und l verschiedene Exponenten für die Potenzfunktionen, Δp den Partialdruckunterschied des Kohlendioxyds, c die Konzentration des Kohlendioxyds in der Lösung, im vorliegenden Fall Mole CO_2/Mol Äthanolamin.

Die obigen Beziehungen gelten für eine konstante Waschmittelmenge und konstante Füllkörpergröße, deren Einfluß in der Konstanten B einbegriffen ist. Für veränderliche Waschmittelmengen und veränderliche Füllkörperoberflächen je Raumeinheit der Schüttung a ist daher für die Größe B zu setzen:

$$B = B' L^m a^n \tag{82}$$

Der Exponent m liegt für die meisten chemischen Wäschen etwa zwischen 0,7 und 0,6. Der Exponent n beträgt etwa 0,3 bis 0,4, wobei die höheren Werte sich auf die kleineren Füllkörpergrößen beziehen.

Bei der Bestimmung von Stoffübergangszahlen für die Absorption mit chemisch wirkenden Mitteln kann man sich oft auf Laboratoriumsversuche stützen. Wenn z. B. die Stoffübergangszahl für k_L für die physikalische Absorption und für eine Großapparatur bekannt ist, so kann man das Verhältnis zwischen chemischer und physikalischer Absorption mit einer Laboratoriumsapparatur bestimmen, die den

[1] KOHL, A. L.: A. I. Ch. E. Journal Bd. 2 (1956) S. 264.

gleichen Wert k_L für die physikalische Lösung ergibt wie die Großapparatur.

Wenn die in der Raumeinheit der Füllung absorbierte Menge $a\,N_A$ für ein System A bekannt ist, so kann die entsprechende Menge, die für ein anderes System B unter den gleichen hydrodynamischen Verhältnissen bei geometrischer Ähnlichkeit der Apparatur absorbiert wurde, näherungsweise nach P. V. DANCKWERTS[1] bestimmt werden, wenn die Zeitfunktionen der absorbierten Mengen $G_A(z)$ und $G_B(z)$ für die beiden Systeme A und B für die Absorption in ruhender Flüssigkeit bekannt sind und die beiden Kurven geometrisch ähnlich verlaufen, so daß das Verhältnis G_A/G_B für jeden Zeitpunkt konstant ist. Dabei können für den gleichen Stoff z. B. verschiedene Waschmittel verwendet werden.

Für diesen Fall gilt:

$$\frac{a\,N_A}{a\,N_B} = \frac{G_A}{G_B} \qquad (83)$$

Bei der Absorption saurer Gase durch stark alkalische Lösungen, z. B. durch Natronlauge, werden Übergangszahlen je Raumeinheit der Füllung $K_G\,a$ bis zu etwa 15 bis 20 kg-Mole/h m³ at erhalten. Bei Äthanolaminen für die Auswaschung von Kohlendioxyd werden $K_G\,a$-Werte von etwa 4 bis 6 kg-Mole/m³ h at erreicht. Bei der Auswaschung von CO_2 mit Diäthanolamin sind Übergangszahlen $K_G\,a$ mit einer $3N$-Lösung bis zu 10 (kg-Mole/m³ h at) möglich. Bei Pottaschewäschen zur Absorption von CO_2, die dicht oberhalb der Kühlwassertemperaturen arbeiten, betragen die Stoffübergangszahlen nur etwa $^1/_{10}$ dieser Werte.

6. Bodenzahl von Absorbern

Während der zu absorbierende Stoff in Füllkörpertürmen auf einem stetigen, nahezu senkrecht verlaufenden Weg in das Waschmittel übergeht, läuft die Absorption in Bodenkolonnen entsprechend der Bodenfolge stufenweise ab. Die Böden haben dabei die Aufgabe, das von unten aufsteigende Gas und die von oben herabfallende Flüssigkeit in innige Berührung zu bringen. Auf den Böden kann das Phasengleichgewicht nicht erreicht werden, da stets ein Partialdruckgefälle bzw. ein Konzentrationsgefälle in der Flüssigkeit für den Stoffübergang erforderlich ist. Das treibende Gefälle ergibt sich aus den Unterschieden zwischen den durch Mengenbilanzen und den durch die Phasengleichgewichte erhaltenen Beziehungen.

Die Zusammensetzungen von Waschmittel L_M und Gas G_M in kg-Mole/m² h seien durch Zählung der Böden von oben und Beziffe-

[1] DANCKWERTS, P. V.: A. I. Ch. E. Journal Bd. 1 (1956) S. 456.

rung nach dem Boden, von dem die Ströme kommen, in folgender Weise gekennzeichnet (Abb. 17):

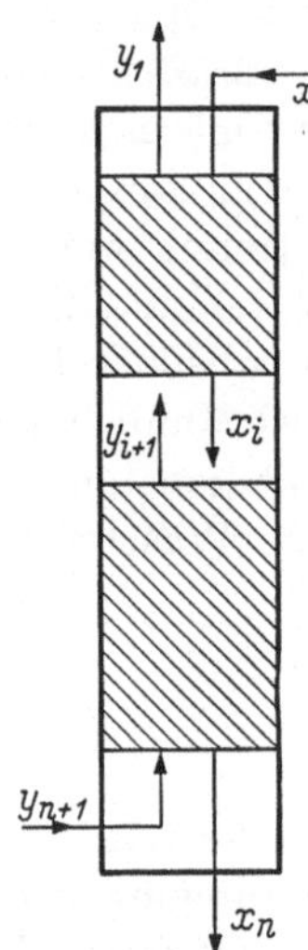

Abb. 17. Bezeichnungen der Zusammensetzungen in einem Absorber an den Enden und in einem beliebigen Querschnitt. Die Schraffur soll Böden von beliebiger Bauart andeuten.

x_i, y_{i+1} Gehalte von Flüssigkeit und Gas an der zu absorbierenden Gaskomponente zwischen den Böden i und $(i + 1)$,

x_n Gehalt des vom untersten Boden beladen ablaufenden Waschmittels,

y_{n+1} Gehalt des in den Absorber eintretenden, ungewaschenen Gases,

x_0 Gehalt des regeneriert auf den Absorberkopf auflaufenden Waschmittels = Gehalt der Restbeladung,

y_1 Gehalt des gewaschenen, abziehenden Gases an der zu absorbierenden Gaskomponente.

Eine Stoffbilanz für einen beliebigen Querschnitt zwischen 2 Böden und für das untere Turmende und eine Stoffbilanz für den ganzen Turm ergeben mit den auf Abb. 17 eingetragenen Bezeichnungen folgende Beziehungen:

$$L_M (x_n - x_i) = G_M (y_{n+1} - y_{i+1}) \tag{84a}$$

$$L_M (x_n - x_0) = G_M (y_{n+1} - y_1) \tag{84b}$$

Wenn die Gas- und Flüssigkeitsbelastungen G_M und L_M als konstant angesehen werden können, stellen die obigen Gleichungen in einem x, y-Koordinatensystem die sogenannte Betriebs- oder Austauschgerade dar. Sie gibt die Gehalte von Flüssigkeit x und Gas y an, die in jedem Querschnitt des Turms zwischen 2 Böden vorhanden sind.

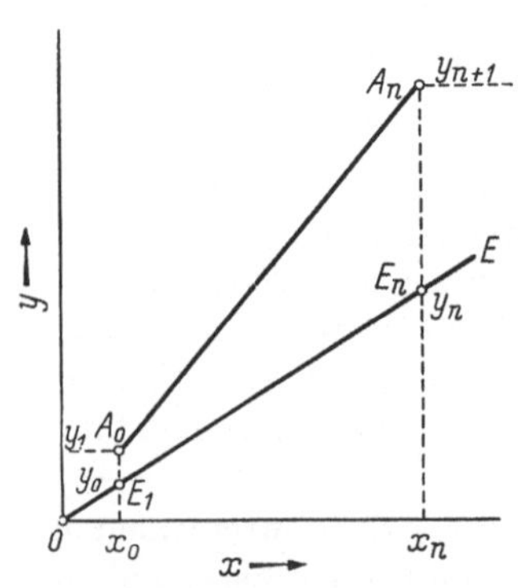

Abb. 18. Betriebsgerade für einen Absorber in einem x, y-System.

Werden für L_M und G_M die reinen Trägerstoffe, also die von absorbierten Stoffen freien Mengen des Waschmittels oder des Trägergases eingesetzt und werden entsprechend die Gehalte in Flüssigkeit und Gas auf die von absorbierten Stoffen freien Mole bezogen, so ist die Betriebslinie für den gesamten Konzentrationsbereich in einem X, Y-System eine Gerade, die Gleichgewichtskurve dagegen auch bei idealem Verhalten der beiden Phasen eine gekrümmte Kurve. Beziehen sich die Mengen L_M und G_M und die Gehalte x und y auf die Gemische einschließlich der absorbierten Stoffe, so ist die Gleichgewichtskurve für ideales Verhalten eine Gerade, die Betriebslinie dagegen bei hohen Konzentrationen eine nach oben gekrümmte Kurve. Bei geringen Konzentrationen, wie sie in der Absorptionstechnik oft auftreten, oder mit Einrechnung der halben Beladung (s. S. 6) kann man in vielen Fällen für beide Linien Gerade annehmen.

Auf Abb. 18 ist eine Betriebsgerade in einem x, y-System als Beispiel dargestellt. Der Punkt A_n gibt mit den Koordinaten x_n und y_{n+1} die Konzentrationen des vom Turm unten ablaufenden, beladenen Waschmittels und des einströmenden Gases an. Der Punkt A_0 entspricht den Gehalten des regenerierten Waschmittels x_0 und des gewaschenen Gases y_1 über Kopf des Absorbers.

Der Anstieg der Betriebsgeraden ist durch folgende Beziehung gegeben:

$$\frac{L_M}{G_M} = \frac{y_{n+1} - y_1}{x_n - x_0}$$

Unterhalb der Betriebsgeraden $A_n A_0$ ist die Gleichgewichtslinie OE für die im Phasengleichgewicht zugehörigen Konzentrationen von Flüssigkeit und Gas eingetragen. Zur Konzentration x_n des beladen ablaufenden Waschmittels gehört im Gleichgewicht der dem Punkt E_n entsprechende Gehalt der zu absorbierenden Komponente y_n. In gleicher Weise gehört im Phasengleichgewicht zur Konzentration x_0 des auflaufenden Waschmittels der Gehalt des Gases y_0 entsprechend dem Punkt E_1. An den Turmenden sind daher die Partialdruckunterschiede, die durch die Unterschiede $A_n E_n$ und $A_0 E_1$ gegeben sind, für den Stoffübergang wirksam. In keinem Fall darf die Betriebsgerade die Gleichgewichtskurve schneiden oder berühren.

Der Auswaschungsgrad E_{A_0}, der im Fall einer unvollständigen Regenerierung erreicht werden kann, ist durch folgende Beziehung gegeben:

$$E_{A_0} = \frac{y_{n+1} - y_1}{y_{n+1} - y_0} \tag{85}$$

Wenn das Waschmittel so vollkommen regeneriert werden kann, daß es bei der Rückkehr auf den Turmkopf nur geringste Reste der zu absorbierenden Komponente enthält, wird $x_0 = 0$, so daß der Punkt A_0 auf Abb. 18 auf der y-Achse liegt. In diesem Fall ist der Auswaschungsgrad:

$$E_A = \frac{y_{n+1} - y_1}{y_{n+1}} \tag{86}$$

Damit zwischen der Betriebsgeraden und der Gleichgewichtskurve ein ausreichendes Gefälle vorhanden ist, wird das Verhältnis L_M/G_M meist so gewählt, daß die Betriebsgerade in dem x, y-System etwas steiler verläuft als die Gleichgewichtskurve. Wenn die Gleichgewichtskurve als Gerade mit der Steigung $y/x = K$ verläuft und das Verhältnis der Steigung der Betriebsgeraden zur Steigung der Gleichgewichtskurve mit A (Absorptionsfaktor) bezeichnet wird, so erhält man daraus die notwendige Waschmittelmenge L_M:

$$A = \frac{L_M}{G_M K} \quad \Big| \quad L_M = A K G_M \tag{87}$$

Mit dem BUNSEN-Absorptionskoeffizienten α und mit Einsetzen von L und G in Volumeneinheiten (m^3/m^2 h bzw. Nm^3/m^2 h) kann diese Beziehung in folgender Weise ausgedrückt werden:

$$L = \frac{AG}{\alpha P_g} \tag{88}$$

Die anzuwendende Waschmittelmenge L in kg/m² h kann aus der Gasmenge G_M in kg-Mol/m² h mit dem Eigendampfdruck der zu absorbierenden Komponente auch in folgender Weise erhalten werden:

$$L = \frac{A\,\varepsilon_s\,P_s'\,G_M\,M_L}{P_g} \tag{89}$$

Hierin bedeuten:

- P_s' Eigendampfdruck der Schlüsselkomponente s in ata bei der Absorptionstemperatur,
- P_g Gesamtdruck im Absorber in ata,
- ε_s Aktivitätskoeffizient zur Berücksichtigung aller Abweichungen vom idealen Verhalten bei der Absorption der Gaskomponenten s im Waschmittel L,
- M_L Molekulargewicht des Waschmittels.

Da der Stoffübergang durch die Böden stufenweise unterteilt ist, wird zur Bestimmung der Turmhöhe statt der für Füllkörpertürme angewandten Übergangseinheit der sogenannte theoretische Boden mit der Annahme definiert, daß das von einem Boden aufsteigende Gas im Phasengleichgewicht mit der von diesem Boden ablaufenden Flüssigkeit steht. Die Böden können unabhängig von dieser Annahme von beliebiger Bauart sein.

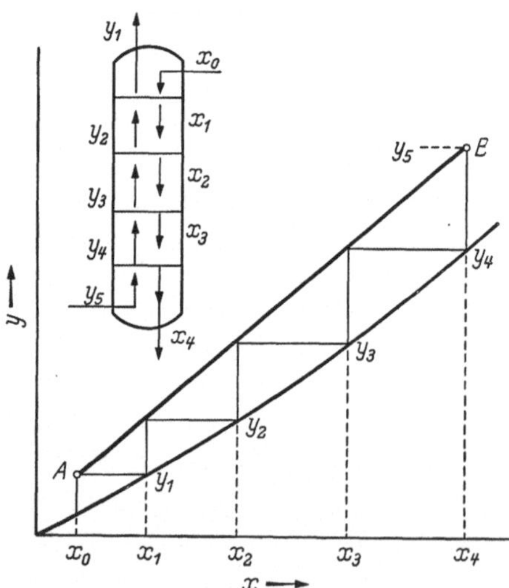

Abb. 19. Stufendiagramm für einen Absorber mit vier theoretischen Böden und Darstellung der zugehörigen Zusammensetzungen.

Auf Abb. 19 ist ein Turm mit 4 Böden schematisch mit den Bezeichnungen für die Gehalte an der zu absorbierenden Komponente dargestellt, wobei die von einem Boden abgehenden Ströme durch die Nummer dieses Bodens gekennzeichnet sind. Diese Gehalte sind für den mit 4 Böden angenommenen Turm in die Betriebsgerade AB auf

Abb. 19 eingetragen, die sich oberhalb der Gleichgewichtskurve erstreckt. Der Gehalt y_5 des eintretenden Gases wird durch die Absorption bis auf y_1 vermindert. Das regenerierte Waschmittel, das mit dem Gehalt x_0 auf den Turmkopf läuft, wird bis zur Konzentration x_4 beladen. Wenn das Verhältnis L_M/G_M als konstant angesehen wird, liegen die Gehalte von Gas und Waschmittel zwischen zwei beliebigen Böden mit den Koordinaten x_n und y_{n+1} auf der Betriebsgeraden AB. Mit der Annahme, daß die von einem theoretischen Boden abgehenden Ströme von Gas und Waschmittel z. B. x_i und y_i sich im Phasengleichgewicht befinden, müssen die Gehalte für diese Ströme mit den Koordinaten x_i und y_i auf der Gleichgewichtskurve liegen.

Die Gehalte verlaufen daher in einem Bodenabsorber mit 4 Böden entsprechend dem Stufenzug, der in dem x, y-System auf Abb. 19 zwischen der Betriebsgeraden und der Gleichgewichtskurve parallel zu den Ordinatenachsen gezogen ist (McCabe-Thiele-Diagramm). Die Zahl dieser Stufen bezeichnet man als theoretische Bodenzahl, um zum Ausdruck zu bringen, daß sie auf der oben dargelegten Annahme der Gleichgewichtseinstellung der von jedem Boden abgehenden Ströme beruht.

Die im x, y-Diagramm zwischen Betriebsgerade und Gleichgewichtskurve eingetragene Stufenfolge teilt den im Turm auszuwaschenden Konzentrationsunterschied $(y_5 - y_1)$ in Teilunterschiede je Boden, z. B. $(y_2 - y_1)$, $(y_3 - y_2)$ usw., deren Größe angenähert jeweils dem mittleren Partialdruckunterschied in dem fraglichen Bereich entspricht. Daraus ergibt sich, daß die theoretische Bodenzahl mit einiger Annäherung mit der oben definierten Zahl der Übergangseinheiten für Füllkörpertürme übereinstimmt.

Je enger Betriebsgerade und Gleichgewichtskurve im x, y-Diagramm z. B. nach Abb. 19 aneinanderliegen, d. h. je kleiner die Konzentrationsunterschiede über und unter einem Boden sind, um so größer wird die Zahl der theoretischen Böden. Wird die Waschmittelmenge L_M bei gleichbleibender Gasmenge G_M erhöht, so verläuft die Betriebsgerade im x, y-Diagramm steiler, so daß die Stufenzahl zwischen Betriebsgerade und Gleichgewichtskurve geringer wird.

Mit dem Anstieg der Gleichgewichtskurve m läßt sich aus Stoffbilanzen für die Turmenden eine Beziehung für die theoretische Bodenzahl n und die Auswaschungszahl E_{z0} ableiten, die nach A. P. Colburn[1] folgende Form erhält:

$$n_{\text{th}} = \frac{\ln\left[\left(1 - \frac{m\,G_M}{L_M}\right)\left(\frac{y_{n+1} - m\,x_0}{y_1 - m\,x_0}\right) + m\,\frac{G_M}{L_M}\right]}{\ln\left(\frac{L_M}{m\,G_M}\right)} \tag{90}$$

[1] Colburn, A. P.: Trans. Amer. Inst. Chem. Engrs. Bd. 35 (1939) S. 211.

Hierin bedeutet x_0 den Gehalt der auf den Turmkopf auflaufenden Waschflüssigkeit an dem zu absorbierenden Stoff, y_{n+1} den Gehalt des zuströmenden Rohgases und y_1 den Restgehalt des gewaschenen Gases. Das Verhältnis $L_M/m\,G_M$ wird oft in der Größenordnung von 1,2 bis 1,5 gewählt, wenn die Absorptionswärme in mäßigen Grenzen liegt oder abgeführt wird. Es ist praktisch dem Absorptionsfaktor A gleich.

Die aus obiger Beziehung sich ergebende theoretische Bodenzahl ist auf Abb. 20 in Abhängigkeit von der Auswaschungszahl E_{z0} dar-

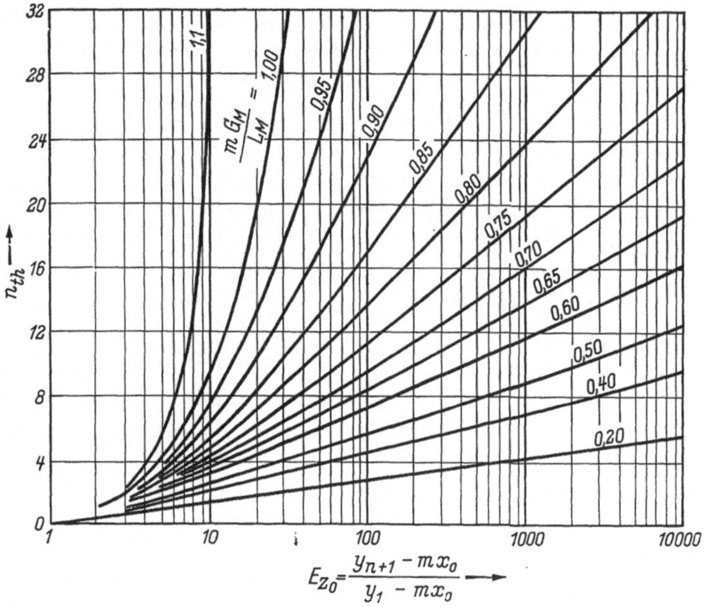

Abb. 20. Zahl der theoretischen Böden in einem Absorber für verschiedene Verhältnisse $m\,G_M/L_M$ in Abhängigkeit von den Konzentrationen an den Absorberenden entsprechend der Auswaschungszahl $(y_{n+1} - m\,x_0)/(y_1 - m\,x_0)$.

gestellt. Die theoretische Bodenzahl ist für einen bestimmten Auswaschungsgrad etwas kleiner als die Zahl der Übergangseinheiten für die Füllkörpertürme, und zwar ist sie vergleichsmäßig um so kleiner, je größer der Waschmittelüberschuß ist. Bei den für die Schlüsselkomponente oft gewählten Waschmittelüberschüssen L_M/mG_M von 1,2 bis 1,5 braucht man nach dieser Darstellung für die Absorption der ersten Zehnerpotenz etwa 5 theoretische Böden und für jede weitere Zehnerpotenz etwa 7 bis 9 theoretische Böden.

7. Das Austauschverhältnis

Um die wirklich anzuwendende Bodenzahl aus der theoretischen Bodenzahl zu ermitteln, muß das Verhältnis der wirklichen Auswaschung, die mit einem Boden erhalten wird, zu der mit einem theoretischen Boden erzielbaren Auswaschung bekannt sein. Dieses Verhältnis wird als Austauschverhältnis, Wirkungsgüte oder bisweilen auch als Wirkungsgrad bezeichnet. Es wird praktisch durch Versuche oder an Hand der Erfahrungen mit ähnlichen Anlagen bestimmt.

Bezieht man das Austauschverhältnis E auf die Gaszusammensetzungen, so ist es für den i-ten Boden eines Absorbers durch folgende Beziehung gegeben:

$$E_i = \frac{y_{i+1} - y_i}{y_{i+1} - y_{ei}} \tag{91}$$

Hierin bedeuten die Gaszusammensetzungen y in Mol/Mol:

y_i Gehalt an dem auszuwaschenden Stoff im Gas, das von dem i-ten Boden aufsteigt,

y_{i+1} Gehalt an dem auszuwaschenden Stoff im Gas, das von dem darunterliegenden Boden $(i + 1)$ aufsteigt,

y_{ei} Gehalt an dem auszuwaschenden Stoff im Gas, das dem Phasengleichgewicht mit der Flüssigkeit entspricht, die von dem i-ten Boden auf den $(i + 1)$-ten Boden mit der Zusammensetzung x_i abläuft.

Im allgemeinen wird das Austauschverhältnis entsprechend den von Boden zu Boden veränderten Stoffeigenschaften und hydraulischen Verhältnissen längs der Turmhöhe nicht konstant sein. Man benutzt daher für Rechnungen ein mittleres Austauschverhältnis E_m für alle Böden eines Turms, das auch als Gesamtaustauschverhältnis bezeichnet wird. Es ist für eine bestimmte Absorptionsaufgabe durch das Verhältnis der theoretischen Bodenzahl zur wirklichen Bodenzahl gegeben. Ist demnach die theoretische Bodenzahl durch die Gl. (90) oder durch ein zeichnerisches Verfahren z. B. nach Abb. 19 bestimmt, so ergibt sich die wirkliche Bodenzahl durch Division der theoretischen Bodenzahl mit dem Gesamtaustauschverhältnis. Man kann daher z. B. durch Versuch in einer halbtechnischen Anlage mit einer bestimmten Bodenzahl eine gewünschte Absorptionswirkung erhalten und für diese die notwendige theoretische Bodenzahl bestimmen. Mit dem Verhältnis dieser Bodenzahl zu der in der Anlage vorhandenen Bodenzahl erhält man das mittlere Austauschverhältnis, das z. B. für die Bestimmung der Bodenzahl bei anderen Auswaschungsgraden benutzt werden kann. Bezeichnen n_{th} die theoretische Bodenzahl und n die wirkliche Bodenzahl, so gilt:

$$E_m = \frac{n_{th}}{n} \tag{92}$$

Wenn das Austauschverhältnis für jeden einzelnen Boden eines Turms als konstant angesehen wird, so kann das mittlere Austauschverhältnis E_m (Gesamtaustauschverhältnis) von diesem verschieden sein.

Je größer das Verhältnis L_M/KG_M ist, um so kleiner wird das Gesamtaustauschverhältnis E_m im Verhältnis zu dem Austauschverhältnis für den einzelnen Boden. Je mehr sich das Verhältnis L_M/KG_M der Eins nähert, um so mehr gleicht sich das Gesamtaustauschverhältnis dem Austauschverhältnis für den einzelnen Boden an. Ist das Verhältnis $L_M/KG_M = 1$, so daß Betriebsgerade und Gleichgewichtslinie parallel sind, so ist $E = E_m$ (s. auch Handbuch von PERRY[1]).

Bei den üblichen Waschmittelüberschüssen (Absorptionsfaktoren) für die Auswaschung einer Schlüsselkomponente mit einem physikalisch lösenden Waschmittel ist das Gesamtaustauschverhältnis um nicht mehr als etwa 10 bis 15% kleiner als das Austauschverhältnis für den einzelnen Boden.

Die sonstigen Einflüsse auf das Austauschverhältnis werden zweckmäßig für die wichtigsten Bodenbauarten und für die Besonderheiten der chemisch wirkenden Waschmittel getrennt betrachtet.

Bei konstanter Flüssigkeitsmenge ist das Austauschverhältnis eines Glockenbodenabsorbers, wenn der Stoffübergangswiderstand vorwiegend auf der Gasseite liegt, nur wenig von der Gasbelastung abhängig. Bei hohem Widerstand auf der Gasseite verbessert sich das Austauschverhältnis mit zunehmender Flüssigkeitsbeaufschlagung. Bei kleinen Flüssigkeitsbelastungen kann sich das Austauschverhältnis mit zunehmender Gasgeschwindigkeit in mäßigen Grenzen verringern. Liegt der Widerstand vorwiegend auf der Gasseite, so ist es angenähert der Wurzel aus dem Kehrwert der SCHMIDTschen Zahl des Gases proportional.

Liegt ein erheblicher Teil des Widerstands auf der Flüssigkeitsseite, so verringert sich das Austauschverhältnis mit zunehmender Flüssigkeitsbelastung. Bei konstanter Flüssigkeitsbelastung steigt in diesem Fall das Austauschverhältnis mit zunehmender Gasgeschwindigkeit. Liegt der Widerstand vorwiegend auf der Flüssigkeitsseite, so fällt es etwa mit dem Kehrwert der Wurzel aus der Zähigkeit der Flüssigkeit.

Je größer die Zahl der in der Strömungsrichtung hintereinanderliegenden Glockenreihen ist, um so besser ist das Austauschverhältnis. Entsprechend ist das Austauschverhältnis zweiflutiger Böden etwas geringer als das der einflutigen Böden. Ferner steigt es in geringen Grenzen mit abnehmendem Glockendurchmesser, wenn der Abstand der Glockenumfänge der gleiche bleibt. Eine feine Teilung des Glockennetzes ist daher für die Wirkung des Bodens günstiger.

---

[1] PERRY, J. H.: Chemical Engineers Handbook. New York 1950.

Der Stoffaustausch läuft vorwiegend beim Austritt des Gases aus den Glockenschlitzen ab. Eine feine Schlitzteilung ist daher vorzuziehen. Aus dem gleichen Grund hat es besonders für den Betrieb mit einem physikalisch lösenden Waschmittel keinen Zweck, übermäßig große Tauchtiefen über dem oberen Schlitzrand vorzusehen.

Bei kleinen Bodenabständen, z. B. unter 400 mm, kann das Mittragen von Flüssigkeitströpfchen in den darüberliegenden Boden das Austauschverhältnis besonders bei großen Gasbelastungen vermindern. Die von der Gasströmung mitgerissene Flüssigkeitsmenge ist nahezu umgekehrt proportional dem Bodenabstand. Da das ohne Mitnahme von Flüssigkeitsteilchen erhaltene Austauschverhältnis bei der Absorption verhältnismäßig klein ist, da die Flüssigkeitsbelastung in Absorbern meist hoch ist und da man in der Absorptionstechnik große Bodenabstände bevorzugt, verringert die mitgerissene Flüssigkeitsmenge das Austauschverhältnis meist nur unbedeutend.

Böden, die im Bereich besonders hoher Partialdruckunterschiede mit einem physikalisch wirkenden Waschmittel absorbieren, haben kleinere Austauschverhältnisse als Böden mit mittlerem Partialdruckgefälle. Das Austauschverhältnis eines Bodens vermindert sich aber auch im Bereich sehr kleiner Partialdruckdifferenzen. Mit zunehmender Bodenzahl nimmt daher das Gesamtaustauschverhältnis eines Absorbers ab, wenn die obersten Böden, wie es in der Regel der Fall ist, mit sehr kleinen Partialdruckunterschieden arbeiten.

Während das Austauschverhältnis von Glockenböden in der Destilliertechnik meist in der Größenordnung von 0,7 bis 1,0 liegt, ist es bei der Absorption mit einem physikalisch lösenden Waschmittel erheblich niedriger. Ursachen des geringeren Austauschverhältnisses sind die Anwesenheit großer Inertgasmengen, die höhere Zähigkeit der Flüssigkeit und die geringeren Diffusionszahlen bei der Absorptionstemperatur, die meist hohe Flüssigkeitsbelastung und bisweilen mittelbar die geringe Löslichkeit der zu absorbierenden Stoffe. In der Regel sinkt das Austauschverhältnis mit abnehmender Löslichkeit der zu absorbierenden Komponente.

Bei der Regeneration dagegen ist das Austauschverhältnis, wenn es sich um physikalisch lösende Waschmittel handelt, höher und kann die Werte einer Destillation erreichen. Bei der Regeneration, z. B. von Waschölen, die mit Kohlenwasserstoffen beladen sind, werden Austauschverhältnisse von etwa 0,5 bis 0,7 erreicht.

Bei der Auswaschung von niedrigsiedenden Kohlenwasserstoffen, die als inerten Bestandteil vorwiegend Methan enthalten, liegt das Austauschverhältnis für die üblichen, als Waschmittel benutzten Mineralölfraktionen mit einem mittleren Molekulargewicht zwischen 150 und 200 bei den durch Kühlwasser aufrechterhaltenen Absorptionstemperaturen für die Schlüsselkomponente etwa zwischen 0,2 und 0,3. Für einen theoretischen Boden sind daher im Absorber etwa 3 bis 5 Böden wirklich erforderlich. In Ölwäschen steigt das Austauschverhältnis in der Regel mit zunehmendem Druck und umgekehrt proportional der Zähigkeit des Waschmittels nach einer Potenzfunktion. Bei der Auswaschung höher siedender Kohlenwasserstoffe unter hohem Druck kann das Austauschverhältnis bis auf etwa 0,4 steigen.

Bei der Absorption in Wasser ist das Austauschverhältnis um so höher, je besser das Gas im Wasser löslich ist. Die Absorption von Ammoniak in Wasser ergibt z. B. Werte von 0,3 bis 0,7, die Absorption von Kohlendioxyd in Wasser Austauschverhältnisse zwischen 0,01 bis 0,05. Böden der üblichen Bauart sind daher für die Auswaschung von CO_2 mit Wasser ungeeignet.

Verhältnismäßig gute Austauschverhältnisse erreicht man bei der Auswaschung wasserlöslicher organischer Verbindungen, die sich in inerten Gasen befinden, z. B. niederer Alkohole, Azeton usw., mit Wasser. Sie liegen in der Größenordnung von 0,25 bis 0,3.

Bei Siebböden hängt das Austauschverhältnis wenig von der Geschwindigkeit in den Bodenlöchern, sondern mehr von der Gesamtgasbelastung ab, die vorwiegend die Höhe der Blasen- und Sprudelschicht beeinflußt. Das Austauschverhältnis steigt daher bei diesen Böden mit der Gasbelastung. Bei großen Gesamtlochquerschnitten, z. B. 10%, bezogen auf den Turmquerschnitt, ist der Einfluß der Gasbelastung jedoch gering. Bei Siebböden nimmt das Austauschverhältnis stark mit zunehmender Flüssigkeitsbelastung ab. Verglichen mit Glockenböden ist das Austauschverhältnis der Siebböden, besonders bei kleinen Gasbelastungen, größer.

Das Austauschverhältnis von Böden, die mit einem *chemisch* wirkenden Waschmittel betrieben werden, hängt von den gleichen Größen ab, die den Stoffübergang in ein solches Waschmittel in einer Füllkörperschicht beeinflussen (s. S. 62). Das Austauschverhältnis ist daher um so größer, je stärker bis zu einer bestimmten Grenze die Normalität der reagierenden Lösung, je kleiner die von der Lösung absorbierte Gasmenge und je höher die Temperatur ist. Es gibt dabei eine höchste Temperatur und eine maximale Normalität, über die das Austauschverhältnis nicht mehr steigt. Das Austauschverhältnis eines Bodens, der mit einem chemisch wirkenden Waschmittel beaufschlagt ist, steigt ferner mit abnehmendem Partialdruckgefälle der zu absorbierenden Komponente im Gas und über der Lösung und mit geringerer Zähigkeit der Lösung. Es vergrößert sich ferner mit abnehmender Gasgeschwindigkeit. Bei einigen chemisch wirkenden Waschmitteln treten bei der Reaktion erhebliche Dichteunterschiede auf, die das Austauschverhältnis dadurch vermindern können, daß die reagierte, leichtere

Lösung vorwiegend in die obere Schicht der Blasenzone aufsteigt. Für Böden, die mit chemisch wirkenden Waschmitteln betrieben werden, wählt man vielfach größere Eintauchtiefen als für Böden physikalisch lösender Wäschen.

Die Gesamtaustauschverhältnisse, die sich bei der Absorption saurer Gase mit chemisch wirkenden Waschlösungen z. B. mit Äthanolaminlösungen einstellen, liegen in der Größenordnung von 5 bis 20%.

Man hat auch versucht, das Austauschverhältnis eines Bodens mit Hilfe der Zweischichtentheorie analog der Berechnung des Stoffübergangs in Füllkörperschichten unter Benutzung der auf die Raumeinheit bezogenen Stoffübergangszahlen $K_G\,a$ und $K_L\,a$ durch Berechnung der Übergangseinheiten für einen Boden zu bestimmen. Der wirksame Austauschraum des Bodens ergibt sich aus dem Produkt der gesamten, aktiven Querschnittsfläche a auf dem Boden und der Höhe h der vom Gas durchsprudelten Flüssigkeitsschicht. Nach einem Ansatz, der auf W. K. LEWIS[1] zurückgeht, ergibt sich für das auf die Gasseite bezogene Austauschverhältnis eines Bodens, der mit der Gasbelastung G_M (kg-Mol/m² h) betrieben wird:

$$E_{OG} = 1 - e^{-K_G\,a\,h/G_M} = 1 - e^{-n_{OG}} \tag{93}$$

Dabei bedeutet n_{OG} die Zahl der Übergangseinheiten, die sich danach aus folgender Beziehung ergeben:

$$n_{OG} = -\ln(1 - E_{OG}) \tag{94}$$

Die Höhe h steigt mit der Gasbelastung. Die Zahl der Übergangseinheiten ist bei Siebböden nahezu proportional der Sprudelschicht. Mit zunehmender Flüssigkeitsbelastung nimmt die Zahl der Übergangseinheiten ab.

IV. Ausführung von Gegenstromsystemen

1. Füllkörpertürme

a) Arten und Einbau. In der Absorptionstechnik werden für den Gegenstrom von Waschmittel und Gas alle Arten von Einbauten, die in der Verfahrenstechnik auch anderen Zwecken wie z. B. der Destillation dienen, insbesondere auch Füllkörperschichten, nach gleichen oder ähnlichen Grundsätzen angewendet. Die wesentlichen Vorteile der Füllkörper bestehen in der hohen Flüssigkeitsbelastung je Flächeneinheit des Turmquerschnitts, in der Möglichkeit der Herstellbarkeit aus allen üblichen Werkstoffen, insbesondere auch aus

[1] LEWIS, W. K.: Industr. Engng. Chem. Bd. 28 (1936) S. 399.

allen keramischen Stoffen und in dem verhältnismäßig geringen Druckverlust. Das wichtigste Anwendungsgebiet der Füllkörpertürme ist daher die Absorption schwerlöslicher Gase, wie z. B. die Auswaschung von CO_2 und H_2S aus Druckgasen mit Wasser, oder mit chemischen Waschmitteln, wenn die Anteile dieser Komponenten im Rohgas hoch sind, so daß große Waschmittelmengen umlaufen müssen.

Zur Füllung der Türme werden vorzugsweise Ringe, deren Durchmesser gleich der Zylinderhöhe ist, verwendet (RASCHIG-Ringe). Daneben werden Ringe mit Durchbrüchen, Ringe mit nach innen eingedrückten Vorsprüngen (PALL-Ringe), Ringe mit Querstegen, Ringe mit Rippen, Sättel (BERL-Sättel), halbkreisförmige Bögen mit Sattelform und Rippen (Intalox-Körper), Rotationskörper, zylindrische Vollkörper, eiförmige Körper, Kugeln, Drahtspiralen, aus Drahtgeweben hergestellte Zylinder, Prismen, tulpenähnliche Blechkörper und mannigfach andere Formen verwendet. Im allgemeinen werden hohle Füllkörper gegenüber den vollen vorgezogen. Besonders in Türmen, die unter Atmosphärendruck arbeiten, werden aber auch ungeformte Füllungen eingeschüttet, die meist unregelmäßige Oberflächen haben, wie Koksstücke, Kieselsteine, gesiebter Steinschotter usw.

Alle Füllkörper dieser Art lagern sich im Turm regellos übereinander. Sie werden entweder trocken oder, um eine dichtere Packung zu erhalten, nach Füllung des Turms mit Wasser eingeschüttet. Dabei wird gleichzeitig die Bruchgefahr vermindert. Einige Füllkörperformen können bei hohen Belastungen zusammenrutschen und sich dichter lagern.

Neben den regellos eingeschütteten Füllkörpern werden auch regelmäßig gesetzte Füllstücke verwendet. Sollen Ringe regelmäßig gesetzt werden, so werden nur die größeren Abmessungen etwa von 50 mm ab aufwärts hierfür verwendet. In diese Gruppen gehören auch die verschiedenen Hordeneinbauten. Sie bestehen aus stegartigen Elementen, die in regelmäßigen Reihen nebeneinander und in quer versetzten Lagen übereinander eingelegt werden. Solche regelmäßig angeordneten Füllungen haben den Vorteil, daß sie in geringen Grenzen auch für Gase und Flüssigkeiten geeignet sind, die im Lauf der Zeit feste Stoffe ausscheiden, da sie sich nicht so leicht verstopfen wie regellos eingeschüttete Füllkörper. Zu den regelmäßig angeordneten Füllungen gehören auch Drahtgewebeflächen, die in schräger Stellung sich kreuzend einen zellenartigen Einbau bilden (Spraypaks).

Die Größe der in Absorptionsanlagen bevorzugten Füllkörper, soweit sie regellos eingeschüttet werden, liegt zwischen 15 und 50 mm. Für Türme von großen Durchmessern werden Körper von 25 bis 50 mm verwendet. Für kleine Turmdurchmesser, z. B. bis etwa 500 mm Durchmesser, dagegen müssen Körper von etwa 12 bis 25 mm eingefüllt werden. Das Verhältnis des Turmdurchmessers zum Füllkörperdurchmesser soll nicht kleiner als 10:1 sein.

Die Oberfläche der Füllkörper je Raumeinheit der Schüttung ist umgekehrt proportional dem Durchmesser des Körpers. Sie hat die Dimension m^2/m^3 und kann daher aus der Beziehung

$$a = \frac{C}{d} \tag{95}$$

errechnet werden. Hierin bedeuten:

a Oberfläche der Füllung je Raumeinheit [m^2/m^3],
d Durchmesser des Körpers [m],
C Konstante.

Die Konstante C beträgt z. B.:

für keramische Ringe = 4,9
für Blechringe = 5,35
für keramische Berlsättel = 6,3
für Intalox-Körper = 6,6

Die Füllkörper ruhen auf Rosten, die meist als Stabroste ausgeführt werden. Damit die Rostspalten nicht zu eng werden, wird bisweilen über dem Rost eine kleine Lage des nächstgrößeren Füllkörpers aufgeschüttet.

Neben den Stabrosten werden auch Tragflächen, die aus nebeneinandergesetzten, senkrechten Zylindern bestehen, die miteinander verbunden sind, viel verwendet.

b) Flüssigkeitsverteilung. Die Flüssigkeit soll über die Füllkörperschicht in gleichmäßiger Verteilung und an allen Stellen mit gleichmäßiger Geschwindigkeit strömen. Die Flüssigkeit muß daher durch besondere Vorrichtungen gleichmäßig auf den gesamten Querschnitt des Turms aufgegeben werden. Hierzu dienen z. B. Verteilböden, die sich über den ganzen Querschnitt erstrecken. Sie lassen die Flüssigkeit über Überlaufränder, z. B. oben gezackte Überlaufstutzen oder Wehre, auf die oberste Füllkörperlage fließen. Sie müssen genau waagerecht eingebaut werden.

Wenn die Möglichkeit fester Ausscheidungen oder einer Verschmutzung z. B. durch Polymerisate, Harzbildungen usw. nicht besteht, können Verteilböden mit Auslauflöchern in der Bodenplatte verwendet werden.

Wenn die Flüssigkeitsbelastung gering ist, verwendet man auch Spritzdüsen, Auslaufdüsen mit darunter angeordneten Spritztellern und Auslaufgefäße, bei denen die Flüssigkeit durch Rohre auf die einzelnen Teile der Füllung geführt wird.

Aber auch bei gleichmäßiger Aufgabe der Flüssigkeit wird die Verteilung beim Überströmen der Füllkörper durch verschiedene

Einflüsse gestört. Diejenigen Teilchen, die an die Turmwand gelangen, fließen an dieser herunter und kehren nur zu einem kleinen Teil auf die Füllkörper zurück (Wandeffekt). Infolge der Oberflächenspannung zieht sich die Flüssigkeit zusammen, so daß sich Bäche bilden, die schneller nach unten strömen als eine gleichmäßig verteilte Rieselschicht. Um Querströmungen in der Füllkörperschicht zu verhindern, werden bisweilen senkrechte Wände, z. B. von 1 m Höhe, die versetzt übereinander angeordnet sind, eingebaut. Um die gleichmäßige Verteilung der Flüssigkeit aufrechtzuerhalten, kann die gesamte Turmhöhe in einzelnen Schichten von etwa 2 bis 4 m Höhe unterteilt werden. Über jede Schicht wird ein Verteilboden gesetzt. Bei kleinen Durchmessern genügen als Wiederverteiler einfache Ringe am Mantel oder konische, innen offene Ablaufböden, die insbesondere den Mantelstrom wieder in den inneren Kern der Schüttung zurückleiten.

Eine weitere Möglichkeit, die Flüssigkeitsströmung in der Füllkörperschicht zu beeinflussen, besteht bei Anwendung von Ringen in dem Schüttverfahren, mit dem die Füllkörper in den Turm gebracht werden. Die Ringe können von der Mitte aus in Kegeln mit der Spitze nach oben oder vom Rand aus in Kegelflächen, deren Spitze unten zu denken ist, eingelagert werden. Da Ringe, die von einer Stelle aus zu Kegelflächen aufgeschüttet werden, sich mit ihrer Achse vorzugsweise auf der Mantellinie des Schüttkegels einordnen, geben solche Kegelschüttungen der Flüssigkeitsbewegung eine Komponente in Richtung der Kegelmantellinie. Man kann daher durch Anschütten von Kegelflächen am Mantel die Flüssigkeit, die das Bestreben hat, nach außen zu strömen, durch eine bevorzugte Einstellung der Füllkörper wieder nach innen drängen.

Da es schwierig ist, eine kleine Flüssigkeitsmenge gleichmäßig über einen großen Querschnitt zu verteilen, müssen Füllkörper mit einer Mindestflüssigkeitsmenge berieselt werden, die im Mittel etwa in der Größenordnung von 3 bis 4 m^3/m^2 h liegt. Solche kleinen Waschmittelmengen kommen besonders in Anlagen mit physikalisch lösenden Waschmitteln bei kleinen Gleichgewichtskonstanten der auszuwaschenden Komponenten vor, wenn es sich also um die Absorption eines verhältnismäßig hochsiedenden Stoffs handelt, während normale, häufig vorkommende Flüssigkeitsbelastungen etwa in der Größenordnung von 40 bis 60 m^3/m^2 h und darüber liegen. Bei sehr kleinen Flüssigkeitsbeaufschlagungen müssen Bodeneinbauten statt der Füllkörperschichten vorgesehen werden.

Durch Anwendung von Kreislaufverfahren, z. B. durch wiederholtes Umpumpen der gleichen Waschmittelmenge über eine oder mehrere Stufen, lassen sich die erstrebten Mindestberieslungen für Füllkörpertürme erreichen. Dies ist bei chemischen Wäschen möglich, wenn der

Gleichgewichtsdampfdruck der auszuwaschenden Komponente über der Waschlösung sehr klein oder Null ist, wie es z. B. bei der Auswaschung saurer Gasreste z. B. von H_2S und CO_2 mit Natronlauge oder auch Ammoniak-Wasser der Fall ist.

Der benetzte Flächenanteil einer Füllung hängt vorwiegend von der Flüssigkeitsbelastung je Flächeneinheit des freien Turmquerschnitts ab. Nur bei hohem spezifischem Gewicht der Gase, z. B. infolge hoher Drücke, hat auch die Gasgeschwindigkeit einigen Einfluß auf die Benetzung der Füllkörper. Bei geringer Berieslungsstärke ist höchstens $^1/_8$ bis $^1/_4$ der Füllkörperoberfläche benetzt. Bei großen Flüssigkeitsmengen steigt der benetzte Anteil etwa bis auf $^3/_4$ der Oberfläche.

Die Benetzung der Füllkörper nimmt von der Aufgabe der Flüssigkeit nach unten zu ab. Sie ist bei den normalen Berieslungsstärken etwa bis zu einer Tiefe von 2 m noch ausreichend und nimmt etwa bis zu einer Tiefe von 5 m langsam ab. Bei noch größeren Schichthöhen bleibt die Benetzung dann im untersten Teil nahezu konstant und beträgt bei mittleren Belastungen etwa $^2/_5$ der Fläche.

Von der Flüssigkeitsbelastung und dem Grad der Benetzung hängt auch die je Raumeinheit der Füllung im Betrieb vorhandene Flüssigkeitsmenge, der sogenannte Betriebsinhalt ab. Er ist nahezu umgekehrt proportional der Dichte der Flüssigkeit und steigt in geringen Grenzen mit der Zähigkeit der Flüssigkeit. Bei kleinen Flüssigkeitsbelastungen etwa bei 5 m^3/m^2 h beträgt der Betriebsinhalt etwa 3 bis 5% des Füllraums. Bei großen Flüssigkeitsbelastungen, z. B. in der Größenordnung von 50 bis 100 m^3/m^2 h, steigt er auf 10 bis zu 25% des gefüllten Raums.

c) Druckverlust. Eine Absorptionsanlage darf in der Regel einen bestimmten Druckverlust nicht übersteigen. Besonders bei Anlagen, die unter Atmosphärendruck arbeiten, werden meist sehr geringe Druckverluste gefordert.

Die Druckverluste entstehen zum größten Teil durch die wiederholten Verengungen und Erweiterungen der Zwischenräume in der Packung, die das Gas zwingen, sich fortgesetzt zu verzögern und wieder zu beschleunigen. Der Anteil der Reibungsverluste selbst ist nur gering und beträgt etwa 10 bis 15% des gesamten Druckverlusts. Diese Vorgänge sind in der trockenen Füllung proportional dem Quadrat der Gasgeschwindigkeit. T. H. Chilton und A. P. Colburn[1] haben eine empirische Beziehung für den Druckverlust Δp auf Grund von Versuchen aufgestellt, die die Einflüsse der Reibung, der Wand, des Füllkörperdurchmessers, der Berieslung, der Gasdichte und der Massengeschwindigkeit enthält.

---

[1] Chilton, T. H., u. A. P. Colburn: Trans. Amer. Inst. Chem. Engrs. Bd. 26 (1931) S. 178.

Für den Druckverlust unberieselter Ringe gibt E. KIRSCHBAUM[1] folgende Beziehung:

$$\Delta p = 0{,}27 \cdot \frac{h\, w_G^{1,85}\, \gamma_G^{0,83}}{d^{1,27}} \quad [\text{mm WS}] \tag{96}$$

Hierin bedeutet

w_G die Gasgeschwindigkeit in m/s,
h die Schichthöhe [m],
d den Füllkörperdurchmesser [m],
γ_G die Dichte des Gases in kg/m³.

Für die Berieslung der Füllkörper mit Wasser gilt nach E. KIRSCHBAUM folgende Beziehung:

$$\Delta p = \left(1{,}4\, k_t + 0{,}005 \cdot (1{,}4\, k_t)^{1,5} L\right) h\, w_G^{1,9} \quad [\text{mm WS}] \tag{97}$$

Hierin bedeuten L die Flüssigkeitsmenge in m³/m² h und k_t die Widerstandszahl der trockenen Füllkörper, die dem Druckverlust der trockenen Füllkörper nach der obenstehenden Formel für die Gasgeschwindigkeit $w_G = 1$ m/s für eine Dichte der Gase $\gamma_G = 1$ (kg/m³) entspricht.

Der Druckverlust in berieselten Füllkörpertürmen liegt meist in der Größenordnung von 30 bis 70 mm WS/m Schichthöhe. Werden die Füllkörper in Wasser eingeschüttet, so daß sie sich dichter lagern, so wird der Druckverlust um einige Prozente größer. Werden die Belastungen in der üblichen Weise so gewählt, daß man 50 bis 70 v. H. unterhalb der Staugrenze bleibt, so liegen die Druckverluste in Druckabsorbern in der Regel in den obengenannten, tragbaren Grenzen.

Geringe Druckverluste weisen besonders Füllkörper auf, deren Oberflächen aus Geraden bestehen, wie hyperbolische Paraboloide und Rotationshyperboloide.

d) Flüssigkeits- und Gasbelastung. Die maximale Belastung in einem Füllkörperturm ergibt sich durch den Stau- oder Flutpunkt, in welchem das Waschmittel nur noch teilweise abläuft und sich anstaut. Er hängt sowohl von der Flüssigkeits- als auch von der Gasbelastung ab. Im Staupunkt steigt der Druckverlust bei gleichbleibender Flüssigkeits- und bei nur wenig vermehrter Gasbelastung stark an. Bereits bevor der Staupunkt erreicht ist, bilden sich örtlich bei gleichbleibender Flüssigkeitsbelastung Flüssigkeitsballen, die mit zunehmender Gasgeschwindigkeit sich vermehren und den Druckabfall allmählich stärker anwachsen lassen. Außer dem Staupunkt, der die äußerste, gerade noch mögliche Grenzbelastung darstellt, wird daher oft noch ein unterer Grenzpunkt unterschieden, in welchem der stärkere Anstieg des Druckabfalls auf höhere Werte beginnt.

[1] KIRSCHBAUM, E.: Destillier- und Rektifiziertechnik. Berlin/Göttingen/Heidelberg: Springer 1950.

Für die Auslegung eines Füllkörperturms geht man von der Belastung im Staupunkt aus und vermindert diese um einen Anteil, der einen mäßigen Druckverlust gibt und einen sicheren Betrieb gewährleistet. Für die Bestimmung des Staupunkts haben T. K. SHERWOOD, G. H. SHIPLEY und F. A. HOLLOWAY[1] eine allgemeingültige Beziehung mit dimensionslosen Größen unter Benutzung der bekannten und eigener Versuchsunterlagen aufgestellt.

Darin wird in Abhängigkeit des Verhältnisses $(L/G \sqrt{\gamma_G/\gamma_L})$ die Größe $w_f^2/g\,(a/F^3)\,(\gamma_G/\gamma_L)\,\mu_L^{0,2}$ z. B. für Ringfüllungen dargestellt. Sie ist in der folgenden Tabelle zahlenmäßig wiedergegeben:

Tabelle 2

$\frac{L}{G}\sqrt{\frac{\gamma_G}{\gamma_L}}$	0,01	0,02	0,05	0,10	0,20	0,50	1,0	2,0	5,0	10,0
$\frac{w_f^2 a}{g F^3}\left(\frac{\gamma_G}{\gamma_L}\right)\mu_L^{0,2}$	0,275	0,20	0,14	0,10	0,07	0,04	0,023	0,0115	0,0036	0,001

Hierin bedeuten:

- a Oberfläche der Füllung je Raumeinheit (m^2/m^3),
- F Anteil der Zwischenräume in der trockenen Füllung,
- G, L Gasbelastung ($kg/m^2\,h$), Flüssigkeitsbelastung ($kg/m^2\,h$),
- g Erdbeschleunigung,
- w_f Gasgeschwindigkeit im freien Querschnitt beim Staupunkt (m/s),
- γ_G, γ_L Gas- und Flüssigkeitsdichte (kg/m^3),
- μ_L Zähigkeit der Flüssigkeit (cp).

Der Druckabfall im Staupunkt ist praktisch nur von der Füllkörperart und -größe und den Eigenschaften der Flüssigkeit abhängig, wenn die Belastungen mit Gas und Flüssigkeit dem Staupunkt entsprechen.

Die Druckabfälle im Staupunkt sind in der folgenden Tabelle für Ringe und Berieselung mit Wasser nach F. A. ZENZ[2] angegeben:

Tabelle 3

Ringgröße mm	13	25	32	38	50
$\frac{\Delta p \text{ mm WS}}{\text{m Schichthöhe}}$	290	330	330	208	208

Eine Beziehung zwischen dem Verhältnis des Druckabfalls Δp_G bei der Gasbelastung G zu dem Druckabfall im Staupunkt Δp_S und dem Verhältnis der Gasbelastung im Staupunkt G_S zu der Gasbelastung G

[1] SHERWOOD, T. K., G. H. SHIPLEY u. F. A. HOLLOWAY: Industr. Engng. Chem. Bd. 30 (1938) S. 765.

[2] ZENZ, F. A.: Chem. Engng. Bd. 8 (1953) S. 176.

läßt sich infolge des ähnlichen Verlaufs aller Druckabfallkurven für konstante Flüssigkeitsbelastung nach der gleichen Quelle entsprechend der folgenden Tabelle angeben:

Tabelle 4

$\frac{\Delta p_G}{\Delta p_S}$	0,05	0,06	0,08	0,1	0,2	0,4	0,6	0,8	1,0
$\frac{G_S}{G}$	3,3	3,05	2,65	2,34	1,75	1,3	1,1	1,03	1,0

Das Verhältnis G/G_S wird meist in der Größenordnung von 0,5 bis 0,7 gewählt. Wenn jedoch nur sehr kleine Druckverluste zugelassen sind, muß das Verhältnis noch kleiner angenommen werden. Dabei wird jedoch der Turmdurchmesser entsprechend vergrößert. Andererseits gibt es ein Maximum der Flüssigkeitsbelastung für die Gasbelastung $= 0$. Zwischen diesem äußersten Grenzfall und den normalen Belastungen, bei denen nur die Gasphase zusammenhängend ist, gibt es einen Bereich mit zusammenlaufender Flüssigkeitsphase. Die Grenze hierfür ist durch die kleinste Flüssigkeitsbelastung gegeben, bei der die Füllkörper noch vollständig mit Flüssigkeit benetzt sind. Bei der Berieslung mit Wasser oder einer anderen Flüssigkeit mit der Zähigkeit von 1 cst liegt diese Grenzbelastung für Ringe von 25 mm etwa bei 80000 kg/m² h und Ringe von 50 mm etwa bei 125000 kg/m² h.

Eine andere Darstellung zur Bestimmung des Staupunkts hat T. K. Sherwood[1] angegeben. Hier wird ein Faktor Φ für die Berücksichtigung der Gasdichte γ_G [kg/m³] eingeführt:

$$\Phi = \sqrt{\frac{\gamma_G}{1{,}2}}$$

Für verschiedene Füllkörper wird das Verhältnis G/Φ in Abhängigkeit des Verhältnisses $L\,\Phi/G$ dargestellt. Für Ringfüllkörper von 25 und 50 mm sind in der nachfolgenden Tabelle Wertepaare dieser Größen zusammengestellt. Die Belastungen G und L sind dabei in kg/m² h einzusetzen:

Tabelle 5

$L\,\Phi/G$	1	5	10	20	40	60	80	100	200	500	1000
G/Φ für 25 mm Ringe	7000	4800	3800	2900	2100	1650	1400	1200	780	400	240
G/Φ für 50 mm Ringe	11000	7800	6500	5000	3800	3100	2650	2350	1500	750	410

[1] Sherwood, T. K.: Absorption and Extraction, S. 248. New York 1952.

Im Absorber ist in der Regel der unterste Querschnitt am stärksten belastet, so daß der Turmdurchmesser für diesen zu bestimmen ist. Wenn die auszuwaschende Komponente in hohem Anteil im Gas vorhanden ist, so besteht bisweilen die Möglichkeit, den obersten Teil des Turms mit kleinerem Durchmesser auszuführen. Im Regenerierturm ist im allgemeinen der oberste Querschnitt am stärksten beaufschlagt.

2. Bodentürme

a) Bodenbauarten. In den Bodentürmen wird das von unten aufsteigende Gas mit der von oben nacheinander über alle Böden strömenden Flüssigkeit durch hydrostatischen oder dynamischen Anstau der Flüssigkeit unter gleichmäßiger Verteilung auf den aktiven Teil der Bodenfläche in Berührung gebracht.

Bodentürme werden in der Absorptionstechnik statt der Füllkörpertürme gewählt, wenn die Flüssigkeitsmenge im Verhältnis zur Gasmenge klein ist, so daß die Füllkörper nicht genügend berieselt werden würden. Böden mit Anstau der Flüssigkeit bieten den Vorteil, daß ihre Wirkung auch bei kleinen Belastungen gewährleistet ist. Der Druckverlust ist bei Böden meist größer als bei Füllkörperkolonnen. Die Böden lassen sich z. B. durch Anordnung von Mannlöchern, grobteilige Ausführung oder Wahl von Rostböden auch für Gase verwendbar machen, die teerartige oder feste Stoffe im Waschmittel bilden.

Die Grundsätze über den Bau und Betrieb von Böden sind besonders eingehend in dem Buch von E. Kirschbaum[1] dargestellt.

Von den zahlreichen Bauarten seien folgende Böden erwähnt:

1. Glockenböden,
2. Tunnel- oder Kappenböden, Rinnenböden,
3. Sieb- oder Lochböden,
4. Rostböden (z. B. Turbogridböden),
5. Böden mit Streckmetallflächen (Kittel-Böden),
6. Sprühböden.

Die unter 1 bis 3 genannten Bauarten arbeiten mit hydrostatischem Anstau der Flüssigkeit durch ein Wehr am Ablauf der Flüssigkeit. Bei den übrigen Böden wird die Flüssigkeit mehr oder weniger durch den Staudruck der durchtretenden Gase auf dem Boden gehalten. Sie werden daher auch als dynamische Böden bezeichnet.

Bei den Böden mit Anstau der Flüssigkeit durch ein Wehr überquert diese das Feld der Austauschelemente normalerweise in einem einzigen Strom (einflutige Bauart) von der Auflaufstelle bis zum Überlaufwehr. Das Austauschfeld kann für hohe Flüssigkeitsbelastungen

---

[1] Kirschbaum, E.: Destillier- und Rektifiziertechnik. Berlin/Göttingen/Heidelberg: Springer 1950.

zur Vergrößerung der Wehrlänge durch Halbieren oder Vierteln des Flüssigkeitsstroms in zwei oder mehr Felder unterteilt werden (zwei- oder mehrflutige Böden). Die zweiflutigen Böden haben wechselweise von Boden zu Boden eine oder zwei Zulaufstellen und zwei oder einen Ablaufschacht. Die Flüssigkeit strömt z. B. von dem darüberliegenden Boden auf einen Verteilungskanal, der in der Mitte des Bodens angeordnet ist, von dort senkrecht zu diesem Kanal nach außen über die beiden Ablaufwehre in zwei Fallschächte, die die Flüssigkeit auf den nächsten Boden leiten. Hier läuft die Flüssigkeit von außen zu den Ablaufwehren, die über dem in der Mitte angeordneten Fallschacht liegen. Für diese zweiflutige Anordnung sind daher zwei verschiedene Bodenkonstruktionen notwendig. Das überströmte Austauschfeld ist nur etwa $^1/_2$ so groß wie bei einem einflutigen Boden. Dafür ist die Wehrlänge etwa doppelt so groß. Um bei der zweiflutigen Strömungsweise mit nur einer Bodenform auszukommen, hat man Konstruktionen entwickelt, bei denen die Flüssigkeit im Fallschacht in der Mitte zusammengeführt wird und die Böden jeweils um 90° gedreht eingebaut werden.

Die Wehrlänge b (m) kann man aus der mittleren Geschwindigkeit über dem Wehr u_W (m/s), der Wehrüberhöhung h_W (m) und der Flüssigkeitsmenge V_L (m³/s) mit folgenden Beziehungen errechnen:

$$V_L = b\, h_w u_w \tag{98}$$

$$u_w = 1{,}8 \sqrt{h_w} \tag{99}$$

Die Mindestwehrüberhöhung, die notwendig ist, um eine gleichmäßige Überströmung des Wehrs zu erhalten, beträgt etwa 5 mm. Die Länge eines Wehrs, das den Fallschacht eines einflutigen Bodens mit Segmentquerschnitt oben abschließt, beträgt etwa 60 bis 75% des Turmdurchmessers. Die Fläche des Fallschachts beträgt dabei etwa 5 bis 12% des Turmquerschnitts. Bei kleinen Wehrüberhöhungen werden die Wehre zweckmäßig gezackt ausgeführt.

Im Fallschacht, der die Flüssigkeit auf den nächstunteren Boden leitet, soll sich die blasenfrei angenommene Flüssigkeit mindestens etwa 3 bis 5 Sekunden aufhalten, damit die mitgeführten Gasbläschen Zeit haben, nach oben zu entweichen. Die Geschwindigkeit der blasenfreien Flüssigkeit im Fallschacht liegt meist unter 0,1 m/s. Der Fallschacht hat in der Absorptionstechnik meistens einen Querschnitt von Segmentform, weil diese Bauart günstige hydraulische Verhältnisse für die Durchleitung großer Flüssigkeitsmengen ergibt. Die blasenfreie Flüssigkeit soll im Fallschacht nur höchstens auf 35 bis 50% des Bodenabstands ansteigen, um genügend Sicherheit gegen Staugänge bei der Höchstlast zu erhalten. Die Höhe der im Fallschacht angestauten, von der Bodenplatte nach oben gemessenen Flüssigkeit h_F setzt sich aus folgenden Höhen zusammen:

$$h_F = h_c + 2h_L + h_D \qquad (100)$$

Hierin bedeuten:

h_c Druckabfall der Flüssigkeit bei der Durchströmung des Spalts zwischen unterer Fallschachtkante und Bodenplatte,
h_L Höhe der Flüssigkeit auf dem Boden einschließlich der Wehrüberhöhung,
h_D Druckabfall des trockenen Bodens.

b) Glockenböden. Bei den Glockenböden werden die Gase durch Kamine, die in der Bodenplatte sitzen, unter die Glocken geleitet, die in die angestaute Flüssigkeit eintauchen. Der Gasdruck, der unter dem Boden um den Druckabfall bei der Durchströmung höher ist, drückt den Flüssigkeitsspiegel unter der Glocke so weit herab, daß die Gase in schlierenartigen Schläuchen und Blasen aus den Schlitzen am Glockenrand in die angestaute Flüssigkeit treten. Bei kleinen Flüssigkeitsbelastungen können die Glocken auf der Bodenplatte aufsitzen. Bei großen Flüssigkeitsbelastungen benutzt man hochgestellte, sogenannte hängende Glocken. Der Abstand zwischen der Bodenplatte und dem unteren Glockenrand beträgt dabei etwa 15 bis 30 mm. Die größeren Werte gelten für hohe Flüssigkeitsbelastungen. Sind besonders große Flüssigkeitsmengen über den Boden zu leiten, so können Glockenrandhöhen von 40 mm erforderlich werden. Dadurch wird der Querschnitt für die Überströmung der Flüssigkeit vergrößert.

Die Glocken werden in Absorbern meist rund mit Durchmessern von 80 bis 150 mm ausgeführt. Kleine Durchmesser begünstigen eine gute Ausnutzung der Bodenfläche und eine gleichmäßige Verteilung von Flüssigkeit und Gas. Wegen der höheren Kosten für kleine Glocken wählt man für große Turmdurchmesser bisweilen die größeren Glockendurchmesser. Große Glockendurchmesser ergeben ferner geringere hydraulische Gradienten und erleichtern die Reinigung des Bodens, falls sich feste Stoffe auf dem Boden ablagern. Kleinere Glocken ergeben größere Schlitzflächen, bezogen auf die aktive Fläche des Bodens, z. B. 30 bis 35% gegenüber etwa 25% bei Glocken von 150 mm Durchmesser.

Die Glocken werden versetzt auf einem Dreiecksnetz derart angeordnet, daß die Glockenreihen senkrecht zur Strömungsrichtung der Flüssigkeit stehen. Die vom eigentlichen Glockenfeld eingenommene aktive Fläche beträgt im Mittel etwa 60 bis 70% des gesamten Turmquerschnitts.

Die Schlitze sind meist 4 bis 8 mm breit und etwa 20 bis 35 mm hoch. Meist werden die kleinen Schlitzhöhen für Glocken mit kleinen Durchmessern und die größeren Schlitzhöhen für große Glockendurchmesser angewendet. Zu kleine Schlitzquerschnitte lassen die Glocken pulsierend arbeiten. Statt der unten offenen Schlitze läßt man beim Stanzen am unteren Glockenrand häufig einen Ring von etwa 6 mm Breite stehen, weil frei stehende Stege sich leicht verbiegen können. Zackenglocken bieten keine besonderen Vorteile und werden daher nur noch wenig verwendet.

Der Querschnitt der Ringfläche zwischen Glocke und Gaskamin wird um etwa 20% größer ausgeführt als der Querschnitt des Gaskamins. Der senkrechte Abstand zwischen dem oberen Rand der Gaskamine und dem oberen Rand der Schlitze soll mindestens etwa 20 mm betragen.

Die Abstände der Glockenumfänge voneinander müssen so weit sein, daß die Zwischenräume genügend begast werden. Sie betragen etwa 40 bis 60 mm. Bei hohen Flüssigkeitsbelastungen wählt man die größeren Glockenabstände. Um allen Gasblasen Gelegenheit zum Hochsteigen aus der vom Boden ablaufenden Flüssigkeit zu geben und um dadurch eine zusätzliche Wehrüberhöhung der angestauten Flüssigkeit zu vermeiden, werden die Abstände der Glockenumfänge vom Ablaufwehr z. B. auf etwa 70 bis 80 mm vergrößert.

Die minimale Eintauchtiefe der Glocken, d. h. der senkrechte Abstand des Flüssigkeitsspiegels vom oberen Rand der Schlitze ist bei dem gefüllten, noch nicht von Gas und Flüssigkeit beaufschlagten Boden durch den senkrechten Abstand der Überlaufwehrkante von dem oberen Rand der Schlitze gegeben. Im Betrieb ist sie um die Wehrüberhöhung und etwa den halben hydraulischen Gradienten höher. In Druckabsorbern beträgt die mittlere Betriebseintauchtiefe bis zu 50 mm. Das Minimum der Eintauchtiefe für Absorber liegt etwa bei 25 mm. Große Eintauchtiefen werden besonders für Absorber gewählt, die mit chemisch wirkenden Waschmitteln arbeiten. Damit die gewünschte Eintauchtiefe im Betrieb sich nicht wesentlich ändert, soll die Durchbiegung großer Böden durch Eigengewicht und Flüssigkeit etwa 5 mm nicht überschreiten.

Zum Entleeren der Böden nach der Stillegung werden vor dem Überlaufwehr Sickerlöcher mit einem Durchmesser von etwa 10 mm und einem Gesamtquerschnitt der Löcher von 0,25% der Bodenfläche vorgesehen. Bei sehr großen Flüssigkeitsbelastungen können die Sickerlöcher am Überlaufwehr erheblich größer ausgeführt werden, um dieses etwas zu entlasten.

Der Druckabfall auf Glockenböden wird bestimmt, indem man die Druckabfälle durch den Gaskamin, die Gasumkehr unterhalb der Glockendecke, den Ringkanal außerhalb des Kamins und durch die Schlitze getrennt berechnet. Der Summe dieser Druckdifferenzen ist der statische Flüssigkeitsdruck über den Schlitzen, die Wehrüberhöhung und die Hälfte des hydraulischen Gradienten hinzuzuzählen.

Der Druckabfall eines Glockenbodens liegt meist in der Größenordnung von 50 bis 100 mm Flüssigkeitssäule.

Von allen Bodenbauarten werden die Glockenböden in der Absorptionstechnik am meisten verwendet.

Die Kappenböden haben statt der Glocken in der Strömungsrichtung liegende, langgestreckte Kappen, die in gleicher Weise wie die Glocken Gaskamine mit rechteckigem Querschnitt überdecken. Die Zwischenräume zwischen den Kappen betragen etwa 100 mm. Der Vorteil der Kappenböden besteht in dem geringen hydraulischen Gradienten auch bei hohen Flüssigkeitsbelastungen und bei ausreichenden Austauschverhältnissen. Sie sind daher besonders für hohe Flüssigkeitsbelastungen geeignet. Bei dem Rinnenboden erstrecken sich die Kappen vom Zulauf bis zum Ablauf.

c) Siebböden. Bei den Siebböden enthält die Bodenplatte kleine Löcher, durch die das Gas unmittelbar in die in gleicher Weise wie bei den Glockenböden angestaute Flüssigkeit tritt.

Der freie Querschnitt aller Löcher eines Siebbodens beträgt etwa 4 bis 10% der Bodenfläche, der Lochdurchmesser 4 bis 5 mm. Der Abstand der Lochmitten beträgt etwa 15 bis 20 mm oder etwa das 3,5- bis 4fache des Lochdurchmessers.

Siebböden erfordern eine Mindestgeschwindigkeit der Gase, damit die Flüssigkeit nicht durch die Löcher fällt. Die Gasgeschwindigkeit in den Löchern muß bei Luft und einem Druck von 1 ata mindestens etwa 10 bis 15 m/s betragen. Die maximalen Geschwindigkeiten liegen für die gleichen Verhältnisse zwischen 20 und 30 m/s. Dabei gelten die kleinen Werte für große, freie Lochquerschnitte z. B. 10% und die höheren Werte für geringe Lochquerschnitte z. B. 5%.

Der gesamte Druckabfall eines Siebbodens ergibt sich aus dem Druckabfall des trockenen Bodens Δp_t und der statischen Flüssigkeitssäule über der Lochplatte. Der Druckabfall des trockenen Bodens in m Flüssigkeitssäule hängt von der Gasgeschwindigkeit w_{GO} (m/s) in den Löchern ab. Bezeichnen γ_G und γ_L die Dichten von Gas und Flüssigkeit, so erhält man die Gasgeschwindigkeit in den Löchern für einen bestimmten Wert von Δp_t aus folgender Beziehung:

$$w_{GO} = 3{,}5 \sqrt{\Delta p_t \frac{\gamma_L}{\gamma_G}} \quad \text{(m/s)} \tag{101}$$

Das Durchregnen der Flüssigkeit beginnt, wenn der aus obiger Beziehung errechnete Druckabfall des trockenen Bodens Δp_t kleiner ist als etwa $^1/_5$ der auf dem Boden bei kleinster Gasbelastung stehenden Flüssigkeitssäule.

Ergeben sich durch eine verhältnismäßig kleine Gasbelastung zu große Mittenabstände der Löcher, so läßt man auf dem Boden einige Gassen frei.

Siebböden sind nur für Waschmittel verwendbar, die keine Ablagerungen fester Stoffe bilden. Vorteile der Siebböden sind der geringe hydraulische Gradient, die Möglichkeit höherer Flüssigkeitsbelastung, eine verglichen mit den Glockenböden um 10 bis 25 % höhere Gasbelastung und gegenüber Glockenbodentürmen etwa um 25 % niedrigere Baukosten.

d) Dynamische Böden. Die Rostböden bestehen aus parallelen, ebene Flächen bildenden Roststäben oder aus waagerecht angeordneten Platten mit langen Schlitzen, durch die die Gase treten. Die Flüssigkeit, die sich auf der Rostfläche hält, wird teilweise aufgewirbelt und fällt allmählich durch die Rostspalten durch. Es sind daher keine Zulauf- und Ablaufstellen und keine Wehre wie bei den Glocken- und Siebböden vorhanden. Die Schlitzfläche zwischen den Roststäben beträgt etwa 15 bis 20% des Turmquerschnitts. Die lichte Schlitzbreite liegt je nach der Belastung zwischen 5 und 10 mm. Die Rostböden sind besonders für Gase geeignet, die teerige und feste Stoffe ausscheiden oder im Waschmittel entstehen lassen.

Lochbleche werden ohne Zu- und Abläufe auch gewellt ausgeführt, wobei die Richtung der Wellen von Boden zu Boden um 90° gedreht ist.

Die Kittelböden arbeiten ebenfalls ohne Zu- und Ablaufwehre und bestehen aus waagerechten, in bestimmter Weise aufgeteilten und angeordneten Streckmetallflächen. Die Gase, die durch die Öffnungen mit geringer Neigung treten, bewegen durch ihre kinetische Energie die Flüssigkeit auf dem Boden je nach der Richtung der Gasaustrittsschlitze der Streckmetallflächen in bestimmter Weise hin und her. Die KITTEL-Polygonböden enthalten konzentrische Ablaufkanäle für die Flüssigkeit, die innerhalb oder außerhalb der eigentlichen, kreisring- oder polygonförmigen Streckmetall-Austauschflächen angeordnet sind. Mit Hilfe von Leitschaufeln, die an den unteren Enden der Ablaufkanäle sitzen, und durch die Wirkung der Gase beim Durchgang durch die Streckmetallflächen wird die auflaufende Flüssigkeit in Drehung versetzt. Die Flüssigkeit strömt dabei abwechselnd durch die Leitschaufeln von innen nach außen und umgekehrt, jedoch stets in gleichem Drehsinn über die Austauschflächen. In Druckwasserwäschen für CO_2 werden mit solchen Böden Flüssigkeitsbelastungen bis zu etwa 300 m^3/m^2 h erreicht.

Dynamische Böden eignen sich besonders für Kurzzeitwäschen (s. S. 91).

e) Bodenabstand. Für eine bestimmte Bodenzahl hängt die aktive Höhe eines Turms nur von dem Bodenabstand ab. Damit Flüssigkeitstropfen nicht in erheblichen Mengen durch die Gasströmung in den nächsthöheren Boden getragen werden und damit die zulässige Gasgeschwindigkeit möglichst hoch gehalten werden kann, muß der Bodenabstand mindestens etwa 400 mm betragen. Sollen die Böden durch Mannlöcher zugängig sein, werden die Bodenabstände mit etwa 500 bis 700 mm ausgeführt. Da Mannlöcher den Turmmantel erheblich verteuern, sieht man in der Regel nicht über jedem Boden ein Mannloch vor, sondern ordnet sie in größeren Abständen an und stattet die Bodenbleche mit herausnehmbaren Durchsteigöffnungen aus. Die Befahrbarkeit des Turms ist notwendig, wenn die Böden von Zeit zu Zeit zu reinigen sind oder Besichtigungen und Instandsetzungsarbeiten, z. B. wegen der Möglichkeit von Korrosionen, regelmäßig notwendig sind.

Die Bodenabstände sind ferner bei den Böden mit Anstauung der Flüssigkeit durch ein Wehr nach unten dadurch begrenzt, daß die Höhe der im Fallschacht befindlichen Flüssigkeit, wie S. 82 erwähnt, einen bestimmten Anteil des Bodenabstands nicht überschreiten soll. Werden die Bodenabstände unterhalb dieser Grenze vermindert, so besteht keine Sicherheit gegen die Möglichkeit von Stauungen der Flüssigkeit, die zu einer vollen Überflutung des Turms führen können.

Da die Gase meist brennbare oder gesundheitsschädliche Bestandteile enthalten, werden Absorptionsanlagen im Freien aufgestellt, so daß die Turmhöhe nur durch bauliche Bedingungen wie Fundamentierung, Winddruck usw. und Transportmöglichkeiten beschränkt ist. Die maximale, in einem Stück hergestellte Turmlänge soll etwa 45 bis 50 m nicht überschreiten.

f) Gasbelastung. Bei der Bestimmung des Durchmessers von Bodentürmen muß sowohl die Gasbelastung als auch die Flüssigkeitsbelastung berücksichtigt werden. Bei hohen Flüssigkeitsmengen kann allein die Flüssigkeitsbelastung für den Turmdurchmesser bestimmend werden. In einem Absorptionsturm ist in der Regel der unterste Boden am stärksten belastet. Für die Regeneration ist im allgemeinen der oberste Boden für die Bestimmung des Turmdurchmessers zu wählen. Wenn die Anlage auch mit Teillasten gefahren werden soll, so müssen auch die dabei entstehenden Verhältnisse berücksichtigt werden.

Die Gasgeschwindigkeit darf in Bodenkolonnen eine bestimmte Grenze nicht überschreiten, um den Druckverlust, das Mitnehmen von Flüssigkeitstropfen nach oben durch den Gasstrom zu begrenzen und um Stauungen der Flüssigkeit zu verhindern.

Die höchstzulässige Gasgeschwindigkeit w_G (m/s) wird meist mit dem spezifischen Gewicht der Flüssigkeit γ_L (kg/m³) und dem spezifischen Gewicht des Gases γ_G (kg/m³) aus folgender Beziehung errechnet:

$$w_G = C \sqrt{\frac{\gamma_L - \gamma_G}{\gamma_G}} \tag{102}$$

Der Faktor C enthält alle übrigen Einflüsse auf die Gasbelastung. Er liegt bei kleinen Bodenabständen, z. B. 0,4 m, in der Größenordnung von 0,025 und bei größeren Bodenabständen bei etwa 0,03. Bei hohen Wichten des Gases muß er etwa um 25% vermindert werden.

Bei hohen Flüssigkeitsbelastungen kann es zweckmäßig sein, die Gasgeschwindigkeit z. B. um etwa $^1/_3$ oder maximal um $^1/_2$ zu vermindern, um größere Wehrlängen zu erhalten.

g) Flüssigkeitsbelastung. Da die Waschmittelmenge in Absorptionsanlagen in einem bestimmten Verhältnis zur Gasmenge steht und da man die Gasgeschwindigkeit möglichst auf die zulässige Höchstgrenze bringen will, entstehen besonders bei großen Durchmessern Schwierigkeiten, große Flüssigkeitsmengen über Böden, die mit Anstau der Flüssigkeit arbeiten, z. B. über Glockenböden, zu leiten. Aus Transportgründen ist der größte Turmdurchmesser je nach den Verhältnissen auf etwa 3 bis 4 m beschränkt. Wenn größere Gasleistungen verlangt werden und dementsprechend größere Turmdurchmesser erforderlich wären, zieht man es vor, die Anlage in zwei oder drei gleiche, parallele Stränge zu unterteilen. Dadurch wird gleichzeitig der Teillastbetrieb erleichtert.

Bei großen Waschmittelmengen und großen Turmdurchmessern entsteht beim Überleiten der Flüssigkeit ein Gefälle in Richtung zum Ablaufwehr. Da der Druck über und unter dem Boden für alle Glocken gleich ist und daher für jede Glocke der gleiche Druckunterschied zur Verfügung steht, so würden, wenn alle Glocken gleich hoch stehen, vorwiegend nur die Glocken auf der Seite des Ablaufwehrs gasen. Die Glocken am Zulauf wären so hoch überstaut, daß nur wenig oder überhaupt kein Gas durchtreten und die Flüssigkeit teilweise durch die Gaskamine dieser Glocken fallen würde. Um ein gleichmäßiges Gasen aller Glocken zu erreichen, kann man mit hoher Eintauchtiefe und hohen Schlitzgeschwindigkeiten, d. h. mit hohem Druckabfall der Gase arbeiten. In diesem Fall ist das Verhältnis des Flüssigkeitsgefälles zum gesamten Druckabfall zwischen den Gasräumen unter und über dem Boden klein. Mit Zunahme dieses Verhältnisses verschlechtert sich die Gasverteilung im Glockenfeld. Man erhält noch eine ausreichende Gasverteilung, wenn das Verhältnis kleiner als etwa 0,4 ist. Je größer der für einen Boden zugelassene Druckabfall ist, um so größer wird daher die für eine bestimmte Gasmenge anwendbare Flüssigkeitsmenge.

Um den Druckabfall für alle Glocken gleich zu machen, kann man das Glockenfeld durch Einzelverstellung oder reihenweises Einstellen der Glockenhöhen, z. B. durch Befestigung der Glocken an parallelen Trägern, entsprechend dem Gefälle schräg stellen, so daß die Oberkanten der Glockenschlitze gleich tief unter dem geneigten Flüssigkeitsspiegel liegen. Diese Maßnahmen wirken sich nur bei der Normallast richtig aus, bei der die Schrägstellung des Glockenfelds dem Flüssigkeitsgradienten entspricht.

Eine andere Bauweise für hoch mit Flüssigkeit belastete Böden besteht darin, die Bodenplatte in einzelne waagerechte Flächen aufzuteilen und diese kaskadenförmig in Richtung des Ablaufs tiefer zu stellen (Kaskadenböden). Jede Stufe erhält dabei ein Zwischenwehr am Ablauf. Man vermindert dadurch das Gesamtgefälle, das ohne Aufteilung auftreten würde, entsprechend der Zahl der Stufen.

Ein Verfahren zur Berechnung des hydraulischen Gradienten, der sich auf Glockenböden einstellen kann, hat J. A. DAVIES[1] angegeben.

Die Versuche zur Bestimmung der maximalen Flüssigkeitsbelastung werden meist mit einem waagerechten Glockenfeld durchgeführt, so daß die Glocken in der Strömungsrichtung der Flüssigkeit mit abnehmender Tauchtiefe arbeiten. Von diesen Versuchen sind besonders die Arbeiten von H. S. KEMP und C. PYLE[2] zu erwähnen. Sie haben den hydraulischen Gradient für verschiedene Flüssigkeitsbelastungen und verschiedene Glockenfelder in Abhängigkeit des Schlitzfaktors $u_S \sqrt{\gamma_G}$, der auf die Gesamtfläche der Schlitze bezogen ist, untersucht. Darin bedeutet u_S die Geschwindigkeit in den Schlitzen und γ_G die Gasdichte.

Soll das Glockenfeld entsprechend dem Gradienten schräg gestellt werden, so ist zu berücksichtigen, daß der Strömungsquerschnitt für die Flüssigkeit, der durch das teilweise Höherziehen der Glocken vergrößert ist, den hydraulischen Gradienten verringert. Man kann für eine Schrägstellung des Glockenfeldes etwa die Hälfte des Gradienten annehmen, der ohne Schrägstellung entsteht.

Im allgemeinen kann man etwa je m Durchmesser bei kleinen, einflutigen Glockenböden, z. B. von 1000 bis 1500 mm Durchmesser, bis zu etwa 20 bis 40 m³ Flüssigkeit je m Durchmesser und Stunde und bei großen einflutigen Böden, z. B. von 2000 bis 3000 mm Durchmesser, bis zu etwa 10 bis 30 m³ je m Durchmesser und Stunde leiten. Bei genügender Schrägstellung des Glockenfeldes oder gestuften Böden mit Zwischenwehren können auch größere Mengen über den Boden geleitet werden. Hohe Flüssigkeitsbelastungen setzen einen Bodenabstand von mindestens etwa 500 mm voraus. Zweiflutige Böden werden für hohe Flüssigkeitsbelastungen für Durchmesser von 1800 mm und mehr ausgeführt. Bei zweiflutigen Böden sind die Flüssigkeitsbelastungen je m Durchmesser etwa 1,8mal so groß wie bei einflutigen Böden.

---

[1] DAVIES, J. A.: Industr. Engng. Chem. Bd. 39 (1947) S. 774.

[2] KEMP, H. S., u. C. PYLE: Chem. Engng. Progr. Bd. 45 (1949) S. 435.

Siebböden können bis auf etwa 30 bis 50 m³/h je m Wehrlänge belastet werden. Die Wehrhöhen liegen dabei etwa zwischen 50 und 100 mm. Bei großen Wehrhöhen und großen Lochquerschnitten z. B. 10% können bis etwa 50 m³/m h und bei kleineren Lochquerschnitten etwa bis zu 70 m³/m h über den Boden geführt werden. Selbst bei diesen hohen Belastungen ist der hydraulische Gradient der Siebböden nur gering und beträgt nur 10 bis 15 mm je m Bodenweg.

3. Sonstige Absorberbauarten

In einzelnen Fällen werden zur Absorption einfache Gefäße verwendet, in die das Gas durch ein eingetauchtes Rohr eingeleitet wird. Beispiele solcher Ausführungen sind schematisch auf Abb. 21 dargestellt.

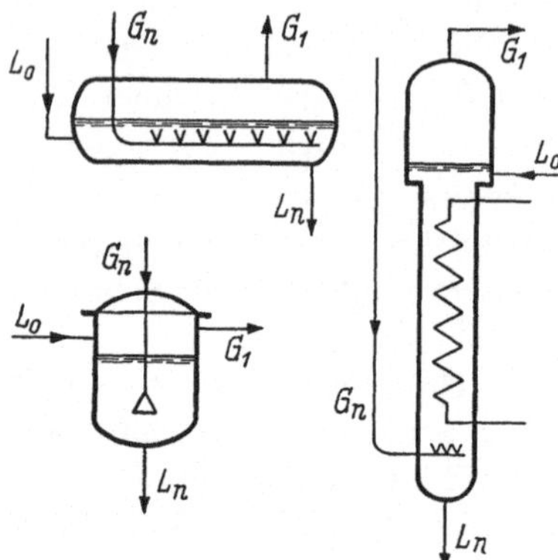

Abb. 21. Ausführungsformen von Gefäßabsorbern. L_0 regeneriertes Waschmittel, L_n beladenes Waschmittel, G_n Rohgas, G_1 Reingas.

Solche Gefäßapparate werden gelegentlich verwendet, wenn die Absorption mit einer starken exothermen Reaktion verbunden ist, oder wenn die Inertgasmenge (Trägergasanteil) gering ist. Zur Aufnahme der dabei entstehenden Wärme ist ein ausreichender Flüssigkeitsinhalt notwendig. Sie sind besonders geeignet, wenn der Widerstand gegen den Stoffaustausch überwiegend auf der Flüssigkeitsseite liegt, weil diese Grenzschicht sich in einer hohen Flüssigkeitsschicht schnell erneuert. Eine hohe, mit Gasblasen erfüllte Flüssigkeitsschicht kann etwa einer 3- bis 5fachen Füllkörpersäulenhöhe gleichwertig sein.

Das abziehende Gas wird danach in eine zweite oder in mehrere weitere Stufen geführt.

Da der Flüssigkeitsraum eines Gefäßabsorbers groß ist, wird dieser oft unmittelbar mit einer Kühlvorrichtung versehen. Hierzu kann in dem Flüssigkeitsraum eine Kühlschlange angeordnet werden. Vielfach wird der Kühler auch außerhalb des Flüssigkeitsraums derart angeordnet, daß ein Teil der Flüssigkeit ständig über diesen umläuft.

Beim Auswaschen von Stoffen, die ein hohes Lösungsvermögen im Waschmittel haben und verhältnismäßig hoch sieden und daher im Gas in sehr kleinen Mengen vorhanden sind, ist die zur Aufnahme der Absorptionswärme notwendige Waschmittelmenge sehr klein. Vielfach handelt es sich dabei um Stoffe, die mit dem vollen Sättigungsdruck im Gas vorhanden sind. Die mindestens notwendige Waschmittelmenge beträgt dann molenmäßig etwa das 10fache des zu entfernenden Stoffs. Diese Mengen reichen nicht aus, um einen Füllkörperturm ausreichend zu berieseln, da der Querschnitt ausschließlich durch die Gasmenge bestimmt wird und im Verhältnis zur Waschmittelmenge sehr groß ist. Bei extrem kleinen Flüssigkeitsmengen sind aber auch Böden nicht immer zweckmäßig, da die Flüssigkeit nicht gleichmäßig über den Boden strömt. Außerdem würden Böden für große Gasmengen, d. h. große Turmdurchmesser, zu teuer werden. In solchen Fällen können Düsenwäscher günstig sein. Sie bestehen aus mehreren hintereinandergeschalteten Düsenstufen, die vielfach im Kreislauf betrieben werden. Diese Stufen können waagerecht hintereinander oder senkrecht übereinander angeordnet werden. Das Schema eines Düsenwäschers ist auf Abb. 22 dargestellt.

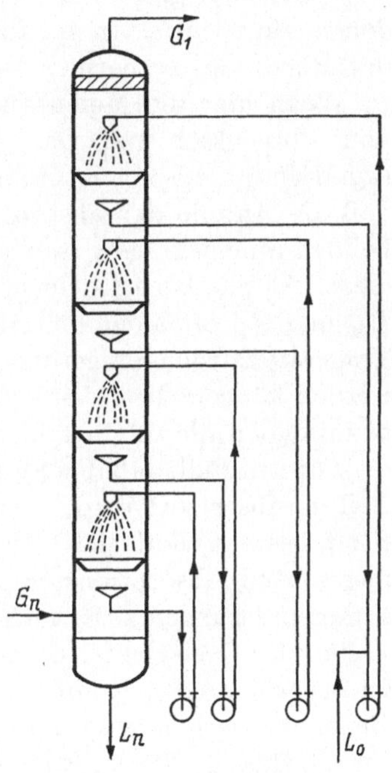

Abb. 22. Schema eines mehrstufigen Düsenwäschers. Bezeichnungen wie bei Abb. 21.

Ein anderes Anwendungsgebiet der Düsenwäscher sind die sogenannten Kurzzeitwäschen, bei denen mit kurzer Berührungszeit Stoffe mit verschiedenen Reaktionszeiten selektiv ausgewaschen werden sollen, z. B. wenn H_2S bevorzugt gegenüber CO_2 aus Gasgemischen mit höherem CO_2-Gehalt mit organischen Basen oder Ammoniak–Wasser-Gemischen entfernt werden soll.

Da die Düsen zu Verstopfungen Anlaß geben können, verwendet man zum Verspritzen der Flüssigkeit auch schnell umlaufende Scheiben, die auf einer gemeinsamen Welle sitzen, die waagerecht oder senkrecht angeordnet wird. Bei der waagerechten Bauart tauchen die Scheiben unmittelbar in die um die Scheiben geführte Flüssigkeit ein. Bei der senkrechten Anordnung läuft die Scheibenwelle in der Mitte eines Turms um, der konische Sammelbleche zwischen den Scheiben enthält, die das verspritzte Waschmittel auffangen und auf die nächste Scheibe führen. Bei der senkrechten Bauart haben die Spritzvorrichtungen auch andere Formen. Sie sind z. B. als kegelige Teller ausgebildet. Das Austauschverhältnis einer Stufe kann je nach den Verhältnissen etwa $^1/_2$ bis $^3/_4$ eines Glockenbodens betragen.

V. Absorption von Vielstoffgemischen

1. Absorption der einzelnen Komponenten

Enthält das Gas zahlreiche Komponenten in einem weiten Siedebereich, so absorbiert ein physikalisch lösendes Waschmittel bestimmte Anteile aller Komponenten einschließlich des Trägergases. Diese hängen von der Löslichkeit der einzelnen Komponenten im Waschmittel und ihrem Partialdruck im Gas ab. Zur Bestimmung der aus einem Gasgemisch durch Absorption entfernten Mengen der einzelnen Bestandteile hat man graphische und rechnerische Verfahren entwickelt, von denen die wichtigsten im folgenden behandelt werden. Dabei wird in der Regel ein isothermer Verlauf der Absorption vorausgesetzt.

Wenn hier die Molenbrüche x und y für die Zusammensetzungen von Flüssigkeit und Gas verwendet und die Mengen L_M und G_M (kg-Mol/m² h) als konstant angesehen werden, so ist dabei angenommen, daß die Anteile der absorbierten Komponenten nicht groß sind oder bei den reinen Trägergasströmen und dem Waschmittel etwa die Hälfte dieser Anteile berücksichtigt wird. Bei solchen Rechnungen werden für L_M und G_M oft auch die reinen, von absorbierten Komponenten freien Trägerstoffströme eingesetzt, die meist nahezu als konstant angesehen werden können. In diesem Fall sind die Zusammensetzungen X und Y anzuwenden, die auf die reinen Trägerstoffströme bezogen werden (s. S. 6).

Für den Fall, daß das System aus einem Gas, z. B. Methan, das zum Teil mitabsorbiert wird, dem Waschmittel und dem zu absorbierenden Stoff besteht, läßt sich der Absorptionsvorgang für die als konstant angesehene Absorptionstemperatur in einem Dreiecksnetz für die Zusammensetzungen z. B. nach Abb. 23 darstellen. Dabei entsprechen die Ecken des Dreiecks G, L und C_b dem Gas, dem Waschmittel und der zu absorbierenden Komponente. Die Gleichgewichte verlaufen in dem Beispiel zwischen der Linie $G\,G_e$ für die Gasphase und der Kurve $L_0\,L_b$ für die flüssige Phase. Einige im Gleichgewicht zugehörige Punktpaare sind durch Konnoden miteinander verbunden. Die Zusammensetzung des in den Absorber unten eingeführten Gasgemischs sei durch den Punkt G_4 gekennzeichnet.

Die Zusammensetzungen der beiden Phasen in den einzelnen Querschnitten des Absorbers werden durch Gerade dargestellt, die sich in einem Pol P treffen. Er liegt auf der Verlängerung der Geraden $G\,L$, wenn das Waschmittel vollständig regeneriert wird. Das rein auf den Absorberkopf strömende Waschmittel sättigt sich entsprechend der Strecke $L\,L_0$ mit dem reinen Gas G. Die Zusammensetzungen der Gasphase und der flüssigen Phase sind für verschiedene Querschnitte durch die auf den Querschnittsgeraden liegenden Punkte G_1, G_2, G_3 und G_4

einerseits und L_0, L_1, L_2 und L_3 andererseits gegeben. Die Zusammensetzung des beladenen Waschmittels entspricht dem Punkt L_3. Es enthält außer dem Stoff C_b noch einen Anteil des Gases G.

Wird für jede einzelne Stufe die übliche Annahme gemacht, daß die von jedem Boden ablaufende Flüssigkeit mit dem vom gleichen Boden aufsteigenden Gas im Phasengleichgewicht steht, so müssen die Punktpaare $G_1 L_1$, $G_2 L_2$ und $G_3 L_3$ auf Konnoden liegen, die die einander zugehörigen Gleichgewichte der beiden Phasen kennzeichnen.

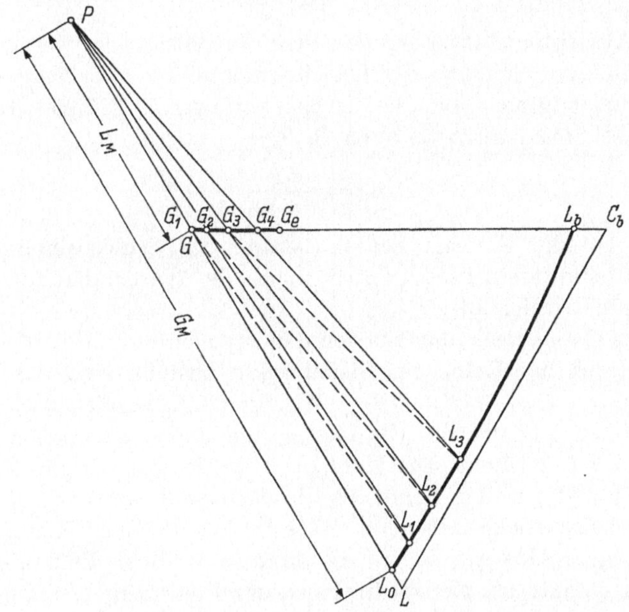

Abb. 23. Zusammensetzungen bei der isothermen Absorption eines Stoffs C_b aus einem Gas G mit dem Waschmittel L in einem ternären System mit den vom Pol P ausgehenden Querschnittsgeraden für die Absorberenden und 2 Querschnitte eines Waschturms mit 3 theoretischen Böden.

Das Verhältnis von Waschmittelmenge/Gasmenge $= L_M/G_M$ in Molen je Mol ist im obersten Querschnitt des Absorbers durch das Verhältnis der Strecken $P G_1/P L_0$ gegeben. Die Gleichgewichtskonstante für die auszuwaschende Komponente C_b wird daher im vorliegenden Fall kleiner als 1 sein.

Bei dem von W. K. Lewis[1] angegebenen Verfahren wird für jede einzelne Komponente die zugehörige, für eine bestimmte Temperatur und einen gegebenen Gesamtdruck geltende Gleichgewichtslinie und eine Betriebsgerade mit konstanter Steigung in einem gemeinsamen x, y-System benutzt. Die Gleichgewichtslinien der einzelnen Kompo-

[1] Lewis, W. K.: Trans. Amer. Inst. Chem. Engrs. Bd. 20 (1927) S. 1.

nenten gehen mit den durch die Gleichgewichtskonstanten gegebenen Steigungen durch den Ursprung des x, y-Systems. Die für alle Komponenten gleichbleibende Steigung der Betriebsgeraden ergibt sich aus einer Mengenbilanz für die Schlüsselkomponente der Absorption, die möglichst vollständig oder mit einem großen Anteil auszuwaschen ist, mit den auf Abb. 17 (s. S. 64) angegebenen Zusammensetzungen für die Enden des Absorbers in folgender Form:

$$\frac{L_M}{G_M} = \frac{(y_{n+1} - y_1)}{(x_n - x_0)}$$

Der Absorptionsfaktor A, der dem Verhältnis der Steigung der Betriebslinie zur Steigung der Gleichgewichtslinie entspricht, wird für die Schlüsselkomponente, die für das vorliegende Beispiel mit d bezeichnet sei, festgesetzt (s. auch S. 66):

$$A_d = \frac{L_M}{G_M K_d} \tag{103}$$

K_d ist dabei die Gleichgewichtskonstante der Schlüsselkomponente.

Der Absorptionsfaktor A wird auch als Waschmittelüber- bzw. -unterschuß bezeichnet.

Für ein Gasgemisch, das aus den 6 Komponenten a, b, c, d, e und f, geordnet nach der Reihe der Siedepunkte besteht, sind auf Abb. 24 die mit OE_a, OE_b, OE_c, OE_d, OE_e, und OE_f bezeichneten Gleichgewichtslinien eingetragen. Die niedrigstsiedenden Komponenten sind mit a und b bezeichnet. Die Komponente c siedet niedriger, die Komponenten e und f sieden höher als die Schlüsselkomponente d.

Die Gehalte des eintretenden Gases an den einzelnen Komponenten sind mit $y_{a,n+1}$ bis $y_{f,n+1}$ und die damit erhaltenen Beladungen des Waschmittels mit den Konzentrationen der Punkte B_a bis B_f gegeben. Durch diese Punkte gehen die mit konstanter Steigung eingetragenen Betriebsgeraden. Entsprechend der im Absorber vorhandenen Bodenzahl ergeben sich durch die zwischen der Betriebsgeraden und der zugehörigen Gleichgewichtslinie eingetragene Stufenzahl die Restgehalte im Gas mit y_{a1} bis y_{f1}.

Das regenerierte Waschmittel enthält keine Reste der gasartigen Komponenten a und b, weil diese wegen ihrer hohen Flüchtigkeit in der Regeneration leicht vollständig abgetrieben werden können. Die Betriebsgeraden dieser Komponenten schneiden daher die y-Achse des x, y-Systems mit Abschnitten, die durch die Konzentrationen y_{a1} und y_{b1} des abziehenden Gases gegeben sind. Es werden nur geringe Mengen von a und b vom Waschmittel mitabsorbiert, wie die Unterschiede $(y_{a,n+1} - y_{a1})$ und $(y_{b,n+1} - y_{b1})$ zeigen.

Dagegen bleiben im vorliegenden Beispiel nach der Regeneration noch kleine Anteile der Komponenten c bis f im Waschmittel, die mit

x_{e0} bis x_{f0} bezeichnet sind. Die Betriebslinien der Komponenten, die höher als die Schlüsselkomponente sieden, schneiden im allgemeinen die Gleichgewichtslinie bei der Konzentration des auflaufenden Waschmittels, z. B. x_{e0} und x_{f0}, die für diese Komponenten in der Regeneration erzielt wurden.

Der absorbierte Anteil ist im vorliegenden Beispiel bei der Schlüsselkomponenten entsprechend dem Verhältnis

$$(y_{d,\,n+1} - y_{d\,1})/y_{d,\,n+1}$$

am größten. Die Auswaschung der höher siedenden Gasbestandteile e und f hängt wesentlich von der mehr oder weniger vollständigen Austreibung dieser Komponenten in der Regeneration ab. Für eine Komponente, die erheblich niedriger siedet als die Schlüsselkomponente, z. B. für die Komponente b ist der Auswaschungsgrad

$$(y_{b,\,n+1} - y_{b\,1})/y_{b,\,n+1},$$

wie sich aus den geometrischen Verhältnissen der Abb. 24 ergibt, durch das Verhältnis der Steigung der Betriebsgeraden $L_M/G_M = A_d K_d$ zur Steigung der Gleichgewichtskonstanten K_d gegeben. Es gilt daher für den Auswaschungsgrad bzw. die Ausbeute der Komponente b:

$$E_{Ab} = \frac{A_a K_a}{K_b} = A_b \qquad (104)$$

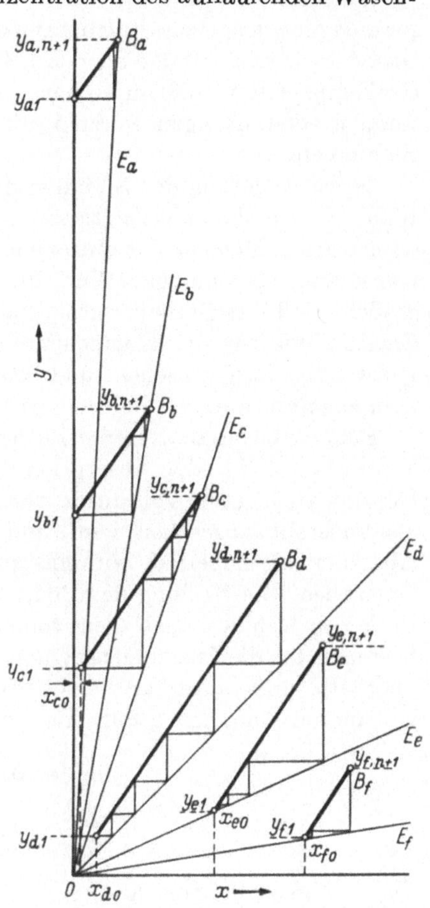

Abb. 24. Bestimmung der Zusammensetzungen bei der Absorption eines aus 6 Komponenten a, b, c, d, e und f bestehenden Gasgemischs mit Hilfe der Gleichgewichtslinien der einzelnen Bestandteile und der Betriebsgeraden.

Wird das Waschmittel vollständig regeneriert, d. h. werden alle absorbierten Komponenten in der Regeneration aus dem Waschmittel vollständig abgetrennt, so werden die höher als die Schlüsselkomponente siedenden Stoffe meist vollständig gewonnen. In diesem Fall werden z. B. auch x_{e0} und x_{f0} unendlich klein. Die Bodenzahl des Absorbers, die für die Auswaschung der Schlüsselkomponente festgelegt ist, reicht dann meist aus, um das untere Ende der Betriebsgeraden dieser

Komponenten in dem auf Abb. 24 dargestellten x, y-System dicht an den Koordinatenursprung $x = y = 0$ zu bringen.

Wie sich aus den zwischen Gleichgewichtslinien und Betriebsgeraden eingetragenen Stufenzügen ergibt, werden die niedrigsiedenden Gase vorwiegend auf den obersten Böden absorbiert. Die hochsiedenden Gaskomponenten, die im Rohgas mit nur kleinen Anteilen vertreten sind, werden dagegen vorzugsweise auf den untersten Böden aufgenommen.

Durch Änderung der Steigung der Betriebsgeraden, d. h. durch die Wahl eines anderen Verhältnisses L_M/G_M, lassen sich die jeweils mitabsorbierten Mengen der einzelnen Komponenten für jede Gaszusammensetzung bestimmen. Wird die Waschmittelmenge z. B. so vergrößert, daß ihre Steigung größer ist als etwa die Steigung der Gleichgewichtslinie für die Komponente c, so wird diese praktisch nahezu vollständig ausgewaschen und nimmt die Stellung der Schlüsselkomponenten ein.

Eine einfache analytische Beziehung zwischen der Gleichgewichtskonstanten K für die Absorptionstemperatur und für den gegebenen Gesamtdruck, dem Verhältnis von Waschmittel zu Gas L_M/G_M, das als konstant angesehen wird, und der theoretischen Bodenzahl des Absorbers n_{th} haben M. SOUDERS und G. G. BROWN[1] und A. KREMSER[2] angegeben. Bei Zählung der Böden von oben nach unten und Bezifferung der Gehalte nach den von einem Boden abgehenden Strömen bestehen für die Zusammensetzungen der Ströme in den Querschnitten oberhalb und unterhalb eines Bodens m entsprechend den oben gemachten Annahmen folgende Verhältnisse:

$$\frac{y_m}{x_m} = K$$

$$\frac{L_M}{G_M} = \frac{y_{m+1} - y_m}{x_m - x_{m-1}}$$

Durch Einsetzen von $K = y_{m-1}/x_{m-1}$ erhält man:

$$\frac{L_M}{K\,G_M}(y_m - y_{m-1}) = y_{m+1} - y_m \tag{105}$$

Der Zusammenhang zwischen den Gaskonzentrationen y_{m-1}, y_m, y_{m+1} auf drei aufeinanderfolgenden Böden wird durch folgende Form dieser Gleichung veranschaulicht:

$$\frac{\dfrac{y_{m+1} - y_m}{\Delta x_m}}{\dfrac{y_m - y_{m-1}}{\Delta x_m}} = \frac{\dfrac{L_M}{G_M}}{K} \tag{106}$$

[1] SOUDERS, M., u. G. G. BROWN: Industr. Engng. Chem. Bd. 24 (1932) S. 519.
[2] KREMSER, A.: Nat. Petroleum News Nr. 21, Bd. 22 (1930) S. 43.

Die rechte Seite ist dem Absorptionsfaktor bzw. der Waschmittelüberschußzahl A gleich. Die geometrischen Beziehungen zwischen den Zusammensetzungen auf drei aufeinanderfolgenden Böden eines Absorbers sind auf Abb. 25 mit einer Betriebsgeraden, die den Anstieg L_M/G_M hat, und mit der darunterliegenden Gleichgewichtslinie dargestellt, deren Anstieg durch die Gleichgewichtskonstante K gegeben ist.

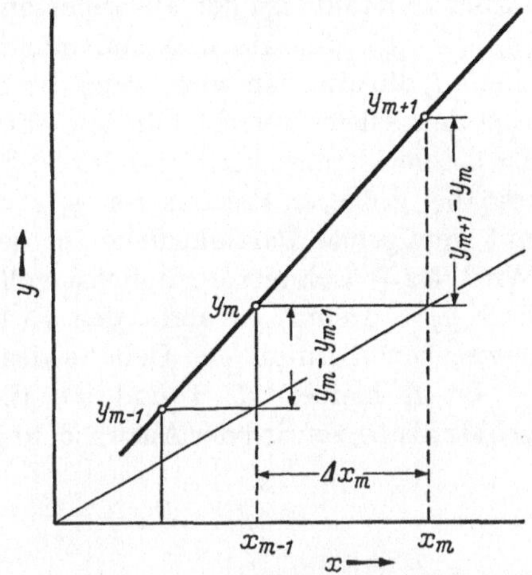

Abb. 25. Beziehungen zwischen den Zusammensetzungen benachbarter Böden in einem x, y-System, entsprechend den Stufen zwischen Betriebs- und Gleichgewichtsgerade.

Betrachten wir einen Absorber mit 2 Böden, so ergibt die gleiche Beziehung, wenn y_3 die Konzentration des in den unteren Boden steigenden Gases ist, das bis auf die Konzentration y_1 ausgewaschen wird:

$$y_2 = \frac{y_3 + A\, y_1}{1 + A}$$

Bezeichnet man mit y_0 die Konzentration eines Gases, das mit dem zulaufenden, regenerierten Waschmittel im Gleichgewicht steht, so erhält man entsprechend für die Gaskonzentration y_1:

$$y_1 = \frac{y_2 + A\, y_0}{1 + A}$$

Hiermit ergibt sich:

$$y_2 = \frac{y_3\,(1 + A) + A^2\, y_0}{1 + A + A^2}$$

Entsprechend gilt für einen Absorber mit 3 Böden:

$$y_3 = \frac{y_4\,(1 + A + A^2) + A^3\, y_0}{1 + A + A^2 + A^3}$$

Entwickelt man diese Gleichungen für y_4, y_5 usw., so erkennt man, daß sie für den n-ten Boden folgende Form erhält:

$$y_n = \frac{y_{n+1}\,(A^n - 1) + A^n\,(A - 1)\, y_0}{A^{n+1} - 1} \tag{107}$$

Mit dem Verhältnis der Steigungen von Betriebsgerade und Gleichgewichtslinie:

$$\frac{y_{n+1} - y_1}{y_n - y_0} = A$$

erhält man aus der vorstehenden Gleichung:

$$\frac{y_{n+1} - y_1}{y_{n+1} - y_0} = \frac{A^{n+1} - A}{A^{n+1} - 1} = E_A \tag{108}$$

Der Zähler $(y_{n+1} - y_1)$, der den Unterschied der Konzentrationen der auszuwaschenden Komponente im Gas vor und hinter dem Absorber darstellt, ist der absorbierten Menge proportional. Der Nenner $(y_{n+1} - y_0)$ gibt die maximal mögliche Änderung der Gaskonzentration an, die erhalten wird, wenn die Restkonzentration im gewaschenen Gas dem Gleichgewicht mit dem auflaufenden Waschmittel entspricht. Ist y_1 sehr klein, so kann man für die Schlüsselkomponente etwa $y_0 = y_1/2$ und bei größeren Werten von y_1 etwa $y_0 = (0{,}7 \text{ bis } 0{,}8)\, y_1$ setzen, damit genügende Partialdrücke für den Stoffübergang vorhanden sind. Wird das Waschmittel möglichst vollständig regeneriert, so daß $x_0 = 0$ und $y_0 = 0$ sind, so stellt das Verhältnis $(y_{n+1} - y_1)/y_{n+1}$ den ausgewaschenen Anteil des Gehalts des eintretenden Gases dar.

Ist A kleiner als 1 und die theoretische Bodenzahl groß, z. B. größer als 10, so wird der Auswaschungsgrad bzw. die Absorberausbeute:

$$E_A = \frac{y_{n+1} - y_1}{y_{n+1} - y_0} = A \tag{109}$$

Die ausgewaschene Menge ist daher unter diesen Bedingungen angenähert dem Absorptionsfaktor A gleich. Ist A größer als 1 und die Bodenzahl des Absorbers groß, so wird der Auswaschungsgrad:

$$\frac{y_{n+1} - y_1}{y_{n+1} - y_0} = 1$$

Es wird daher $y_1 = y_0$, so daß der insgesamt mögliche Anteil der betrachteten Komponente im Gas ausgewaschen ist.

Die Beziehung (108) für den Auswaschungsgrad ist nach den oben angegebenen Quellen für verschiedene Bodenzahlen in Abhängigkeit des Absorptionsfaktors A auf Abb. 26 dargestellt. Das Schaubild ist besonders für die Bestimmung der Auswaschung mit einem physikalisch lösenden Waschmittel bis zu 2 Zehnerpotenzen brauchbar.

Für die Wahl des Absorptionsfaktors A ist der gewünschte Auswaschungsgrad und die gewählte Bodenzahl nach der auf Abb. 26 dargestellten Beziehung maßgebend. Soll z. B. die Schlüsselkomponente mit einem Absorber von 16 theoretischen Böden bis auf 1% im Reingas ausgewaschen werden, so muß nach dieser Darstellung mit einem Absorptionsfaktor $A = 1{,}2$ gerechnet werden. Würde man den Absorber mit nur acht theoretischen Böden ausführen, so würde der Absorber zwar nur halb so hoch werden. Der Faktor A müßte jedoch auf etwa 1,6 erhöht werden. Damit würde die Waschmittelmenge gegenüber dem hohen Absorber um $^1/_3$ steigen. Die größere Waschmittelmenge würde die Betriebskosten etwa um 25 bis 30% steigern. Um nicht zu große Waschmittelmengen, bezogen auf die Absorption der Schlüsselkomponente, zu erhalten, wird der Absorptionsfaktor A

meist in der Größenordnung von 1,0 bis 1,5 gewählt. Bei der Absorption hochsiedender Stoffe wird er größer z. B. 1,5 bis 3,0 gewählt, soweit es mit Rücksicht auf die Mitabsorption niedriger siedender Stoffe möglich ist, um die Erhöhung der Temperatur durch die Aufnahme der Absorptionswärme zu begrenzen. Eine Vergrößerung der Bodenzahl

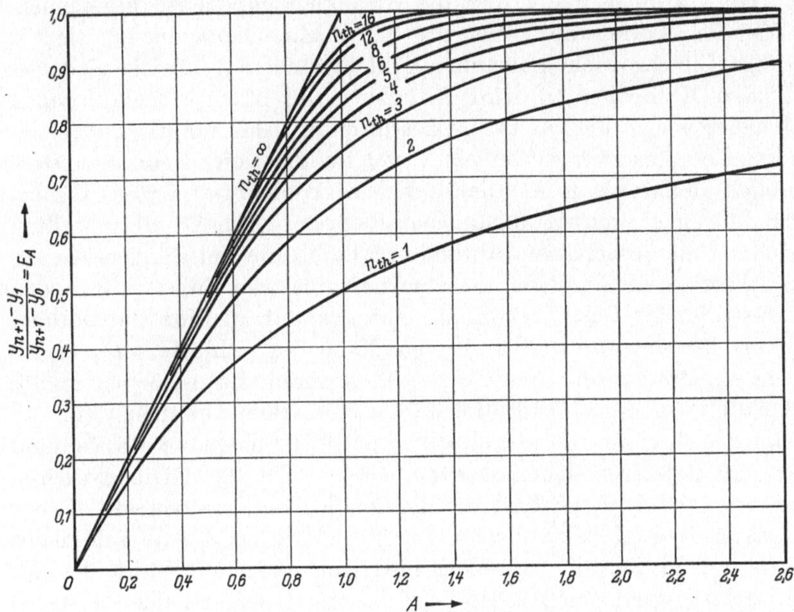

Abb. 26. Beziehung zwischen dem Absorptionsfaktor A, dem Auswaschungsgrad $(y_{n+1} - y_1)/(y_{n+1} - y_0)$ und der theoretischen Bodenzahl n_{th}.

verbessert die Auswaschung nur wesentlich, wenn der Absorptionsfaktor etwa zwischen 0,8 und 1,6 liegt. Gl. (108) und Abb. 26 gelten analog mit dem Strippgrad $S = 1/A$ für den Austreibgrad (s. S. 136).

Die übrigen Komponenten des Gases werden für eine gegebene Bodenzahl umgekehrt proportional dem Verhältnis ihres Eigendrucks zu dem Eigendampfdruck der Schlüsselkomponente bei gleicher Temperatur teils vollständig, teils weniger absorbiert. Für jede einzelne Komponente a, b, c, d, ..., gilt für die vorhandene Absorptionstemperatur und den gegebenen Gesamtdruck die gleiche Beziehung:

$$\left.\begin{aligned} L_M &= A_a\, K_a\, G_M \\ L_M &= A_b\, K_b\, G_M \\ L_M &= A_c\, K_c\, G_M \\ L_M &= A_s\, K_s\, G_M \end{aligned}\right\} \qquad (110)$$

Da das Verhältnis L_M/G_M für alle Komponenten gleich angenommen werden kann, ergibt sich:

$$A_a K_a = A_b K_b = A_c K_c = \ldots = A_s K_s = A_n K_n \tag{111}$$

$$A_a : A_b : A_c \ldots A_s = \frac{1}{K_a} : \frac{1}{K_b} : \frac{1}{K_c} \cdots : \frac{1}{K_s} \tag{112}$$

Der Index s möge dabei hier die Schlüsselkomponente bezeichnen.

Für die Stoffe, die höher als die Schlüsselkomponente sieden, wird die Gleichgewichtskonstante K kleiner als K_s, für die niedriger siedenden Komponenten wird K höher. Die Absorptionsfaktoren A sind daher wegen der Konstanz des Produkts AK für die höher siedenden Komponenten größer als 1 und für die tiefer siedenden Gase erheblich kleiner als 1. Aus den auf diese Weise bestimmten Absorptionsfaktoren A werden dann nach der auf Abb. 26 dargestellten Beziehung die absorbierten Anteile und damit die Beladungen des aus dem Absorber ablaufenden Waschmittels und die Zusammensetzung des austretenden Gases bestimmt. Man erkennt aus der Darstellung, daß nur für die unmittelbar in der Nähe der Schlüsselkomponente siedenden Bestandteile der Auswaschungsgrad für eine bestimmte Bodenzahl von dem Absorptionsfaktor A stärker abweicht. Für die erheblich höher als die Schlüsselkomponente siedenden Stoffe, und zwar für diejenigen Komponenten, für welche die Gleichgewichtskonstante etwa $^1/_3$ so groß ist wie die der Schlüsselkomponente, ist der Auswaschungsgrad bei vollständiger Regeneration des Waschmittels praktisch $= 1$. Für die erheblich niedriger siedenden Stoffe ist der Auswaschungsgrad den Absorptionsfaktoren A der einzelnen Komponenten angenähert gleich.

Sind die höher siedenden Gaskomponenten in der Regeneration nicht vollständig ausgetrieben, so daß y_0 für diese Komponenten zu berücksichtigen ist, so muß auch der Gehalt im Reingas y_1 entsprechend dem gefundenen Auswaschungsgrad E_A größere Werte annehmen. Es ist dabei stets $y_1 > y_0$.

Eine genauere und verhältnismäßig einfache Berechnung eines Absorbers hat W. C. Edmister[1] angegeben. Sie ist auf einem von G. Horton und W. B. Franclin[2] entwickelten Verfahren aufgebaut. Es wird von einer von Boden zu Boden fortschreitenden Berechnungsweise ausgegangen und dabei berücksichtigt, daß die Mengen des Waschmittels L_M und des Gases G_M sich von Boden zu Boden ändern und die K-Werte infolge der Aufnahme der Absorptionswärme nicht konstant bleiben. Es wird auch bei diesem Verfahren die Annahme gemacht, daß Flüssigkeit und Gas, die von einem Boden abströmen,

[1] Edmister, W. C.: Industr. Engng. Chem. Bd. 35 (1943) S. 837.

[2] Horton, G., u. W. B. Franclin: Industr. Engng. Chem. Bd. 32 (1940).

sich im Phasengleichgewicht befinden. Es werden zwei effektive Absorptionsfaktoren A_e und A' eingeführt, die lediglich Funktionen der Endbedingungen und von der theoretischen Bodenzahl unabhängig sind. Auf diese Weise wird die Notwendigkeit, für jeden Boden einen besonderen Absorptionsfaktor einzuführen, vermieden.

Es werden folgende Bezeichnungen verwendet:

X' Mole jeder beliebigen Komponente in der flüssigen Phase je Mol des in den Absorber geführten Waschmittels,
Y' Mole jeder beliebigen Komponente im Gas je Mol eintretenden Gases,
x Molenbruch einer Komponente in der Flüssigkeit,
y Molenbruch einer Komponente im Gas,
$A = L_M/G_M K$ Absorptionsfaktor, $K = y/x$,
A', A_e effektiver Absorptionsfaktor.

Der Index $_0$ bezieht sich auf den Absorberkopf, $_{(n+1)}$ kennzeichnet den Sumpf. Die Böden werden mit $1, 2, 3, \ldots, n$ vom Kopf nach unten gezählt.

Mit Verwendung der unten definierten Absorptionsfaktoren A_e und A' wird der Auswaschungsgrad in folgender Weise erhalten:

$$E = \frac{Y'_{n+1} - Y'_1}{Y'_{n+1}} = \left[1 - \frac{L_{M0} X'_0}{A' G_{M,n+1} Y'_{n+1}}\right]\left(\frac{A_e^{n+1} - A_e}{A_e^{n+1} - 1}\right) \tag{113}$$

Die effektiven Absorptionsfaktoren A_e und A' können durch die Werte an den Enden des Absorbers A_1 (Kopf) und A_n (Sumpf) in folgender Weise ausgedrückt werden:

$$A_e = \sqrt{A_n(A_1 + 1) + 0{,}25} - 0{,}5 \tag{114}$$

$$A' = \frac{A_n(A_1 + 1)}{A_n + 1} \tag{115}$$

Die obigen Gleichungen sind nicht auf ein vollkommen regeneriertes Waschmittel beschränkt.

Zur Berechnung des Auswaschungsgrades muß die Menge L_M in kg-Mol/m² h zunächst mit voller Auswaschung für die Schlüsselkomponente errechnet werden, um eine erste Lösung für den Auswaschungsgrad zu erhalten. Danach muß die Rechnung wiederholt werden.

Die Gasabnahme vor und hinter einem beliebigen Absorberboden m kann angenähert aus folgender Beziehung bestimmt werden:

$$\frac{G_{Mm}}{G_{M,m+1}} = \left(\frac{G_{M1}}{G_{M,n+1}}\right)^{\frac{1}{n}} \tag{116}$$

Für das Gas, das in den obersten Boden strömt, ergibt sich damit:

$$G_{M2} = G_{M1}\left(\frac{G_{M,n+1}}{G_{M1}}\right)^{\frac{1}{n}} \tag{117}$$

Für den untersten Boden des Absorbers wird erhalten:

$$G_{Mn} = G_{M,\,n+1} \left(\frac{G_{M1}}{G_{M,\,n+1}} \right)^{\frac{1}{n}} \tag{118}$$

Mit dem auf S. 99 beschriebenen Verfahren für die Absorption der einzelnen Komponenten soll als Beispiel die Waschmittelmenge für die Auswaschung von Butan und die Mitabsorption der übrigen Komponenten, die aus Methan, Äthan und Propan bestehen, aus einer Rohgasmenge von 1000 Nm³/h bei einem Gasdruck von 20 ata und einer Absorptionstemperatur von 30° C mit einem Waschmittel mit einem mittleren Molekulargewicht von 160 berechnet werden. Es sei eine Auswaschung von 95% für Butan als Schlüsselkomponente mit einem Absorber, der sechs theoretische Böden enthält, angenommen. Die Zusammensetzung des Rohgases und die Gleichgewichtskonstanten K seien nach den auf Abb. 11 dargestellten Gleichgewichtskurven durch folgende Werte gegeben:

	Vol.-%	K
C_1	88	176/20 = 8,8
C_2	5	36/20 = 1,8
C_3	4	12,2/20 = 0,61
C_4	3	4,4/20 = 0,22

Der Gehalt der Schlüsselkomponente im gewaschenen Gas y_{s1} errechnet sich in folgender Weise:

$$y_{s1} = \frac{0{,}05 \cdot 0{,}03}{(1 - 0{,}03) + 0{,}05 \cdot 0{,}03} = 0{,}00154 \text{ (Mol/Mol)}$$

Damit ergibt sich der Auswaschungsgrad, wenn infolge genügender Regeneration $y_0 = 0$ gesetzt werden kann:

$$\frac{y_{s,\,n+1} - y_{s1}}{y_{s,\,n+1}} = \frac{0{,}03 + 0{,}00154}{0{,}03} = 0{,}948$$

Für einen Absorber mit sechs theoretischen Böden und für den Auswaschungsgrad 0,948 erhält man aus der auf Abb. 26 dargestellten Beziehung für Butan den Absorptionsfaktor $A_s = 1{,}32$.

Die notwendige Waschmittelmenge in kg/h wird für die Gasmenge von 1000 Nm³/h unter Benutzung der Gleichung

$$L_M = A_s K_s G_M$$

in folgender Weise bestimmt:

$$L = \frac{1{,}32 \cdot 0{,}22 \cdot 1000 \cdot 160}{22{,}4} = 2070 \text{ kg/h}$$

Mit der Beziehung $A_n K_n = A_s K_s$ ergeben sich mit Hilfe der Abb. 26 für sechs theoretische Böden die mitabsorbierten Anteile der übrigen Komponenten:

	$A_n = A_s \cdot K_s/K_n$	E_{A0} nach Abb. 26	Ausgewaschener Anteil der einzelnen Komponenten in Vol.-% des Rohgases
C_1	$A_{C_1} = 1{,}32 \cdot 0{,}22/8{,}8 = 0{,}033$	0,033	$0{,}88 \cdot 0{,}033 \cdot 100 = 2{,}9$
C_2	$A_{C_2} = 1{,}32 \cdot 0{,}22/1{,}8 = 0{,}161$	0,161	$0{,}05 \cdot 0{,}161 \cdot 100 = 0{,}805$
C_3	$A_{C_3} = 1{,}32 \cdot 0{,}22/0{,}61 = 0{,}475$	0,470	$0{,}04 \cdot 0{,}470 \cdot 100 = 1{,}88$

2. Mehrstufige Verfahren

Umfassen die zu absorbierenden Stoffe einen großen Siedebereich ⁻d sind sie chemisch verwandt, z. B. infolge Zugehörigkeit zu einer nehreren homologen Reihen von Kohlenwasserstoffen, so kann veckmäßig sein, nicht alle Stoffe in einer einzigen Absorptions-fe gemeinsam auszuwaschen, sondern mit zwei oder mehr Wasch-ufen einzelne Gruppen von verschiedenen Siedebereichen (Fraktionen) nacheinander aus dem Gas zu entfernen. Mit nur einer Waschstufe, bei der die Absorption auf die niedrigstsiedende Komponente der aus dem Gas zu entfernenden Stoffe und die Regeneration auf den höchstsiedenden Stoff als Schlüsselkomponente eingestellt werden müßte, würde der Wärmebedarf zur Entfernung der gesamten Stoffgruppe aus der großen Waschmittelmenge sehr hoch werden.

Bei einer solchen Aufgabe wird oft so gearbeitet, daß die höher siedenden Anteile des Rohgases in einer ersten Waschstufe mit einer verhältnismäßig kleinen Waschmittelmenge absorbiert werden. In einer zweiten Waschstufe, in der eine erheblich größere Waschmittelmenge umläuft, werden danach die niedriger siedenden Anteile aus dem Gas entfernt. Das Fließbild einer solchen Anlage mit 2 Stufen I und II ist auf Abb. 27 dargestellt. Jede Waschstufe besitzt eine eigene Regeneration. Anlagen dieser Art bezeichnet man als geteilte Wäschen.

Soweit es möglich ist, wird man in beiden Stufen ein Waschmittel der gleichen Art, z. B. bei der Auswaschung von Kohlenwasserstoffen, eine Mineralölfraktion mit bestimmten Siedegrenzen verwenden. Mit einer zweistufigen Anlage dieser Art wird erreicht, daß keine mittel- und hochsiedenden Stoffe, die zwischen den Schlüsselkomponenten der Absorption und der Regeneration der ersten Waschstufe sieden, in die zweite Waschstufe gelangen. Die in der zweiten Waschstufe abzutrennende Stoffgruppe umfaßt daher bei dieser Anordnung alle Stoffe von der Schlüsselkomponente der Absorption der zweiten Stufe bis zur Schlüsselkomponente der Regeneration dieser Stufe, die unterhalb der Schlüsselkomponente der Absorption der ersten Stufe siedet. Läuft in den beiden Stufen ein Waschmittel gleicher Art mit den gleichen Siedegrenzen um, so muß dieses möglichst um einen ausreichenden Mindesttemperaturunterschied z. B. 60° C höher sieden als die höchstsiedende Komponente, die in der Regeneration der ersten Stufe noch abzutrennen ist.

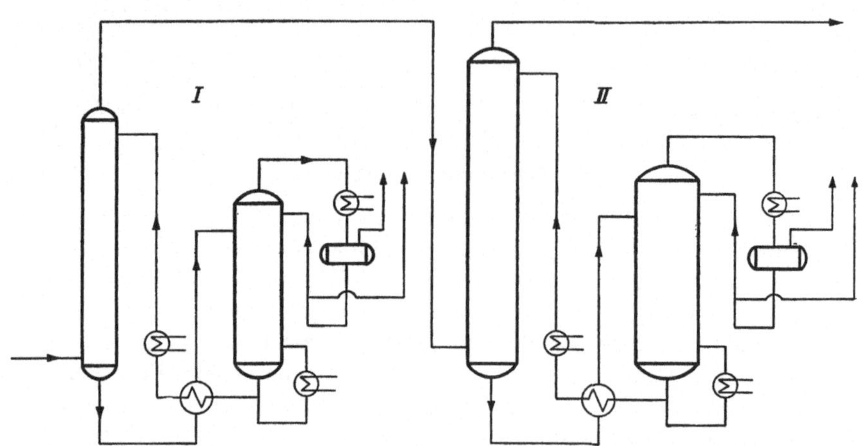

Abb. 27. Fließbild für ein Absorptionsverfahren mit 2 Waschstufen *I* und *II*.

Liegen z. B. die Siedepunkte der Schlüsselkomponenten der beiden Absorptionsstufen etwa 80° C auseinander, so beträgt der Größenordnung nach die Waschmittelmenge der ersten Stufe bei gleichen Absorptionstemperaturen in beiden Stufen etwa nur $^1/_7$ der Waschmittelmenge der zweiten Stufe. Die Strippdampfmenge für die Abtrennung der mittel- und hochsiedenden Stoffe in der ersten Stufe ist daher verhältnismäßig gering.

Nachteile dieses Verfahrens bestehen darin, daß zwangläufig in der ersten Waschstufe auch kleine Mengen der niedrigsiedenden Gaskomponenten mitabsorbiert werden, die in der zweiten Waschstufe gewonnen werden sollen, daß die Verwendung eines niedriger siedenden Waschmittels in der zweiten Stufe Schwierigkeiten infolge der Anreicherung von Waschmittelanteilen aus der ersten Stufe ergeben würde, und daß, wenn in beiden Stufen das gleiche Waschmittel mit den gleichen Siedegrenzen verwendet wird, die Sumpftemperaturen in den Regeneriertürmen der beiden Stufen verhältnismäßig hoch liegen.

Ein zwei- oder mehrstufiges Absorptionsverfahren kann bei geeigneter Gaszusammensetzung auch in umgekehrter Weise arbeiten, indem die niedrigsiedenden Stoffe in einer ersten Stufe ausgewaschen werden, die mit einem Waschmittel arbeitet, dessen Siedelage etwa in dem Siedebereich der höher siedenden Stoffe liegt, die in der zweiten Stufe gewonnen werden. In der zweiten Stufe wird dann ein entsprechend höher siedendes Waschmittel verwendet als in der ersten Stufe, um die aus dieser Stufe mit dem Gas übergehenden, hochsiedenden Gaskomponenten und Waschmitteldämpfe aus dem Gas herauszunehmen. In der Regeneration der ersten Stufe werden diese hochsiedenden Stoffe aus dem Waschmittel dieser Stufe nicht abgetrieben, da sie etwa der Siedelage des Waschmittels angehören.

Die Schlüsselkomponente der Regeneration der ersten Stufe siedet unterhalb der Schlüsselkomponente der Absorption der zweiten Stufe.

Der wesentliche Vorteil dieses Verfahrens besteht darin, daß in der ersten Stufe ein verhältnismäßig niedrigsiedendes Waschmittel verwendet werden kann, und daß sowohl die Waschmittelmengen des ersten als auch des zweiten Kreislaufs verhältnismäßig klein sind.

Bei niedriger Siedelage der tiefstsiedenden, zu absorbierenden Komponente, z. B. bei der Auswaschung von C_2- oder C_3-Kohlenwasserstoffen ist es zweckmäßig, bei tiefen Temperaturen z. B. $-30°$ C zu absorbieren, um die Waschmittelmenge durch Herabsetzung des K-Wertes zu vermindern. In diesem Fall muß der Absorption eine Entwässerungsstufe vorgeschaltet werden. Hierzu dienen umschaltbare Adsorber mit Silica-Gel oder aktivem Aluminiumoxyd oder ein Absorber, der mit Äthylenglykol, Lithiumchloridlösung oder einer anderen, Wasser aufnehmenden Flüssigkeit betrieben wird. Mit solchen Waschmitteln kann man den Taupunkt des Gases für den Wasserdampfgehalt um etwa 40° C senken.

Eine Anlage, die mit einem niedrigsiedenden Waschmittel im ersten Waschkreislauf und mit einem hochsiedenden Mittel in der zweiten Stufe arbeitet, zeigt als Beispiel Abb. 28. Die dargestellte Anlage dient zur Auswaschung von C_2- und höheren Kohlenwasserstoffen aus Naturgas unter Druck. Soweit im folgenden Anhaltswerte für die Bodenzahlen angegeben werden, beziehen sich diese auf die wirklichen, also nicht auf die theoretischen Böden. Das Rohgas strömt zunächst durch einen Trockner T_1, der den Wassergehalt aus dem Rohgas, z. B. durch Adsorption mit Siliziumgel, aktivem Aluminiumoxyd usw. herausnimmt, um die Bildung von Eis und Gashydraten bei der folgenden Gaskühlung und in den nachfolgenden Apparaturen zu verhindern. Das trockene Rohgas wird durch Austausch mit dem kalten Rohgas (E_1) und durch einen Kältemittelverdampfer E_2 auf die Absorptionstemperatur der ersten Stufe gekühlt, die mit Rücksicht auf die Werkstoffvorschriften meist auf etwa $-30°$ C begrenzt wird. Der erste Absorber T_2 wird mit einem leichten Waschöl, das vorwiegend aus C_6- und C_7-Kohlenwasserstoffen besteht, betrieben. Um die Temperatur im ersten Absorber möglichst konstant zu halten oder den

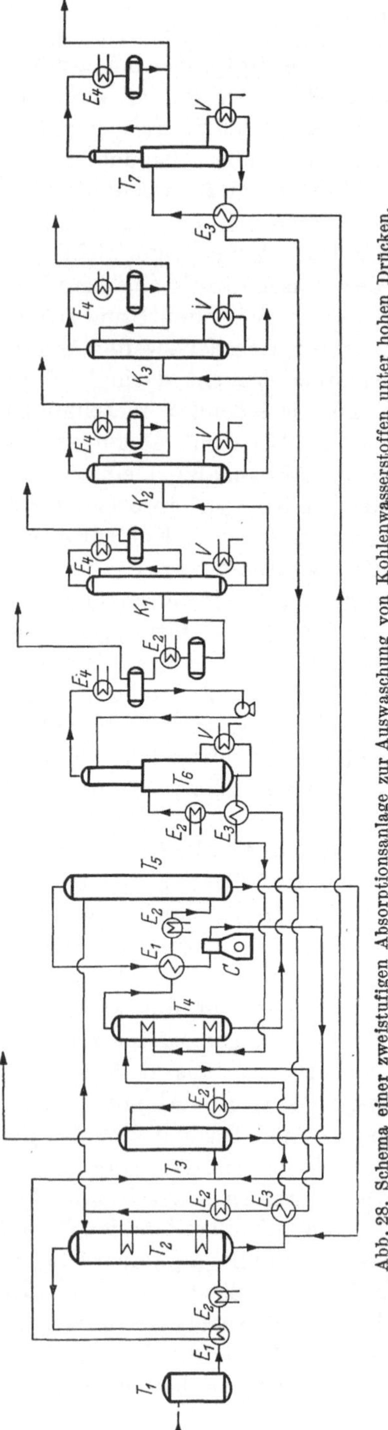

Abb. 28. Schema einer zweistufigen Absorptionsanlage zur Auswaschung von Kohlenwasserstoffen unter hohen Drücken.
T_1 Gasentwässerung, T_2 Absorber der ersten Stufe, T_3 Absorber der zweiten Stufe, T_4 Vorentgasungsturm (Entmethaner), T_5 Reabsorber, T_6 Regenerierturm der ersten Stufe, T_7 Regenerierturm der zweiten Stufe, K_1 Destillierkolonne zur C_2-Abtrennung, K_2 Destillierkolonne zur C_3-Abtrennung, K_3 Destillierkolonne für die C_4-, C_5+-Trennung, E_1 Gasgegenströmer, E_2 Kühler, E_3 Wärmeaustauscher, E_4 Kondensator, V Verdampfer, C Verdichter.

Temperaturanstieg des Waschmittels zu begrenzen, z. B. auf 5° C, sind in diesem 2 Kühler mit Kältemittelverdampfung eingebaut oder an diesem seitlich angeordnet. Der Absorber zur Auswaschung von C_2- bis C_4-Kohlenwasserstoffen wird zweckmäßig mit Drücken zwischen 30 und 40 Atmosphären betrieben. Er enthält etwa 30 bis 35 Böden. Das gewaschene Gas strömt alsdann in den Absorber der zweiten Stufe T_3, der mit dem gleichen Druck arbeitet wie der erste Waschkreislauf.

Die Temperatur im zweiten Absorber kann etwas höher liegen als in der ersten Stufe und vorwiegend durch das kalte Gas aufrechterhalten werden. Das Reingas dient danach zur Kühlung des eintretenden Gases und verläßt über den Gasmesser die Anlage.

Das aus der ersten Stufe beladen ablaufende, leichte Waschöl wird durch Wärmeaustausch mit dem heißen, regenerierten Waschöl erwärmt und strömt zunächst in einen Entmethaner T_4, der die Aufgabe eines Vorentgasers hat und das in dem ersten Absorber mitaufgenommene Methan durch eine teilweise Druckentlastung und durch die Erhöhung der Waschmitteltemperatur abtrennt. Die erhöhte Temperatur, die im Sumpf des Entmethaners auftritt, ist dadurch begrenzt, daß das leichte Waschöl den Äthangehalt, der zu gewinnen ist, bei dem Betriebsdruck des Entmethaners gelöst halten muß. Die Gasphase im Sumpf des Entmethaners besteht vorwiegend aus Äthan mit kleinen Anteilen von Methan. Im Kopf des Entmethaners enthält die Gasphase die im Waschturm T_2 mitabsorbierten Methanmengen und geringe Anteile von Äthan und Propan, so daß die Siedetemperatur der Flüssigkeit auf dem obersten Boden verhältnismäßig niedrig liegt. Sie ist jedoch in der Regel nicht niedrig genug, um durch Kondensation eine flüssige Phase für den Rücklauf zur C_1–C_2-Trennung erhalten zu können. Hierzu wäre eine Temperatur von etwa —80 bis —100° C mindestens notwendig. Da eine Erzeugung derartiger Kältegrade teuer ist, arbeitet man im oberen Teil des Entmethaners mit höheren Temperaturen und leitet die Kopfgase des Entmethaners in einen Reabsorber T_5, der mit dem gleichen leichten Waschöl beaufschlagt wird wie der Hauptabsorber und auch mit der gleichen Temperaturlage von z. B. —30° C betrieben wird. Da das Kopfgas des Entmethaners wärmer ist als das Waschmittel des Reabsorbers, wird das Gas durch Austausch mit dem Kopfgas des Reabsorbers und mit einem Kältemittelverdampfer tiefgekühlt, z.B. auf —30° C. Die im Sumpf des Entmethaners zuzuführende Wärme wird zweckmäßig durch das heiße, aus dem Regenerierturm T_6 kommende Waschöl eingeleitet. Die im Sumpf des Entmethaners erzeugte Gasmenge reicht jedoch nicht aus, um die von oben kommende Waschölmenge durch Kondensation allmählich aufzuwärmen. Man sieht daher im Entmethaner einen oder zwei Zwischenerhitzer vor, durch die ebenfalls das heiße Waschöl, das aus der Regenerierung kommt, strömt. Für einen Entmethaner sind mindestens etwa 15 bis 20 Böden notwendig.

Das Kopfgas des Reabsorbers, das vorwiegend aus Methan besteht, kann für Betriebszwecke, z. B. für die Beheizung, verwendet oder nach Abb. 28 durch einen Verdichter in das Reingas gefördert werden.

Das leichte Waschöl, das aus dem Reabsorber abläuft, muß wegen des Temperaturunterschieds zwischen Reabsorbersumpf und Kopf des Entmethaners durch Austausch mit dem warmen, regenerierten Waschmittel erwärmt werden, bevor es auf den Kopf des Entmethaners strömt.

Das entgaste, leichte Waschöl gelangt nach Vorwärmung durch das regenerierte, heiße Waschöl auf den Regenerierturm T_6. Da der Siedepunktsunterschied zwischen der niedrigstsiedenden Komponente des Waschöls, etwa den C_6-Kohlenwasserstoffen, und den höchstsiedenden Komponenten der absorbierten Stoffe, die durch C_5-Kohlenwasserstoffe gegeben sind, nur wenig über 30° C bezogen auf den Atmosphärendruck beträgt, ist der Leichtöl-Regenerierturm T_6 mit einem Verstärkungsteil versehen, der etwa 20 Böden enthalten muß. In dem Leichtöl-Regenerierturm wird das Gemisch aller absorbierten Stoffe gemeinsam über Kopf des Verstärkungsteils abgetrieben. Die Kopftemperatur wird vorwiegend durch den Anteil der C_2-Kohlenwasserstoffe bestimmt. Der Druck im Regenerierturm für das leichte Waschöl muß daher mindestens 15 bis 20 atü betragen, damit der Rücklauf im Kopfkondensator, der wegen des geringen Eigendampfdruckverhältnisses zwischen den C_5- und C_6-Kohlenwasserstoffen von etwa 2,5 sehr hoch ist, mit Kühlwasser erzeugt werden kann. Wegen der weitgehenden Vorentgasung ist es möglich, das gesamte Kopfgas des Leichtöl-Regenerierturms nahezu vollständig zu kondensieren. Der Leichtöl-Regenerierturm kann mit Hochdruckdampf oder auch mit einem Röhrenofen beheizt werden, da die Sumpftemperatur des Regenerierturms etwa zwischen 185 und 220° C liegt.

Das über den Kopf des Regenerierturms abgezogene Gemisch wird in der üblichen Weise in mehreren hintereinandergeschalteten Kolonnen nacheinander destillativ zerlegt. Die erste Kolonne K_1 trennt den Äthangehalt des Gemisches bei Drücken von etwa 30 bis 35 Atmosphären ab. Die Kopftemperatur liegt dabei etwa zwischen 10 und 17° C, so daß der Rücklaufkondensator mit einem verdampfenden Kältemittel betrieben werden muß. Ein Teil des Kopfprodukts wird hier gasförmig abgezogen. Die Sumpftemperatur liegt bei dieser Kolonne je nach der Zusammensetzung des Restgemisches infolge des hohen Drucks zwischen 80 und 95° C. Die Beheizung ist daher mit Niederdruckdampf möglich. Für die Äthanabtrennung genügen etwa 25 bis 30 Böden.

Das Sumpfprodukt der Äthan-Kolonne wird in die Propan-Kolonne K_2 abgelassen. Bei einem Druck von 20 Atmosphären liegt die Kopftemperatur je nach dem Äthangehalt des Propans bei etwa 50 bis 55° C. Für die Temperatur im Sumpf ist der Butangehalt maßgebend. Sie liegt bei 20 Atmosphären Betriebsdruck etwa bei 100° C, so daß die Beheizung mit Niederdruckdampf ausreicht. Da das Isobutan meist vollständig vom Propan abgetrennt werden soll, erhält die Propan-Kolonne etwa 40 Böden.

Eine hohe Bodenzahl ist für die Propan-Kolonne ferner günstig, wenn das Rohgas etwas Schwefelwasserstoff enthält. Sind größere H_2S-Mengen im Rohgas vorhanden, so wird bei Anlagen dieser Art meist eine chemische Wäsche, die z. B. mit Äthanolaminen arbeitet, vor die Gesamtanlage vorgeschaltet. Gegebenenfalls wird der Äthanolamin-Absorption noch eine Wäsche mit Natronlauge nachgeschaltet. Kleine Reste von Schwefelwasserstoff, die noch im Gas vorhanden sind, werden im Hauptabsorber, wenn dessen Waschmittelmenge auf die Auswaschung eines Teils des Äthans eingestellt ist, heruntergewaschen. Sie werden sowohl in der Entmethanungs-, als auch größtenteils in der Äthan-Kolonne in den Sumpf gedrückt und steigen danach in den Kopf der Propan-Kolonne, da Schwefelwasserstoff mit Propan einen minimal siedenden, azeotropen Punkt bildet. Um die üblichen Propan-Spezifikationen zu erreichen, empfiehlt es sich daher, das Kopfprodukt der Propan-Kolonne noch durch eine Laugewäsche gehen zu lassen.

In der letzten Kolonne K_3 werden die C_4-Kohlenwasserstoffe über Kopf abgetrieben, während die C_5-Kohlenwasserstoffe in den Sumpf fallen. Für diese Kolonne genügt ein Betriebsdruck von 7 bis 8 atü, um das Kopfprodukt mit Kühlwasser verflüssigen zu können. Die Sumpftemperatur liegt dabei etwa bei 110° C, so daß auch in dieser Kolonne noch eine Beheizung mit Niederdruckdampf möglich ist. Die Butan-Kolonne muß etwa 35 bis 40 Böden erhalten.

Oft wird aus den C_5-Kohlenwasserstoffen noch Isobutan abgetrennt. Hierzu ist eine Kolonne mit etwa 70 bis 80 Böden mindestens notwendig.

Das aus dem Hauptabsorber kommende Gas, das noch C_6-, C_7-Kohlenwasserstoffe enthält, strömt bei dem gleichen Druck in die zweite Waschstufe. Infolge des hohen Drucks und mit Rücksicht darauf, daß als Schlüsselkomponente zur Bestimmung der Gleichgewichtskonstanten etwa das Hexan oder ein Pentan–Hexan-Gemisch eingesetzt werden muß, ist die Waschmittelmenge gering. Da das Gas bei etwa 30° C in den Absorber der zweiten Stufe T_3 tritt, nimmt es die Absorptionswärme durch eine entsprechende Erwärmung auf. Der Absorber der zweiten Stufe kann daher ohne Kühlelemente ausgeführt werden. Da ferner infolge der tiefen Temperatur der ersten Stufe und infolge des hohen Drucks die im Gas vorhandene Dampfmenge der höheren Kohlenwasserstoffe verhältnismäßig gering ist, genügt eine geringe Auswaschung, so daß der Absorber der zweiten Stufe nur etwa 20 bis 25 Böden enthalten muß. Zur Entgasung des schweren Waschöls genügt eine einfache Entspannung, da die niedrigstsiedenden Komponenten im beladenen Waschöl aus C_5-, C_6-Kohlenwasserstoffen und aus Methan bestehen. Die zweite Waschstufe muß mit einem hochsiedenden Öl, z. B. etwa mit einem mittleren Molekulargewicht von 180, betrieben werden.

Der Regenerierturm der zweiten Stufe T_7, der etwa 20 bis 25 Böden enthält, kann mit Atmosphärendruck arbeiten. Da der Kopfdampf dieses Turms nur geringe C_5-Mengen enthält, liegt die Kopftemperatur etwa in dem Bereich von 50 bis 60° C. Entsprechend dem Siedebereich des Waschmittels beträgt die Sumpftemperatur etwa 220° C, so daß die Wärme zum Austreiben mit Hochdruckdampf oder durch einen Röhrenofen zuzuführen ist. Das Kopfkondensat des Regenerierturms der zweiten Stufe wird zweckmäßig in die Regenerierung der ersten Stufe zurückgeführt.

Enthält das Gas chemisch verschiedene Stoffe z. B. zwei verschiedenartige Stoffgruppen, so gibt ein selektiv wirkendes Waschmittel die Möglichkeit, diese Stoffgruppen in 2 Absorptionsstufen getrennt zu gewinnen, die im Gasstrom hintereinander angeordnet sind. Dies ist auch dann möglich, wenn diese Stoffe in einem engen Siedebereich liegen und z. B. durch Destillation, also ohne Anwesenheit des Waschmittels, ohne besondere Hilfsmittel nicht voneinander zu trennen sind. Sollen zwei chemisch verschiedenartige Stoffe oder Stoffgruppen in dieser Weise behandelt werden, so muß das Waschmittel der ersten Stufe gegenüber dem einen Stoff bzw. einer Stoffgruppe, die in der zweiten Stufe zu gewinnen ist, einen möglichst hohen, gegenüber der in dieser Stufe zu absorbierenden Stoffgruppe einen möglichst niedrigen Aktivitätskoeffizienten haben, um eine große Selektivität in dieser Stufe zu erhalten. In diesem Fall kann daher, z. B. das in der ersten Stufe umlaufende Waschmittel mit einem Stoff oder einer Stoffgruppe des Gases eine verhältnismäßig lose, chemische Verbindung bilden und daher eine starke Dampfdruckminderung mit diesem Stoff ergeben, während der andere Stoff bzw. die andere Stoffgruppe sich in diesem Waschmittel möglichst wenig lösen bzw. eine Dampfdruckzunahme zeigen soll. Das in der zweiten Stufe umlaufende Waschmittel kann in dem vorliegenden Beispiel gegenüber den im Gas verbliebenen Stoffen ideales Siedeverhalten aufweisen. Es braucht also nicht selektiv absorbieren.

Enthält ein Gas z. B. Kohlendioxyd und C_2-Kohlenwasserstoffe, so kann ein nichtselektives Waschmittel, z. B. eine engsiedende Fraktion von Kohlenwasserstoffen in einem einstufigen Verfahren nicht verwendet werden, da diese Gase nach Gewinnung als Gemische in der Regeneration nicht durch Destillation, sondern auch nur durch mindestens eine selektive Absorptionsstufe voneinander getrennt werden könnten. Kohlendioxyd und C_2-Kohlenwasserstoffe werden daher zweckmäßig durch zwei selektiv wirkende Waschstufen im Hauptgasstrom voneinander getrennt gewonnen. In der ersten Stufe wird mit einem chemisch wirkenden Waschmittel z. B. mit einer Diäthanolamin-Lösung, gegebenenfalls noch mit einer nachfolgenden Natronlauge-Wäsche das CO_2 selektiv ausgewaschen. In der zweiten Stufe werden danach die C_2-Komponenten des Gases mit einer niedrigsiedenden Fraktion von Kohlenwasserstoffen, z. B. aus C_6-, C_7-Anteilen, nach Trocknung des Gases bei tiefen Temperaturen ausgewaschen. Durch die Vereinigung einer Stufe mit einer chemisch wirkenden, wäßrigen Lösung zur Auswaschung saurer Gasbestandteile mit einer Ölwäsche zur Gewinnung von Kohlenwasserstoffen erhält man die höchste Selektivität für die

Trennung von solchen Gaskomponenten, die in der Absorptionstechnik möglich ist.

Diese Anordnung ist gleichzeitig vorteilhaft für die Aufrechterhaltung der Waschmitteleigenschaften. Werden zwei verschiedene Waschmittel in zwei aufeinanderfolgenden Stufen verwendet, so sollen diese möglichst gegenseitig unlöslich sein. Andernfalls würden die aus dem Absorberkopf der ersten Stufe mit dem Gas mitgeführten Dämpfe des Waschmittels der ersten Stufe das Waschmittel der zweiten Stufe mit diesen anreichern, so daß sich die Lösungseigenschaften des Waschmittels der zweiten Stufe ändern würden. Besonders gut eignen sich daher zur Hintereinanderschaltung von Waschstufen Wasser oder wäßrige Lösungen und Kohlenwasserstoffe.

Auch ohne chemische Reaktion ist eine selektive Auswaschung möglich, wenn die Gaskomponenten, die in dem zweiten Waschkreislauf zu entfernen sind, in dem Waschmittel des ersten Kreislaufs unlöslich sind. Bestehen z. B. die aus dem Gas zu absorbierenden Stoffe aus niederen Alkoholen und Kohlenwasserstoffen, so kann man in einem ersten Kreislauf die niederen Alkohole durch Absorption mit Wasser und in dem zweiten Kreislauf die im Gas verbliebenen Kohlenwasserstoffe mit einer hochsiedenden Mineralölfraktion für sich allein gewinnen. Die umgekehrte Anordnung, also mit einer Ölwäsche in der ersten Stufe und einer Wasserwäsche als zweite Stufe ist unmöglich, da die Ölwäsche in diesem Fall auch einen Teil der Alkohole auswaschen würde.

3. Absorber mit Fraktionierteil

Hat ein physikalisch lösendes Waschmittel im Absorber Komponenten aufgenommen, die niedriger als die Schlüsselkomponente sieden und die im Regenerationsprodukt möglichst nicht erscheinen, sondern im Reingas verbleiben sollen, so kann man diese in der Regeneration durch die weiter unten beschriebenen Vorentgasungsverfahren (s. S. 128) von der Schlüsselkomponente und den anderen, zu gewinnenden Produkten abtrennen. Da diese Gase danach infolge der Entspannung des Waschmittels unter einem geringeren Druck stehen, müssen sie zur Rückführung in das Reingas verdichtet oder anderweitig verwendet werden. Man hat daher versucht, diese niedrigsiedenden Gaskomponenten schon unter dem Absorberdruck mindestens teilweise aus dem Waschmittel auszutreiben und sie auf diese Weise ohne oder mit geringerer Verdichtungsarbeit und ohne zusätzliche Apparaturen in den Hauptgasstrom zurückzuführen. Hierzu wird der Absorber unterhalb der Rohgaszuführung durch einen besonderen Turmteil verlängert, der z. B. mit Böden oder Füllkörpern in ähnlicher Weise wie der darüber befindliche Absorber ausgestattet ist. In diesem werden die mitabsorbierten Gase durch Erwärmung des Waschmittels oder durch Strippen mit geeigneten Gasen ganz oder teilweise ausgetrieben. Den unter dem Gaszustrom liegenden Teil des Absorbers bezeichnet man als Fraktionierteil, Druckstripper oder auch inneren Entgaser zur Unterscheidung von der außerhalb des Absorbers angeordneten Entgasungskolonne. Ein Absorber dieser Bauart wird auch fraktionierender Absorber oder Stripper-Absorber genannt, um die Vereinigung des Absorptionsvorgangs mit einer Austreibung von Gaskomponenten im gleichem Turm unter gleichem Druck zu kennzeichnen.

Die Temperatur im Sumpf des Fraktionierteils kann durch einen Sumpfverdampfer oder durch Austausch mit dem warmen, regenerierten Waschmittel erhöht werden, um den Dampfdruck der dort noch im Waschmittel vorhandenen Gaskomponenten zu steigern. Die Temperatur im Sumpf des Fraktionierteils muß so hoch sein, daß die Summe der Dampfdrücke dieser Komponenten und des Dampfdrucks des Waschmittels selbst dem Absorberdruck zuzüglich dem Druckabfall im Fraktionierteil gleich ist. Hierzu kann eine Vorwärmung des Waschmittels bereits in den oberen Zonen des Fraktionierteils z. B. durch Wärmeaustausch mit dem regenerierten, warmen Waschmittel zweckmäßig sein.

Müßte die Temperatur im Sumpf des Fraktionierteils hoch gesteigert werden, so kann das Verfahren unwirtschaftlich werden. Für die Anwendung eines Fraktionierteils sind daher verhältnismäßig niedrige Absorberdrücke, die Verwendung niedrigsiedender Waschmittel und ein hoher Anteil der Schlüsselkomponente, d. h. eine große Beladung mit dieser Komponente günstig. Ferner ist Voraussetzung, daß die K-Werte der abzutreibenden Komponenten in dem fraglichen Temperaturbereich mit der Temperatur erheblich ansteigen. Der Siedepunktsunterschied zwischen dem Waschmittel und der Schlüsselkomponente darf daher nicht zu groß sein.

Da der Hauptgasstrom nicht durch den Fraktionierteil geht, ist die Gasmenge im Fraktionierteil geringer als im Absorber. Die durch den Absorber strömende Gasmenge wird durch die aus dem Fraktionierteil aufsteigenden Gase erhöht, was bei der Berechnung des Absorbers zu berücksichtigen ist. In der Regel muß noch ein Teil der absorbierten Schlüsselkomponente im Sumpf des Fraktionierteils verdampft, in dem darüber angeordneten Absorber wieder absorbiert und mit dem Waschmittel in den Sumpf als Rücklauf zurückgeführt werden. Dabei kann sich die Schlüsselkomponente im Sumpf des Fraktionierteils erheblich anreichern.

Das Schema einer Anlage mit einem Absorber, der mit einem Fraktionierteil versehen ist, zeigt Abb. 29. Hier wird die Wärme dem Sumpf des Fraktionierteils durch Wärmeaustausch mit dem heißen, regenerierten Waschmittel zugeführt. Diese Art der Temperaturhaltung ist besonders geeignet, wenn der Absorber mit Hilfe künstlicher Kälte bei tiefen Temperaturen arbeitet.

Um den Temperaturanstieg im Sumpf des Fraktionierteils zu begrenzen, können Gase zum Strippen der abzutrennenden Komponenten in den Sumpf eingeblasen werden, z. B. Wasserstoff oder Stickstoff, sofern diese Gase im Reingas vertreten sind oder dort erscheinen dürfen, um die unterhalb der Schlüsselkomponente siedenden Stoffe auszutreiben.

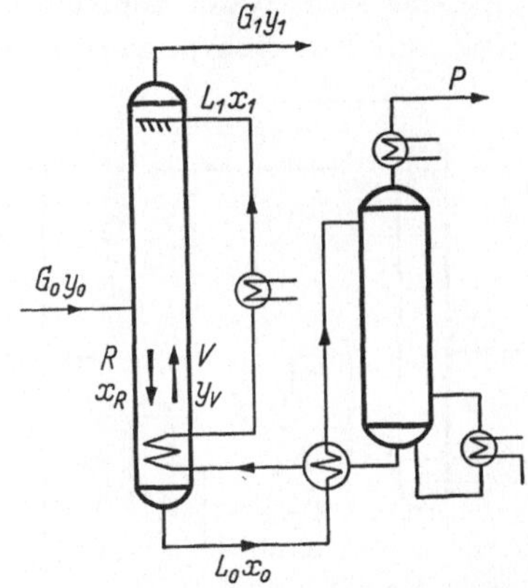

Abb. 29. Absorber mit Fraktionierteil und dem zugehörigen Regenerierturm.

Die zum Strippen im Fraktionierteil dienenden Gase können aber auch dem Kopf der Regenerierkolonne entnommen oder durch eine Entspannung des beladenen Waschmittels erhalten werden. Das Gas, das z. B. in der Regenerierung anfällt, wird dann nur teilweise als Produkt abgezogen. Der Rest wird in den Sumpf des Fraktionierteils zurückgeführt, um damit den Partialdruck der Schlüsselkomponente zu erhöhen. Der höher siedende Anteil des aus dem Fraktionierteil aufsteigenden Gases wird im Absorber wieder vom Waschmittel aufgenommen und zum größten Teil in den Sumpf des Fraktionierteils zurückgeführt, so daß es einen inneren Kreislauf ausführt.

Das Fließbild einer solchen Anlage ist auf Abb. 30 dargestellt.

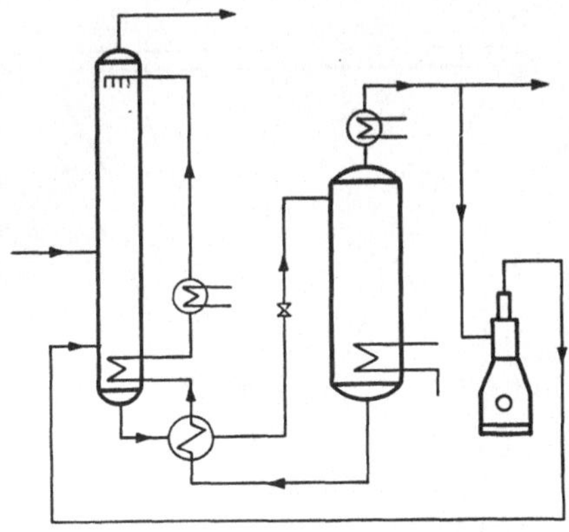
Abb. 30. Fließbild einer Anlage mit einem Absorber mit Fraktionierteil und mit Rückführung eines Teils der im Regenerierturm abgestrippten Gase in den Sumpf des Fraktionierteils.

Eine weitere Möglichkeit besteht darin, das Gas einer Vorentspannung nach dem auf Abb. 31 gezeigten Fließbild in den Sumpf des Fraktionierteils zurückzuführen. In diesem Gas ist der Anteil der niedriger siedenden Komponenten größer als in dem Gas der Regenerierkolonne. Je tiefer dabei das beladene Waschmittel entspannt wird, um so größer ist die frei werdende Gasmenge. Die Rückführungskosten steigen mit tiefer gesetztem Entspannungsdruck nicht nur wegen des größeren Verdichtungsverhältnisses, sondern auch wegen der größeren Gasmenge.

Der Verlauf der Gleichgewichte in einem Absorber mit Fraktionierteil, mit Rückführung eines Gasstroms, der vorwiegend aus der Schlüsselkomponente besteht, und mit Temperaturerhöhung im Fraktionierteil ist auf Abbildung 32 für den einfachsten Fall eines ternären Systems mit einem Dreiecksnetz für die Zusammensetzungen dargestellt. Das Gemisch besteht aus dem Gas G, dem Waschmittel L und der auszuwaschenden Gaskomponente G_b, die hier als Schlüsselkomponente anzusehen ist. Bei der tieferen Absorptionstemperatur liegen die Gleichgewichte zwischen der Gaskurve $G_e\,G$ und der Flüssigkeitskurve $L_0\,L_b$. Die zugehörigen Gleichgewichtszustände der beiden Phasen sind durch einige gestrichelte Konnoden gekennzeichnet. Die Gleichgewichtskonstante K liegt für die Temperatur im Absorber für die Komponente G_b unter 1. Das Waschmittel enthält dabei bei allen Gehalten an der Komponente G_b erhebliche Anteile des Gases G.

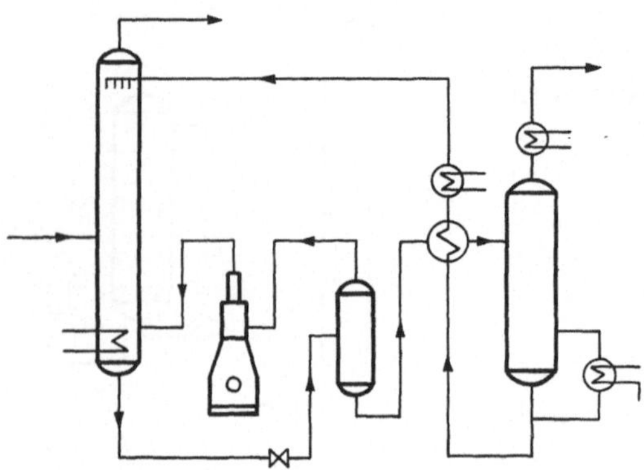

Abb. 31. Fließbild einer Anlage mit einem Absorber mit Fraktionierteil und Rückführung der Gase einer Entspannungsstufe in den Sumpf des Fraktionierteils.

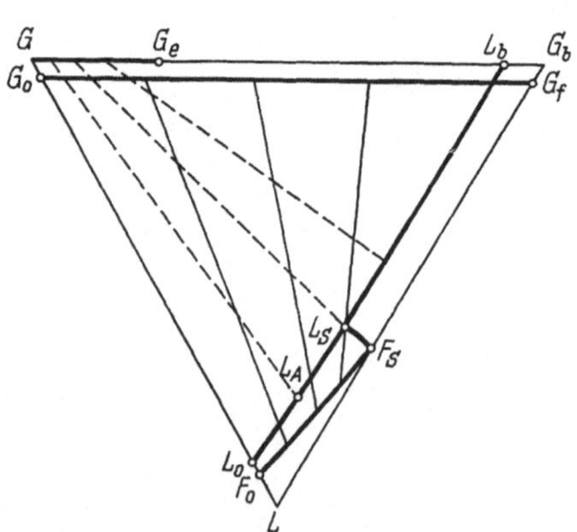

Abb. 32. Darstellung der Zusammensetzungen in einem Absorber mit Fraktionierteil in einem ternären System für die Hauptgaskomponente G, die zu gewinnende Komponente G_b und das Waschmittel L durch die Isothermen für die Temperaturen im Absorber- und im Fraktionierteil.

Bei der höheren Temperatur des Fraktionierteils, der unter dem Druck des Absorbers steht, verlaufen die Gleichgewichte zwischen der Kurve $G_0\,G_f$ für die Gasphase und der Kurve $F_0\,F_S$ für die flüssige Phase. Ohne Zuführung eines Rückstroms von unten verläuft die Beladung im Absorber bei der Absorptionstemperatur z. B. auf dem Linienzug $L L_0 L_A$. Sie wird durch den Rückstrom durch zusätzliche Anreicherung z. B. bis auf L_S gesteigert.

Das aus dem unteren Ende des Absorbers beladen ablaufende Waschmittel enthält ohne Anwendung eines Fraktionierteils noch einen erheblichen Anteil des Gases G. Durch die Erwärmung im Fraktionierteil und das Einblasen eines Rückstroms, der größtenteils aus der Gaskomponenten G_b besteht, ändern sich die Zusammensetzungen im Fraktionierteil im Grenzfall z. B. von L_S bis auf F_S. Im Sumpf des Fraktionierteils ist das Gas G daher nicht vertreten.

Die Absorption mit einem Absorber mit Fraktionierteil läßt sich auch ohne Wärmezufuhr in den Fraktionierteil isotherm lediglich durch die Rückführung absorbierter Gase ausführen. Dieses Verfahren kann z. B. so ausgeführt werden, daß das in den Sumpf des Fraktionierteils zurückzuführende Gas einer ersten Entspannungsstufe entnommen wird. Aus einer zweiten Entspannungsstufe wird das eigentliche Produktgas freigesetzt. Das Waschmittel wird dann auf den Kopf eines Entgasungsturms geführt, in dem mit einer kleinen Reingasmenge der Rest des Produktgases bei Atmosphärendruck ausgetrieben wird. Das aus dem Kopf des Entgasungsturms austretende Gas muß vor den Absorberzustrom zurückgeführt werden. Der Kraftbedarf des isothermen Verfahrens ist jedoch sehr hoch.

Für den Fall, daß der Absorber mit einem Fraktionierteil versehen ist, ergeben sich folgende Beziehungen, wobei die auf Abb. 29 eingetragenen Bezeichnungen gelten und alle Mengen in Molen/h einzusetzen sind.

Eine Bilanz für die gesamte Anlage ergibt folgende Gleichungen für das zuströmende Rohgas G_0, das gewaschene Gas G_1 und das in der Regenerierung erhaltene Produkt P und entsprechend für jede einzelne Komponente mit den Anteilen y_0, y_1 und x_P:

$$G_0 = G_1 + P \tag{119}$$

$$G_0 y_0 = G_1 y_1 + P x_P \tag{120}$$

Für den gesamten Absorber allein gelten folgende Bilanzgleichungen, wenn L_1 das regenerierte Waschmittel bezeichnet, das auf den Absorberkopf geführt wird:

$$G_0 + L_1 = G_1 + L_0 \tag{121}$$

$$G_0 y_0 + L_1 x_1 = G_1 y_1 + L_0 x_0 \tag{122}$$

Für den Absorptionsteil allein werden folgende Beziehungen erhalten:

$$G_0 + V + L_1 = G_1 + R \tag{123}$$

$$G_0 y_0 + V y_v + L_1 x_1 = G_1 y_1 + R x_R \tag{124}$$

Dabei bezeichnen R den aus dem Absorber- in den Stripperteil fallenden Flüssigkeitsstrom und V den aus dem Stripperteil aufsteigenden Dampfstrom. $L_1 x_1$ ist die im regenerierten Waschmittel verbliebene Menge der betrachteten Komponente.

Für den Fraktionierteil gelten folgende Gleichungen:

$$R = L_0 + V = V + G_0 + L_1 - G_1 \tag{125}$$

$$R x_R = L_0 x_0 + V y_v = V y_v + G_0 y_0 + L_1 x_1 - G_1 y_1 \tag{126}$$

Der absorbierte Anteil jeder einzelnen Komponente, bezogen auf das insgesamt in den Absorber einströmende und das gewaschene, abströmende Gas, sei mit E_A bezeichnet. Der absorbierte Anteil oder Auswaschungsgrad E_A ist, wie bereits erwähnt, eine Funktion der theoretischen Bodenzahl des Absorbers n_{th} und des Absorptionsfaktors A (s. S. 97):

$$E_A = \frac{A^{n+1} - A}{A^{n+1} - 1} = \frac{G_0 y_0 + V y_v - G_1 y_1}{G_0 y_0 + V y_v - K_1 x_1 G_1} \tag{127}$$

Dabei bedeutet K_1 die Gleichgewichtskonstante für jede einzelne Komponente, entsprechend den Verhältnissen im Absorberkopf $K_1 = y_1/x_1$.

Für jede einzelne Komponente im Rücklaufstrom gilt nach einer von R. THOMPSON und E. D. FRIGAR[1] aufgestellten Beziehung:

$$R x_R = \frac{E_A}{1 - E_A E_S} (G_0 y_0 - K_1 x_1 G_1) + \frac{L_1 x_1}{1 - E_A E_S} \tag{128}$$

Hierin bedeutet E_S den im Stripperteil abgetriebenen Anteil jeder einzelnen Komponente. Für die mitabsorbierten, gasförmigen Anteile wird E_S sich der Eins nähern. Für die zu gewinnende Schlüsselkomponente und die höher siedenden Anteile wird E_s nahezu Null sein. Für E_S gilt die Beziehung:

$$E_S = V y_v / R x_R \tag{129}$$

Bei einem Rechnungsgang für eine solche Anlage sind zunächst die Bodenzahlen, Druck und Temperaturen für den Absorber und den Stripperteil anzunehmen.

Die umlaufende Waschmittelmenge kann z. B. aus der Beziehung $L_M = A K_S G_M$ errechnet werden, wenn K_S die Gleichgewichtskonstante für die möglichst vollständig zu gewinnende Schlüsselkomponente ist. Damit wird auch der absorbierte Anteil E_A erhalten. Der auszuwaschende Anteil E_S muß für eine niedrigsiedende Komponente, die nicht im Produkt erscheinen soll, geschätzt werden. Aus den beiden ersten Gleichungen ergibt sich für das gewünschte Produkt P die Menge des gewaschenen Gases G_1. Aus dem Wert E_S für die auszutreibende Schlüsselkomponente kann die im Fraktionierteil aufsteigende Gasmenge V für diese Komponente bestimmt werden. Die obenstehenden Gleichungen müssen sämtlich erfüllt sein, so daß der Rechnungsgang mehrfach zu wiederholen ist.

---

[1] THOMPSON, R., u. E. D. FRIGAR: Petroleum Refiner Bd. 32 (1953) H. 4, S. 145.

VI. Aufnahme der Absorptionswärme

Wenn die zu absorbierende Komponente in großer Menge im Rohgas vorhanden ist oder wenn die in der Nähe der Schlüsselkomponente siedenden Komponenten in hohem Anteil vertreten sind, kann sich die Temperatur eines physikalisch lösenden Waschmittels durch die Aufnahme der Absorptionswärme so erhöhen, daß die Gleichgewichte zwischen den zu absorbierenden Komponenten und dem Waschmittel durch die Erwärmung wesentlich beeinflußt werden.

Die aufzunehmende Wärme wird am größten, wenn die zu absorbierende Komponente sich im Taupunkt befindet, wenn also bei einer Kühlung des Gases sich ein Kondensat abscheiden würde. Dies ist meist der Fall, wenn das Gasgemisch bei höheren Temperaturen entstanden oder gewonnen ist und durch Kühlung unter Auskondensation der weniger flüchtigen Stoffe, einschließlich eines Teils der Schlüsselkomponente auf die Absorptionstemperatur gebracht wurde. Ist z. B. nur ein Stoff in einem inerten Gas vorhanden, der durch Kühlung des Gases auf den Taupunkt gebracht wurde, so ist der Partialdruck p dem Eigendampfdruck P' gleich, so daß die maximal mögliche Beladung und eine große Temperaturerhöhung bei der Absorption auftritt. Der Einfluß der Steigerung der Temperatur des Waschmittels muß in diesen Fällen bei Bestimmung der theoretischen Bodenzahlen oder der Übergangseinheiten berücksichtigt werden.

Bei der Absorption wird die entstehende Wärme je nach den vorliegenden Verhältnissen teils durch das Waschmittel unmittelbar, teils mittelbar durch das Gas, teils durch Verdampfung oder Verdunstung des Waschmittels oder auch durch Kühlung mit Wasser oder Kälteträgern aufgenommen. Der erstrebte Grenzfall ist die isotherme Absorption, bei der die Temperatur über den ganzen Absorber konstant bleibt. Wenn die Temperatur des Waschmittels eine bestimmte Differenz, z. B. etwa 5 bis 10° C, bei der Erwärmung nicht übersteigt, absorbiert man adiabatisch. Ist die Temperaturerhöhung größer, so wird das Waschmittel im Verlauf der Absorption mit Wasser oder einem Kältemittel gekühlt. Dabei wird eine geringe Erwärmung des Waschmittels vor und hinter der Kühlung zugelassen.

Bei der Absorption mit einem physikalisch wirkenden Waschmittel, das mit den zu absorbierenden Komponenten nahezu ideale Gemische bildet, ist die Absorptionswärme angenähert der Verdampfungswärme gleich. Enthält das Gas nur eine Komponente, die aus einem inerten Gas zu absorbieren ist, so ergibt sich für die Bestimmung der Absorptionswärme, z. B. in kcal/kg für den Stoff C_a, das auf Abb. 33 dargestellte Enthalpiebild, wenn die Absorptionstemperatur unter der kritischen Temperatur des zu absorbierenden Stoffs C_a liegt, und das auf Abb. 34 dargestellte Bild, wenn ein anderer Stoff C_b mit einer Temperatur oberhalb seiner kritischen Temperatur absorbiert wird.

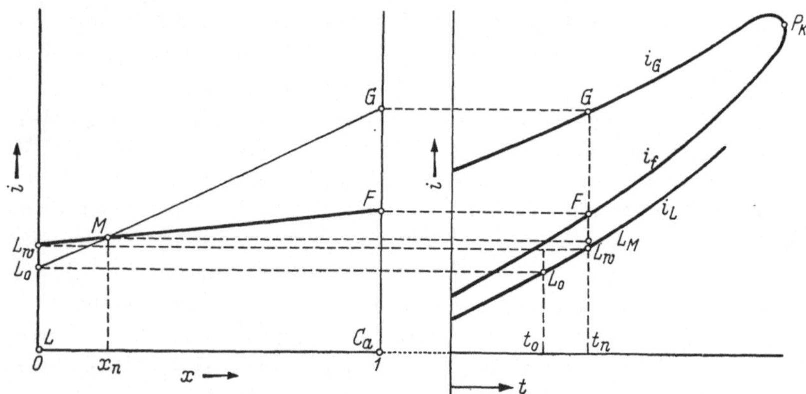

Abb. 33. Bestimmung der Absorptionswärme bei idealer Löslichkeit der zu absorbierenden Komponente mit Hilfe eines i, t-Bildes (rechts) und eines i, x-Bildes (links) für eine Absorptionstemperatur, die unterhalb der kritischen Temperatur des absorbierten Stoffs liegt.

Auf der rechten Seite dieser Abbildungen sind in Abhängigkeit von den Temperaturen die Enthalpien des zu absorbierenden Stoffs i_G für den gesättigten Dampf mit der oberen Grenzkurve und i_f für die

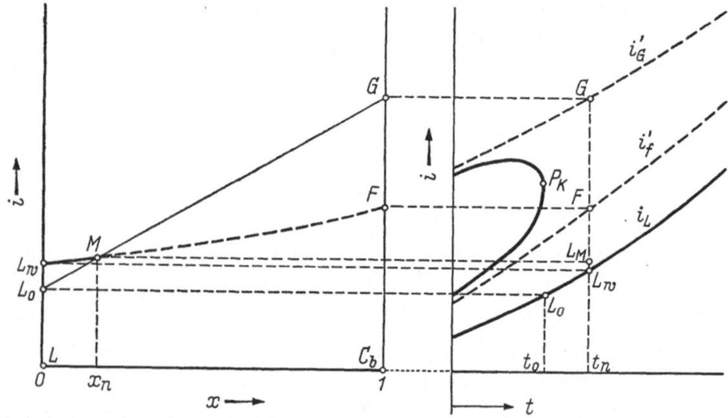

Abb. 34. Bestimmung der Absorptionswärme bei idealer Löslichkeit der zu absorbierenden Komponente in einem i, t-Bild (rechts) und einem i, x-Bild (links) für eine oberhalb der kritischen Temperatur des absorbierten Stoffs liegende Absorptionstemperatur.

Flüssigkeit im Siedezustand mit der unteren Grenzkurve dargestellt, die sich im kritischen Punkt P_K vereinigen. Die Ordinatenunterschiede zwischen diesen beiden Kurven, z. B. GF für die Temperatur t_n für den Stoff C_a auf Abb. 33, entsprechen den Verdampfungswärmen. Die

Enthalpie des reinen Waschmittels im flüssigen Zustand ist durch die Kurve i_L und z. B. für die Temperatur t_n durch den Punkt L_w gegeben.

Im Bereich oberhalb der kritischen Temperatur (Abb. 34) liegt der Enthalpieunterschied, der für die Absorptionswärmen, z. B. des Stoffs C_b anzunehmen ist, zwischen den gestrichelten Kurven i_G' für die Enthalpie bei den kleinen Drücken, die beim Austritt des Gases aus dem Absorber vorhanden sind, und i_f' für die Enthalpie bei einem Druck, bei der die Dichte des Gases dem flüssigen Zustand entspricht. Diese Kurven i_G' und i_f' sind als Verlängerungen der Kurven i_G und i_f unterhalb des Bereichs der kritischen Temperatur anzusehen, die sich mit zunehmenden Temperaturen einander nähern.

Im linken Teil der Abb. 33 und Abb. 34 sind für das aus dem Waschmittel und dem zu absorbierenden Stoff C_a bzw. C_b bestehende, binäre Gemisch die Enthalpie des Dampfs dieses Stoffs mit dem Punkt G und die Enthalpien des beladenen, flüssigen Waschmittels mit der Kurve $L_w F$ für die Temperatur t_n in Abhängigkeit von den Zusammensetzungen von $x = 0$ bis $x = 1$ dargestellt. Das vollständig regenerierte Waschmittel tritt infolge der Kühlung mit der kälteren Temperatur t_0 und der Enthalpie des Punkts L_0 in den Absorber. Es erwärmt sich bei der adiabatisch durchgeführten Absorption bis zur Temperatur t_n. Bei dieser hat das reine Waschmittel die Enthalpie des Punkts L_w und das beladene Waschmittel die etwas höhere Enthalpie des Punkts L_M. Im i, x-Bild wird der Zustand der Beladung und die Enthalpie des beladenen Waschmittels bei der Zusammensetzung x_n durch den Schnittpunkt der Grenzkurve für die Flüssigkeit $L_w F$ mit der Geraden $L_0 G$ durch den Punkt M gefunden. Je Einheit des Waschmittels ist die Absorptionswärme durch den Unterschied $L_w L_0$ und bezogen auf die Einheit des Stoffs C_a oder C_b durch den Enthalpieunterschied GF gegeben, der im Falle des Stoffs C_a (Abb. 33) der Verdampfungswärme entspricht.

Zur Verdampfungswärme tritt bei nichtidealen Gemischen noch eine Lösungswärme zwischen Waschmittel und absorbiertem Stoff auf. In diesem Fall verläuft die Enthalpie des beladenen Waschmittels in Abhängigkeit von den Zusammensetzungen x bei konstanter Temperatur in dem auf Abb. 35 dargestellten Beispiel etwa entsprechend der Kurve $L_w M' F$. Das auf den Zustand des Punkts L_0' gekühlte Waschmittel erwärmt sich bei der adiabaten Absorption bis auf die dem Punkt M' entsprechende Temperatur, wie die Gerade $L_0' M' G$ zeigt. Die auf die Einheit des absorbierten Stoffs bezogene Absorptionswärme ergibt sich durch die Gerade $L_w M' F'$ mit der Enthalpiedifferenz $GF' = q_R$.

Bei einer Absorption ohne Lösungswärme, bei der nur die Verdampfungswärme GF abzuführen wäre, genügt bei gleicher Beladung des Waschmittels x_M eine Kühlung des Waschmittels auf die dem Punkt L_0 entsprechende Temperatur.

Die Absorptionswärme beträgt z. B. bei der Absorption von Kohlendioxyd mit Wasser 200 kcal/Nm³. Dabei entfallen auf die eigentliche Verdampfungswärme nur etwa 80 kcal/Nm³.

Erwärmt sich das Waschmittel infolge der Aufnahme der Absorptionswärme, so steigt der K-Wert für die zu absorbierende Komponente in einem Absorptionsturm von oben nach unten. Auf Abb. 36 sind in einem x, y-Bild 4 Isothermen für die Temperaturen an den Enden

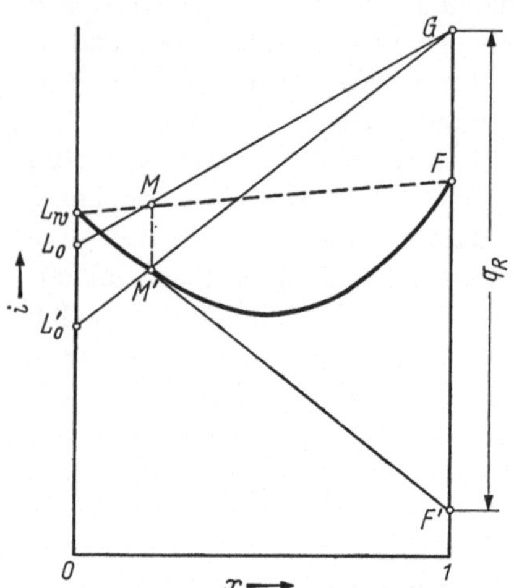

Abb. 35. Darstellung der Absorptionswärme eines gasförmigen Stoffs bei Auftreten einer Lösungswärme in einem i, x-Bild.

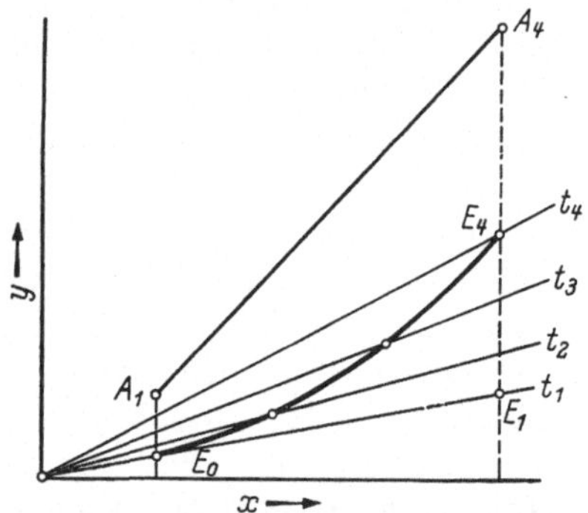

Abb. 36. Konzentrationsunterschiede auf der Gasseite zwischen Betriebsgerade $A_1 A_4$ und Gleichgewichtslinie $E_0 E_4$ eines adiabatischen Absorbers mit dem Anstieg der Temperaturen von t_1 auf t_4 in einem x, y-System.

des Absorbers t_1 und t_4 und in 2 Querschnitten im mittleren Teil t_2 und t_3 eingetragen. Die Gleichgewichte verändern sich daher infolge der Erwärmung des Waschmittels in Abhängigkeit von der Beladung x auf der Kurve $E_0 E_4$. Dabei gelten der Gleichgewichtszustand E_0 mit der Temperatur t_1 für den Absorberkopf und E_4 mit der Temperatur t_4 für das untere Ende des Absorbers. Die Betriebslinie für die Zusammensetzungen in den verschiedenen Querschnitten des Absorbers sei durch die Strecke $A_1 A_4$ gegeben.

Bei adiabatischer Absorption und gleichem Auswaschungsgrad ist der Stufenzug zur Bestimmung der theoretischen Bodenzahl daher zwischen der Betriebslinie $A_1 A_4$ und der Gleichgewichtskurve $E_0 E_4$ zu ziehen. Bei isothermer Absorption, die z. B. durch Kühler im Absorber zu erreichen ist, verläuft der Stufenzug zwischen der Betriebslinie $A_1 A_4$ und der Gleichgewichtsisothermen $E_0 E_1$. Dabei ergibt sich, daß bei gleichem Auswaschungsgrad bei adiabatischer Absorption infolge der Verminderung des Konzentrationsgefälles mehr Stufen notwendig sind als für die isotherme Absorption. Wird die Stufenzahl für beide Fälle gleich angenommen, so wird der Auswaschungsgrad für die adiabatische Absorption schlechter. Die isotherme Absorption ist daher günstiger als die adiabatische Arbeitsweise. Nähert sich der Gleichgewichtspunkt E_4 für das untere Ende des Absorbers dem Punkt A_4, so kann die Stufenzahl unwirtschaftlich hoch ansteigen. Um die Stufenzahl zu vermindern, muß die Waschmittelmenge erhöht werden. Dieser Fall tritt besonders ein, wenn die Schlüsselkomponente im eintretenden Gas einen hohen Partialdruck aufweist. Es ergibt sich dabei, daß man in solchen Fällen bestimmte Beladungen des Waschmittels aus praktischen Gründen nicht überschreiten kann.

Besteht das in den Absorber geführte Gasgemisch aus einer Reihe von Stoffen mit ansteigenden Siedepunkten, so werden die Bestandteile, die unter der Schlüsselkomponente sieden und mit hohen Partialdrücken vertreten sind, vorwiegend im obersten Teil des Absorbers aufgenommen. Steigt nun die Temperatur im unteren Teil des Absorbers durch die Aufnahme der Absorptionswärme der Schlüsselkomponenten und der höher siedenden Stoffe, so werden die im oberen Teil des Absorbers aufgenommenen Komponenten teilweise unten wieder ausgetrieben, so daß sich der Partialdruck dieser Bestandteile unten erhöht. Es kann dabei im Absorber zu einem inneren Kreislauf von niedrigsiedenden Komponenten kommen, der in geringen Grenzen auf einen Ausgleich des Temperaturanstiegs im Absorber hinwirkt.

Ist die Gleichgewichtskonstante K und damit die Waschmittelmenge klein, so kann das Gas einen Teil der Absorptionswärme mittelbar aufnehmen, wenn der Absorber genügend Austauschfläche für den Wärmeübergang besitzt. Entsprechend bildet sich durch die Erwärmung des Waschmittels ein Temperaturunterschied von einigen Grad C, bis das Gas dem Waschmittel genügend Wärme abnimmt und das Wärmegleichgewicht zwischen den beiden Phasen sich eingestellt hat. Ist die Austauschfläche des Absorbers genügend groß, so kann die Temperaturerhöhung für Gas und Flüssigkeit nahezu als gleich angenommen werden. Es seien folgende Bezeichnungen benutzt:

G Gasmengen in kg/m² h,
L Flüssigkeitsmenge in kg/m² h,
q Absorptionswärme kcal/Nm³,
c_P spezifische Wärme des Gases,
c_L spezifische Wärme des Waschmittels,
γ_N Wichte des Gases im Normzustand in kg/Nm³.

Damit ergibt sich die Temperaturerhöhung für den adiabatischen Betrieb des Absorbers bei einer Änderung der Gaskonzentration Δy:

$$\Delta t = \frac{q\,\Delta y/\gamma_N}{\left(\frac{L}{G}\,c_L + c_P\right)} \tag{130}$$

Je kleiner das Verhältnis Waschmittelmenge/Gasmenge ist, um so größer ist danach der Anteil der Absorptionswärme, der vom Gas aufgenommen wird. Durch den oben erwähnten Temperaturunterschied zwischen Gas und Waschmittel vermindert sich jedoch dieser Anteil.

Bei flüchtigen Waschmitteln, insbesondere Wasser und wäßrigen Lösungen, und geringer Flüchtigkeit der gelösten Stoffe besteht die Möglichkeit, die Absorptionswärme durch teilweise Verdampfung des Waschmittels aufzunehmen. Der Temperaturanstieg der Lösung wird dadurch begrenzt. Das Verfahren ist vorwiegend für geringe Absorberdrücke, insbesondere für den Betrieb bei Atmosphärendruck geeignet, weil andernfalls die Temperatur zu hoch steigen müßte. Die Löslichkeit der aufzunehmenden Komponente im Waschmittel muß bei der verhältnismäßig hohen Temperatur, z. B. 100 °C bei Wasser und 1 ata Betriebsdruck, so gut sein, daß die Wassermenge nicht zu groß ist.

Als Beispiel sei die Absorption von Chlorwasserstoff, z. B. aus Chlorierungsreaktionen, Chlor–Wasserstoff-Brennern, Natriumsulfatöfen usw. in Wasser erwähnt. Dabei wird in der Regel bei Atmosphärendruck gearbeitet.

Eine vollkommen isotherme Arbeitsweise ist nur möglich, wenn diese auf gekühlten Flächen durchgeführt wird, die sich über die ganze Absorberhöhe erstrecken. So nimmt man z. B. die Absorption von Ammoniak mit Wasser in senkrechten Rohren vor, die von oben in dünner Schicht gleichmäßig berieselt werden. Ein solcher Absorber wird z. B. nach Art eines senkrecht stehenden Röhrenwärmeaustauschers ausgeführt. Die oberen Rohrenden sind mit einer Verteilvorrichtung für das Wasser versehen. Diese Bauart ist jedoch nur bei kleinen Inertgasmengen brauchbar.

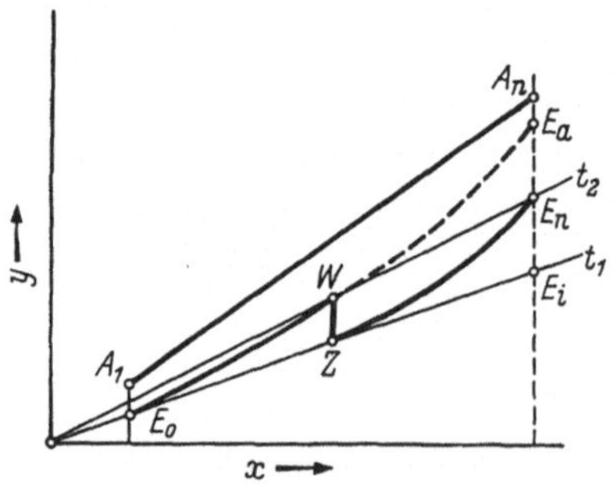

Abb. 37. Konzentrationsunterschiede zwischen Betriebsgerade und Gleichgewichtslinie für einen Absorber mit einem Zwischenkühler.

Bei den normalen Absorptionstürmen sieht man zur Abführung der Absorptionswärme an einer oder zwei bis drei Stellen Zwischenkühler vor, um auf diese Weise die Absorption dem isothermen Verlauf anzunähern. Diese werden meist so ausgelegt, daß die Temperatur an keiner Stelle eine bestimmte Grenztemperatur übersteigt. Es kann z. B. nur ein einziger Zwischenkühler vorgesehen werden, der die höchste Temperatur t_2 auf die niedrigste Temperatur t_1 bringt, die mit dem Kühlmittel erreichbar ist. In dem auf Abb. 37 dargestellten Beispiel ist die Betriebslinie des Absorbers in einem x, y-System durch die Gerade $A_1 A_n$ gekennzeichnet. Die Gleichgewichtskurve verläuft infolge der Anordnung eines Zwischenkühlers, der die höchste Temperatur t_2 auf die Temperatur t_1 bringt, die mit dem vorhandenen Kühlmittel erreicht wird, unstetig zwischen den Isothermen für t_1 und t_2 etwa entsprechend dem auf Abb. 37 dargestellten Kurvenzug $E_0 W Z E_n$. Das Gefälle $Z W$ wird dabei durch den Zwischenkühler erzeugt. Bei vollkommen isothermer Arbeitsweise wären die Stufen zur Bestimmung der theoretischen Bodenzahl für den gleichen Auswaschungsgrad zwischen der Betriebsgeraden $A_1 A_n$ und der isothermen Strecke $E_0 E_i$ zu ziehen. Ohne jede Kühlung steigt der Partialdruck im Gas entsprechend der Kurve $E_0 W E_a$. Durch die Zwischenkühlung mit einem einzelnen Kühler werden die Konzentrationsunterschiede zwischen Betriebsgerade und Gleichgewichtskurve im untersten Teil des Turms daher wesentlich vergrößert.

Je größer der auf die Schlüsselkomponente bezogene Absorptionsfaktor (Waschmittelüberschuß) ist, um so größer wird das Konzentrationsgefälle im untersten Teil des Turms, so daß auch dort der größte Teil der Absorptionswärme auftritt. Bei besonders großen Waschmittelüberschüssen wird allerdings die Absorptionswärme vorwiegend vom Waschmittel aufgenommen, so daß eine Kühlung im Absorber entbehrlich ist. Ist $A = 1$, so verteilt sich die Absorptionswärme über die ganze Höhe des Absorbers gleichmäßig, da in diesem Fall die Gleichgewichtsisotherme und die Betriebsgerade einander parallel sind.

Die Kühler zur Aufnahme der Absorptionswärme können entweder unmittelbar innen im Absorber oder durch Heraus- und Wiedereinführung des Waschmittels außerhalb angeordnet werden. Im ersten Fall läuft das Waschmittel im Gegenstrom zum Gas in gleichmäßiger Verteilung über die Rohre des Kühlers. Diese Anordnung ist daher besonders für Füllkörpertürme geeignet, da hier die Flüssigkeit bereits über den Querschnitt verteilt abläuft.

Bei der äußeren Kühlung ist zu berücksichtigen, daß das Waschmittel bei Füllkörpertürmen von einem besonderen Sammelboden abgenommen und auf einen Verteilboden zurückgefördert werden muß. Bei Bodenkolonnen kann das Waschmittel von jedem beliebigen Boden abgezogen werden. Das Waschmittel kann durch einen außerhalb des Turms angeordneten Kühler mit eigenem Gefälle strömen. Dabei verliert man jedoch mindestens etwa 1,5 bis 2 m an Turmhöhe. Diesen Verlust an Turmhöhe kann man durch eine Umlaufpumpe vermindern, die das Waschmittel durch den Kühler drückt. Dabei kann der Kühler für höheren Druckverlust ausgelegt werden.

VII. Regeneration des Waschmittels

1. Aufgaben der Regeneration

Damit das Waschmittel im Kreislauf über den Absorber strömen kann, werden die absorbierten Stoffe bei den üblichen Absorptionsverfahren in einer Regeneration, die auch als Entgasung, Desorption, Reaktivierung oder Wiederbelebung bezeichnet wird, von dem Waschmittel abgetrennt. Sie müssen durch die Regeneration in jedem Fall so weit aus dem Waschmittel entfernt werden, daß der Partialdruck der zu entfernenden oder zu gewinnenden Komponenten, insbesondere der höchstsiedenden Komponente im Gleichgewicht über dem regenerierten Waschmittel bei der Absorptionstemperatur z. B. um $^1/_4$ bis $^1/_2$ kleiner als der verlangte Restpartialdruck dieser Komponenten in dem aus dem Absorber austretenden Reingas ist.

Das Waschmittel kann bei erhöhten Temperaturen, im Grenzfall unter der Siedetemperatur des Waschmittels bei dem Regenerationsdruck (thermische Regeneration) z. B. destillativ oder bei den sogenannten adiabaten Kreisläufen bei der gleichen Temperatur wie die Absorption z. B. durch Entspannen des Waschmittels, Anwendung von Vakuum oder Strippen mit inerten Gasen regeneriert werden. Für die Regeneration des beladenen Waschmittels ist es günstig, wenn das Verhältnis des Absorberdrucks zum Regenerationsdruck möglichst groß ist.

Die Ausführung der Regeneration richtet sich nach der Art und Zusammensetzung der absorbierten Stoffe und den für das Reingas und die zu gewinnenden Produkte aufgestellten Spezifikationen. Sind z. B. Gase vom Waschmittel aufgenommen, die nicht in den Produkten der Regeneration erscheinen, sondern im Gas verbleiben sollen, so kann bei der Verwendung von physikalisch lösenden Waschmitteln eine besondere Vorentgasungsstufe vor der eigentlichen Regeneration und eine Gasrückführung notwendig sein.

Die Ausbildung der Regeneration beeinflußt die Wirtschaftlichkeit eines Absorptionsverfahrens, da der Wärmeverbrauch ausschließlich und ein Teil des Kraftbedarfs je nach Ausführung der Anlage in der Regeneration entstehen.

In einzelnen Fällen, z. B. bei der Absorption von Chlorwasserstoff, Ammoniak, Stickoxyden usw. in Wasser, kann der absorbierte Stoff im Waschmittel bleiben und mit diesem das Produkt bilden, so daß eine Regeneration entfällt. Gleichzeitig ergibt sich dabei eine einfache Möglichkeit, die Gase im flüssigen Zustand zu speichern und zu befördern.

Während das Waschmittel bei der Absorption selten schäumt, kommt es bei der Regeneration durch die Entstehung kleiner Gasblasen bisweilen zum Schäumen. In Ölwäschen neigen besonders pyrolytisch behandelte und aromatische Waschöle zur Schaumbildung. Chemisch wirkende Waschmittel können die gleiche Erscheinung durch das Freiwerden der Gase in Form kleinster Blasen in der Regeneration besonders bei der Nachwärmung zeigen.

2. Entgasung des Waschmittels

Die Entspannung eines unter hohen Drücken beladenen, physikalisch wirkenden Waschmittels wird in der Absorptionstechnik oft dazu benutzt, Gase, die nicht in dem Regenerationsprodukt erscheinen sollen, zu entfernen und auf diese Weise die Schlüsselkomponente und die höher siedenden Stoffe, die im Waschmittel gelöst bleiben, von den niedriger siedenden, gasartigen Komponenten zu trennen. Diese Erscheinung wird auch als freiwillige Entgasung bezeichnet.

Bei genügend großer Bodenzahl des Absorbers sind die von einem Waschmittel mitabsorbierten Anteile der Mengen der einzelnen Gaskomponenten angenähert umgekehrt proportional den Gleichgewichtskonstanten. Beträgt also z. B. die Gleichgewichtskonstante einer flüchtigeren Gaskomponente das Zehnfache der Schlüsselkomponente, so wird angenähert etwa $^1/_{10}$ der im Rohgas vorhandenen Menge im Absorber mitaufgenommen. Bei der Absorption, z. B. von Kohlenwasserstoffen in *einer* Stufe unter hohen Drücken, sind die Partialdrücke der Gaskomponenten, die unterhalb der Schlüsselkomponente der Absorption sieden, meist hoch, weil die Anteile der nicht auszuwaschenden Komponenten meist in der Größenordnung von 90 bis 98% liegen, so daß nicht unerhebliche Anteile dieser Gase in das Waschmittel übergehen können.

Ist das Waschmittel unter großen Partialdrücken mit Gasen beladen, so können infolge der hohen Flüchtigkeit der gasartigen Stoffe große Teile der mitabsorbierten Mengen durch Entspannung auf einen zwischen dem Absorptions- und dem Regenerationsdruck liegenden Druck aus dem Waschmittel freigesetzt werden.

Stellt sich ein Gleichgewicht zwischen einer flüssigen und einer gasförmigen Phase ein, z. B. dadurch, daß das beladene Waschmittel auf einen bestimmten Druck entspannt wird, so daß eine Gasphase entsteht, die sich mit der zurückbleibenden Flüssigkeit im Gleichgewicht befindet, so können die Mengen der einzelnen Komponenten i und damit die Zusammensetzungen der beiden Phasen in folgender Weise errechnet werden. Es bedeuten dabei in Molen/h:

G_M bei der Entspannung frei werdende Gasmenge,
L_M beladene Waschmittelmenge,
F_i Menge der Komponente i im beladenen Waschmittel L_M vor der Entspannung,

G_i Menge der Komponente i in der entstandenen Gasphase G_M,
L_i Menge der Komponente i im beladenen Waschmittel nach der Entspannung,
K_i Gleichgewichtskonstante der Komponente i für die Temperatur und den Druck der Entspannung.

Es gelten dann folgende Beziehungen:

$$K_i = y_i/x_i = \frac{G_i}{G_M} \frac{L_M}{L_i} \tag{130a}$$

$$F_i = L_i + G_i \tag{131}$$

$$G_i = \frac{F_i}{\frac{L_M}{G_M K_i} + 1} \tag{132}$$

Wenn die im Waschmittel absorbierten bzw. vor der betrachteten Entspannung noch vorhandenen Anteile F_i der einzelnen Komponenten bekannt sind, können die Gasanteile G_i im Entspannungsgas mit Hilfe der Gleichgewichtskonstanten K_i aus dieser Beziehung errechnet werden. Dabei muß das Verhältnis L_M/G_M zunächst probeweise angenommen werden. Nachdem die Rechnung für alle Komponenten durchgeführt ist, muß geprüft werden, ob das angenommene Verhältnis L_M/G_M zu groß oder zu klein war, da folgende Beziehung gelten muß:

$$G_M = \sum G_i \tag{133}$$

Ist dies nicht der Fall, so muß die Berechnung mit einem anderen Verhältnis L_M/G_M wiederholt werden.

Wenn bei einer Entspannung des beladenen Waschmittels große Gasmengen freigesetzt werden, so kühlt sich das Waschmittel entsprechend der Desorptionswärme ab. Bei einem Wärmetausch zwischen entspanntem und regeneriertem Waschmittel kann man daher dieses tiefer kühlen als ohne Entspannung. Außerdem wird der Wärmeaustauscher zwischen beladenem und regeneriertem Waschmittel auf der Seite der beladenen Flüssigkeit durch die vorhergehende, kalte Entspannung von frei werdenden Gasen entlastet.

Bisweilen werden zwei oder mehr Entspannungsstufen vorgesehen. Wird das Waschmittel thermisch regeneriert, so kann eine kalte Entspannungsstufe vor der Erwärmung des Waschmittels und eine zweite, warme Stufe nach teilweiser Erwärmung in der Wärmetauschergruppe für regeneriertes und beladenes Waschmittel angeordnet werden. Die größere Gasmenge entweicht dabei meist in der kalten Stufe, während die Gasentbindung in der warmen Stufe geringer ist. Dies hat seinen Grund darin, daß die Gleichgewichtskonstanten der gasförmigen Stoffe in dem für die Absorption verwendbaren Temperaturbereich meist nur wenig mit der Temperatur steigen. Eine genügende Senkung des Drucks setzt daher mehr Gas aus dem Waschmittel frei als eine

Temperaturerhöhung, deren Bereich im übrigen durch die Temperatur für den Eintritt in den Regenerierturm beschränkt ist.

Eine mehrfache Entspannung kann die Möglichkeit geben, die vom Waschmittel aufgenommenen Gase in Fraktionen für verschiedene Verwendungszwecke zu zerlegen. Die in der ersten Entspannungsstufe frei gewordenen Gase enthalten in der Regel Bestandteile, die im Hauptgasstrom bleiben sollten, so daß es vorteilhaft sein kann, sie vor den Hauptabsorber zurückzuverdichten. Da die Waschmittelmenge in der Absorption auf die höher siedende Schlüsselkomponente eingestellt ist, nimmt das Waschmittel im Absorber nur einen kleinen Teil der zurückgeführten Gaskomponenten nochmals auf, so daß der größere Teil dieser Gase durch den Absorber hindurch in das Reingas gelangt. Wenn die Gase nur geringe Anteile an den in der Regeneration zu gewinnenden Produkten enthalten, werden sie auch für andere Zwecke, beispielsweise als Heizgase, abgegeben.

Wenn die bei der Entspannung freigesetzten Gase erhebliche Produktmengen enthalten und wenn von einer Rückführung in das Rohgas z. B. wegen der hohen Verdichtungskosten abgesehen wird, müssen diese durch einen *Reabsorber* gewaschen werden, der die zu gewinnenden Komponenten aus den Gasen zurückwäscht. Der Entspannungsdruck muß bei der Verwendung eines Reabsorbers möglichst hoch gesetzt werden, damit die Waschmittelmengen für ihn nicht zu groß werden. Beträgt z. B. der Entspannungsdruck etwa $\frac{1}{5}$ des Rohgasdrucks und machen die bei der Entspannung entwickelten Gase etwa $\frac{1}{20}$ der Rohgasmenge aus, so braucht der Reabsorber eine Waschmittelmenge von etwa $\frac{5}{20} = \frac{1}{4}$ der Menge des Hauptabsorbers. Das Reabsorberwaschmittel nimmt aus den Entspannungsgasen wieder im gleichen Verhältnis Gasanteile auf. Sind mehrere Entspannungsstufen vorgesehen, so können Gase, die bei der Entspannung auf niedrige Drücke erhalten werden, vor den Reabsorber der nächsthöheren Druckstufe zurückgeführt werden, um Verdichtungsarbeit zu sparen.

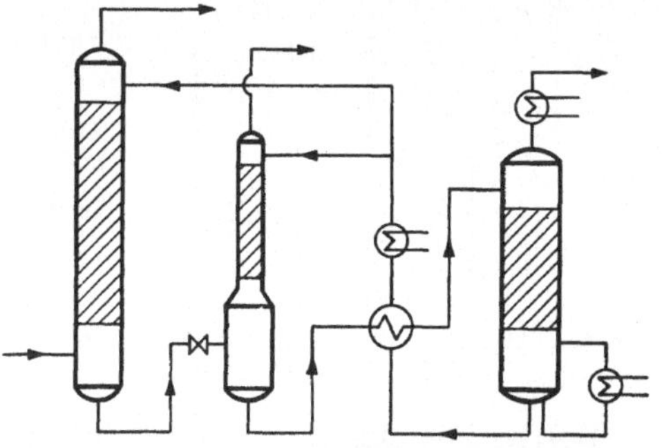

Abb. 38. Absorptionsanlage mit kalter Entspannungsstufe und Reabsorber für die Entspannungsgase.

Die beladene Waschflüssigkeit des Reabsorbers wird meist unmittelbar oder nach Wärmetausch dem entspannten Waschmittel des Hauptabsorbers zugeführt. Ein Schema für ein derartiges Verfahren ist auf Abb. 38 dargestellt. Ein Reabsorber mit den zugehörigen

Wärmeaustauschern ist auch in der auf Abb. 28 gezeigten Anlage enthalten.

Da eine einfache Entspannung Waschmittel und Gas lediglich nach den Phasengleichgewichten trennt, kann der Entspannung zur besseren Anreicherung der in der Regeneration zu gewinnenden Produkte unmittelbar ein Gegenstromsystem mit Anwärmung des Waschmittels angeschlossen werden, das als Entgasungskolonne oder auch als Entmethaner bezeichnet wird. Zum Austreiben der Gase wird dem Sumpf der Entgasungskolonne Wärme zugeführt. Die Entgasungskolonne kann in der Regel nicht mit flüssigem Rücklauf arbeiten, da die Betriebstemperaturen des Rücklaufkondensators zu tief liegen würden. Man leitet daher die in der Entgasungskolonne freigesetzten Gase zur Rückwaschung der Komponenten, die in der Regeneration zu gewinnen sind, besser in einen Reabsorber, der mit dem gleichen Waschmittel beaufschlagt wird wie der Hauptabsorber. Diese Anordnung wird auch als Stripper-Absorber bezeichnet. Arbeitet der Reabsorber mit tieferen Temperaturen als die zugehörige Entgasungskolonne, so ist ein Wärmetausch des beladen aus dem Reabsorber ablaufenden Waschmittels mit der auflaufenden Flüssigkeit oder einem anderen, geeigneten Strom notwendig.

Dabei genügt zur Wärmezufuhr oft ein Austausch mit dem warmen, regenerierten Waschmittel. In Entgasungskolonnen wird die Wärme meist nicht nur am Sumpf, sondern teilweise bei geringerer Temperatur auch unterhalb des Zulaufs des beladenen Waschmittels zugeführt. Die Entgasung wird dabei mit steigenden Temperaturen im Gegenstrom vorgenommen, so daß die höher siedenden Komponenten zum größten Teil zurückgewaschen werden. Ein Fließbild für die Anordnung einer Entgasungskolonne mit Reabsorber ist auf Abb. 39 dargestellt.

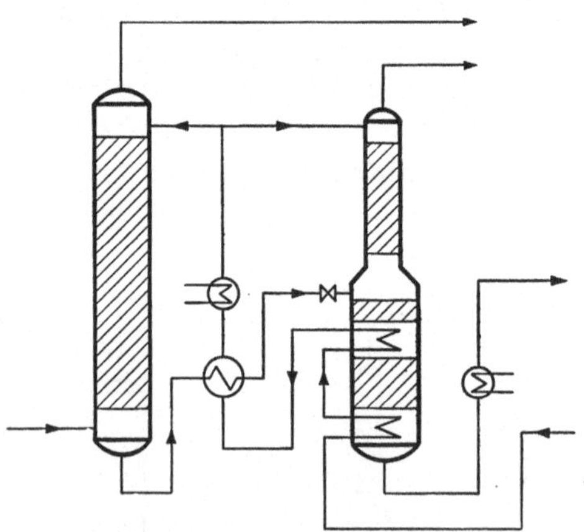

Abb. 39. Fließbild für eine Entgasungskolonne mit aufgesetztem Reabsorber.

Bei der Berechnung von Regenerieranlagen dieser Art geht man von den Mengen der im Waschmittel absorbierten Komponenten aus. Für die vorgesehenen Entspannungsstufen werden die Entspannungsrechnungen nach der oben angegebenen Gleichgewichtsrechnung durchgeführt, um damit erste Näherungslösungen für die in der Vorentgasung freigesetzten Gasströme zu erhalten. Für den Regenerationsturm kann zunächst die Annahme gemacht werden, daß alle Bestandteile, die nach der Vorentgasung noch im Waschmittel verblieben sind, in der Regeneration ausgetrieben werden.

Bei der Berechnung des Reabsorbers macht man meist als erste Näherung die Annahme, daß das Gasgemisch, das aus dem oberen Ende der Vorentgasungskolonne in das untere Ende des Reabsorbers strömt, die gleiche Zusammensetzung hat wie der gasförmige Anteil des nach der Entspannung des Waschmittels von außen zuströmenden Gemischs. Danach wird der Anteil der Schlüsselkomponente, der im Reabsorber zurückzuwaschen ist, bestimmt, so daß die Waschmittelmenge für den Reabsorber berechnet werden kann.

Mit Hilfe der Beziehung $A_a K_a = A_i K_i$ werden dann die reabsorbierten Mengen der anderen Komponenten unter Benutzung der Funktion für die Anteile, die mit einer zunächst angenommenen Bodenzahl gewinnbar sind (s. S. 99), bestimmt.

Wird das Kopfgas eines Reabsorbers oder das Gas eines Entspannungsbehälters in das Rohgas vor den Hauptabsorber zurückverdichtet, so ergibt sich aus dieser Menge und dem Rohgas eine zweite Näherung für die Hauptgasmenge und die Berechnung der Waschmittelmenge des Hauptabsorbers und der damit absorbierten Anteile der einzelnen Komponenten.

Dabei müssen sowohl die Stoffbilanzen für die ganze Anlage als auch für die einzelnen Teile, wie Hauptabsorber, Entspannungsstufen, Entgasungskolonne und Regenerationsturm, erfüllt sein.

Wird in eine Anlage z. B. der Rohgasstrom G_f eingeführt und wird außer dem Reingasstrom G_1 ein Entspannungsgasstrom G_e für Heizzwecke und ein flüssiges Produkt P abgeführt, so gilt mit molaren Einheiten:

$$G_f = G_1 + G_e + P \tag{134}$$

Die gleiche Bilanz muß für jede einzelne Komponente i erfüllt sein, so daß auch folgende Beziehung bestehen muß:

$$G_f y_{fi} = G_1 y_{1i} + G_e y_{ei} + P x_{Pi} \tag{135}$$

Für den Hauptabsorber müssen folgende Bilanzen erfüllt sein, wenn außer dem Rohgas G_f noch ein Rückstrom G_R eingeführt und das regenerierte Waschmittel mit L_0 und das beladene mit L_n bezeichnet wird:

$$G_f + G_R + L_0 = G_1 + L_n \tag{136}$$

$$G_f y_{fi} + G_R y_{Ri} + L_0 x_{0i} = G_1 y_{1i} + L_n x_{ni} \tag{137}$$

Die Rechnung ist alsdann zu wiederholen, bis alle Mengenbilanzen, Gleichgewichte zwischen gasförmiger und flüssiger Phase bei den

Entspannungen des Waschmittels und die Berechnungen der absorbierten Mengen im Hauptabsorber und im Reabsorber übereinstimmen.

Dabei müssen in der Regenerierkolonne oder den ihr nachgeschalteten Kolonnen die gewünschten Ausbeuten an der zu gewinnenden Schlüsselkomponente und den unmittelbar unter dieser und den darübersiedenden Komponenten erhalten werden. Man unterscheidet daher bei einem Absorptionsverfahren, das mit einem physikalisch lösenden Waschmittel arbeitet, die Absorberausbeute und die Tankausbeute. Die Absorberausbeute gibt den im Absorber ausgewaschenen Anteil der im Rohgas vorhandenen Mengen der einzelnen Komponenten entsprechend dem Auswaschungsgrad an. Die Tankausbeute gibt den Anteil an, der tatsächlich in den Produktbehältern gewonnen wird. Diese ist je nach Ausführung der Vorentgasung und der Regeneration kleiner als die Absorberausbeute, weil in dieser Gasströme nach außen abgezweigt werden, die noch Reste der zu gewinnenden Produkte enthalten. Je mehr die Tankausbeute der Absorberausbeute angenähert wird, um so größer werden die Anlage- und Betriebskosten, die insbesondere in der Regeneration, z. B. durch die Notwendigkeit hoher Reabsorber und durch die Verdichtung von Gasrückströmen vor den Hauptabsorber, entstehen.

3. Ausführungsbeispiele

Sind niedrigsiedende Bestandteile mit einem physikalisch lösenden Waschmittel aus Gasen zu entfernen, die vorwiegend aus Kohlenwasserstoffen bestehen, z. B. ein Teil des Propans und des Butans aus Naturgasen oder ähnlichen Gasgemischen, so nehmen die großen Waschmittelmengen, die im Kreislauf zu führen sind, erhebliche Anteile aller Gase auf, die von den eigentlichen Produkten zu trennen sind.

Eine Absorptionsanlage dieser Art, bei der vor der Regenerierkolonne eine kalte und eine warme Entspannungsstufe mit je einem Reabsorber angeordnet sind, zeigt Abb. 40. Das unter hohem Druck stehende Rohgas strömt in den unteren Teil des Absorbers T_1. Das heiße, regenerierte Waschmittel wird aus dem Sumpf des Regenerierturms T_4 mit der Pumpe P_1 über die Wärmeaustauscher E_2 und E_1 und den Kühler E_4 auf den Kopf des Absorbers T_1 und auf die beiden Reabsorber T_2 und T_3 geführt. Das beladene Waschmittel strömt aus dem Sumpf des Absorbers T_1 über die kalte Entspannungsstufe F_1, den Wärmeaustauscher E_1, die warme Entspannungsstufe F_2, den Wärmeaustauscher E_2 und den Aufheizer E_3 in die Regenerierkolonne T_4. Die aus den Entgasungsbehältern F_1 und F_2 freigesetzten Gase werden in die Reabsorber T_2 und T_3 geleitet, die mit dem gleichen Waschmittel wie der Hauptabsorber T_1 beaufschlagt werden. Die aus diesen ablaufenden Waschmittelmengen werden teils mit eigenem Druck, teils mit der Pumpe P_2 hinter die Entspannungsstufe F_1 in das kalte Waschmittel geführt. Für den Betrieb der Regenerierkolonne T_4 dienen der Sumpfverdampfer E_6, der Kopfkondensator E_5, der Kondensatsammler A_1, die Rücklaufpumpe P_3, der Verdichter P_4, der Kühler E_7 und der Druckkondensatsammler A_2. Die in diesem freigesetzten Gase werden vor den Reabsorber T_2 zurückgeführt. Aus A_2 wird das Produkt in die Lagertanks abgezogen.

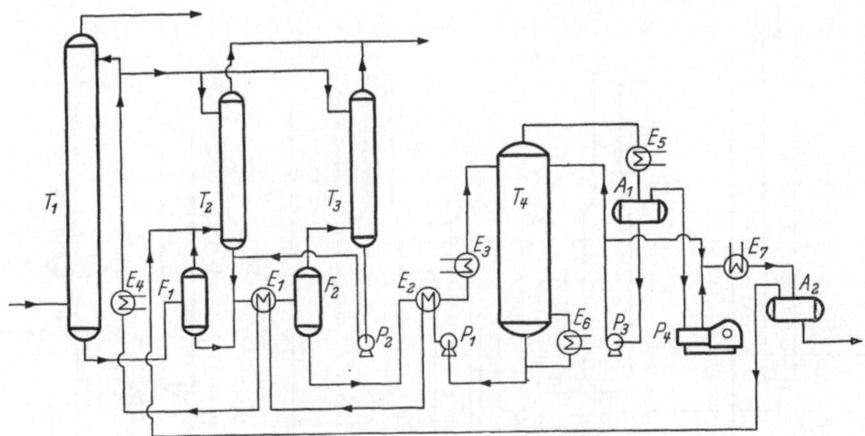

Abb. 40. Fließbild einer Absorptionsanlage mit 2 Reabsorbern über einer kalten und einer warmen Entspannungsstufe vor der Regeneration und mit Rückführung der restlichen Inertgase vor den Reabsorber der kalten Entspannungsstufe.

Eine Absorptionsanlage, die ähnlichen Zwecken dient wie die vorher beschriebene Anlage, und aus dem Hauptabsorber T_1, einer Vorentgasungskolonne T_2, einer Regenerierkolonne T_3 und einer nachgeschalteten Fraktionierkolonne T_4 besteht, zeigt Abb. 41. Anlagen dieser Art dienen z. B. zur Gewinnung von Flüssiggas, das vorwiegend aus C_3- und C_4-Kohlenwasserstoffen besteht, und von Gasbenzin aus Gasen, die vorwiegend aus Methan und kleinen Mengen von Äthan bestehen.

Die Vorentgasungskolonne T_2, die die Aufgabe hat, die C_1- und C_2-Anteile abzutrennen, besteht aus dem unteren Stripperteil und dem daraufgesetzten Reabsorber zur Rückgewinnung der im abgetriebenen Gas mitgeführten Produktanteile. Das beladene Waschmittel wird unmittelbar in die Vorentgasungskolonne T_2 entspannt. Zur Aufheizung dieser Kolonne dient das heiße, regenerierte Waschmittel, das über den Wärmetauscher E_2, den Verdampfer E_1 und den Vorwärmer E_3 strömt und mit der Pumpe P_3 über den Kühler E_4 auf den Kopf des Absorbers T_1 und zu einem kleineren Teil auf den Reabsorberteil der Kolonne T_2 geführt wird. Das entgaste Waschmittel wird durch die

Pumpe P_1 über den Wärmeaustauscher E_2 unmittelbar in die Regenerierkolonne T_3 gefördert. Sie wird durch den Sumpfverdampfer E_6 und durch einen von der Pumpe P_4 über den Aufheizer E_5 geführten, unmittelbar unter dem Zulauf angeordneten Kreislauf beheizt. Das in dem Kondensator E_7 erhaltene Kondensat wird aus dem Behälter A_1 teils mit der Pumpe P_5 auf den Kopf der Kolonne T_3 zurückgeführt,

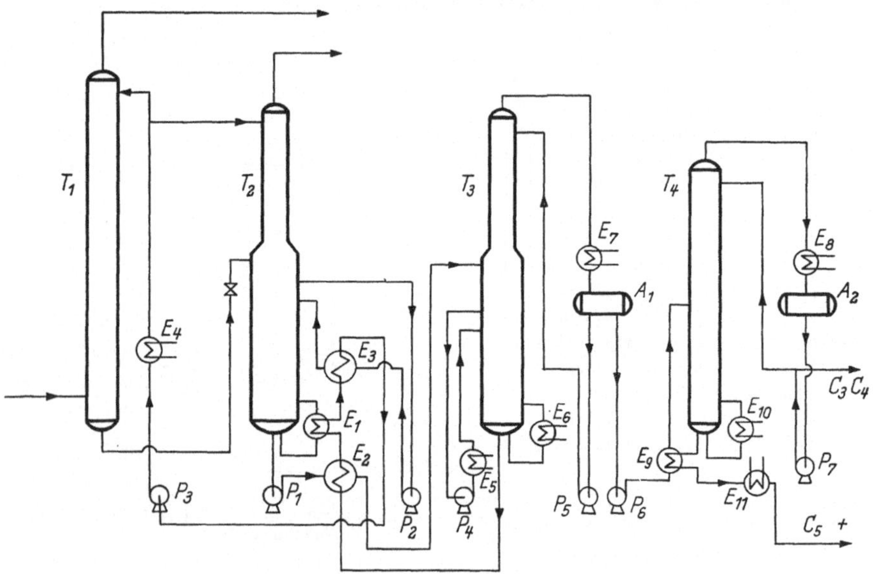

Abb. 41. Fließbild einer Absorptionsanlage mit Vorentgasungskolonne vor der Regeneration und mit nachgeschalteter Produktzerlegung durch Destillation.

teils mit der Pumpe P_6 in die Fraktionierkolonne T_4 geleitet, nachdem es mit dem Sumpfproduktaustauscher E_9 vorgewärmt wurde. Die Fraktionierkolonne T_4 ist mit dem Verdampfer E_{10}, dem Gasbenzinkühler E_{11}, dem Rücklaufkondensator E_8, dem Sammler für Flüssiggas A_2 und der Rücklaufpumpe P_7 ausgestattet, die das Flüssiggas teils als Rücklauf auf den Kolonnenkopf, teils in die Produktbehälter fördert.

4. Regeneration durch Entspannen und Strippen

Sind große Gasmengen bei Partialdrücken von mindestens 5 bis 10 ata im Absorber aufgenommen und wird eine vollständige Auswaschung dieser Gase nicht verlangt, so kann das Waschmittel auch ohne Erwärmung und ohne thermische Regeneration lediglich durch Entspannung, z. B. auf den Atmosphärendruck, regeneriert werden. Dabei ist die Desorptionswärme der Absorptionswärme gleich. Im Absorber erwärmt sich das Waschmittel um den gleichen Temperaturunterschied, um den es sich bei der Entspannung abkühlt. Wird das beladene Waschmittel dabei zur Regeneration lediglich auf den Atmosphärendruck entspannt, so kann der Partialdruck der auszuwaschenden Komponente im gewaschenen Gas bis auf einen Partialdruck von etwa 1,2 ata gesenkt werden. Um diesen Restpartialdruck weiter zu vermindern, kann eine weitere Entspannungsstufe vorgesehen werden, die unter Vakuum arbeitet. Günstiger ist das Strippen des entspannten Waschmittels mit einem inerten Gas, z. B. mit Luft. Bei großen Waschmittelmengen auf Grund geringer Löslichkeit der zu absorbierenden Komponente verlaufen Absorption und Desorption dabei mehr oder weniger isotherm. Das Strippen mit Gasen, insbesondere mit Luft, ist meist nur durchführbar, wenn der ausgetriebene Stoff nicht verwertbar ist und in die Außenluft gelassen werden kann. In Einzelfällen können Verfahrensgase zum Strippen verwendet werden, die an einer geeigneten Stelle in den Kreislauf zurückkehren können.

Dieses Regenerationsverfahren hat den Vorteil, daß das Waschmittel nicht zu erwärmen ist. Es wird z. B. bei der Auswaschung von Kohlendioxyd mit Wasser in den sogenannten Druckwasserwäschen angewendet. Der Bunsen-Absorptionskoeffizient für Kohlendioxyd in Wasser liegt bei den in der Technik üblichen Temperaturen etwa in der Größenordnung von 0,65 bis 0,7 Nm^3/m^3 1 ata. Der Partialdruck des CO_2 in Gasen, für die das Verfahren angewendet wird, beträgt etwa 6 bis 10 ata.

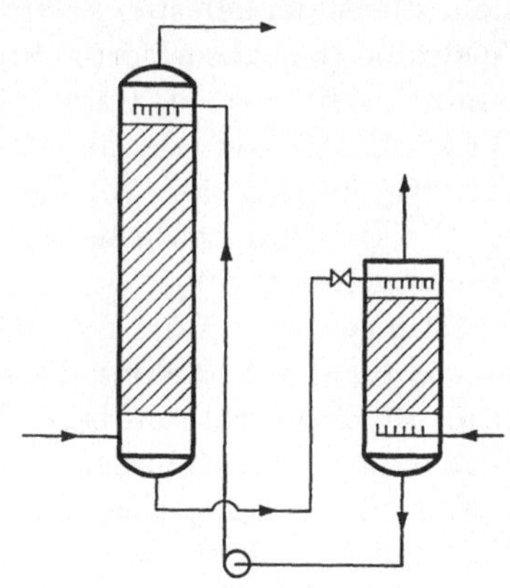

Abb. 42. Fließbild einer adiabatisch arbeitenden Absorptionsanlage mit Regeneration durch Entspannung des beladenen Waschmittels und Strippen mit einem Inertgas, z. B. mit Luft.

Man kann daher mit einem m^3 Wasser unter diesen Verhältnissen theoretisch maximal etwa 6 bis 7 Nm^3 Gas absorbieren. Da mit einem Wasserüberschuß gearbeitet werden muß, kann man je nach dem im Rohgas vorhandenen CO_2-Partialdruck in einer Druckwasserwäsche praktisch bis etwa 3 bis 5 Nm^3 CO_2/m^3 Wasser aus dem Gas entfernen. Mit großen Strippluftmengen, z. B. bis zum Hundertfachen der auszutreibenden CO_2-Mengen, lassen sich sehr geringe CO_2-Gehalte, z. B. 0,1 bis 0,2 %, im gewaschenen Gas bei geringen Höhen des Regenerierturms erzielen.

Das Fließbild einer derartigen Anordnung ist auf Abb. 42 dargestellt. Oft wird noch eine Vorspannung vorgesehen.

Die Regeneration durch Entspannung und anschließende weitere Entgasung durch Absaugung unter Vakuum oder Strippen mit einem Inertgas eignet sich auch für Kaltwäschen, bei denen besonders CO_2

und H_2S mit einem physikalisch lösenden, polaren, organischen Waschmittel, z. B. Methanol bei tiefen Temperaturen, etwa bei —30 bis —40 °C, ausgewaschen werden.

5. Wärmebedarf für die Regeneration

Das beladene Waschmittel, das die absorbierten Stoffe physikalisch gelöst enthält, wird, nachdem es gegebenenfalls von den niedrigstsiedenden Gasen in einer Vorentgasung nach den oben beschriebenen Grundsätzen befreit worden ist, bei der thermischen Regeneration erhitzt, um die Partialdrücke der abzutreibenden Komponenten möglichst zu erhöhen. Nach der Vorwärmung mit dem heiß ablaufenden Waschmittel gelangt es in den Regenerierturm, der in der üblichen Weise als Gegenstromsystem ausgebildet ist. Bei der letzten Vorwärmung und Entspannung des Waschmittels auf den Regenerationsdruck wird oft ein Teil der im Regenerierturm zu gewinnenden Produkte in Dampfform übergeführt, so daß sich die Beladung des Waschmittels beim Einlauf in den Regenerierturm entsprechend vermindert.

Der Wärmebedarf bei der Regeneration setzt sich aus der Desorptionswärme der gelösten Stoffe, der Wärmemenge, die zum destillativen Austreiben der absorbierten Stoffe oder zum Strippen, z. B. mit Wasserdampf oder inerten Gasen, notwendig ist, der Nachwärmung des Waschmittels von der Zulauf- bis auf die Sumpftemperatur des Regenerierturms und den Wärmeverlusten zusammen.

Die Desorptionswärme ist dem Waschmittel zuzuführen, um die in diesem gelösten Stoffe bei der Regenerationstemperatur wieder in den gasförmigen Zustand zu überführen. Sie entspricht der Absorptionswärme für die Aufnahme dieser Stoffe bei der Absorption. Wegen der erhöhten Temperaturen bei der Regeneration ist die Desorptionswärme bei den physikalisch lösenden Waschmitteln kleiner als die Absorptionswärme, die im Absorber für die Aufnahme der gleichen Stoffe abzuführen ist. Kann zwischen dem Waschmittel und den absorbierten Stoffen ideales Verhalten angenommen werden, so kann die Desorptionswärme den Verdampfungswärmen der einzelnen Stoffmengen gleichgesetzt werden. Dabei sind auch diejenigen Komponenten noch mit einer der Verdampfungswärme entsprechenden Enthalpiedifferenz beteiligt, deren kritische Temperaturen noch unterhalb der Regenerationstemperatur liegen. Die hierfür aufzuwendenden Wärmemengen sind in diesem Fall jedoch geringer als die Verdampfungswärme bei Temperaturen unter der kritischen Temperatur der betrachteten Komponente.

Das Strippen hat den Zweck, im Regenerierturm einen Unterschied zwischen den Partialdrücken der zu entfernenden Komponenten unmittelbar über dem Waschmittel und in dem Gas- oder Dampfstrom (Kern der Strömung) zu erzeugen, der gleichzeitig zum Heraustragen der absorbierten Komponenten dient.

Das Strippgas kann dem Waschmittel und den absorbierten Stoffen gegenüber inert sein, d. h. in diesen ganz oder nahezu unlöslich sein. Bestehen das Waschmittel und die absorbierten Stoffe z. B. aus Kohlenwasserstoffen, so kann bei entsprechenden Temperaturen Wasserdampf zum Strippen dienen. Der Regenerationsdruck setzt sich dann aus den Partialdrücken der absorbierten Komponenten und des zum Strippen verwendeten Wasserdampfs und zu einem kleinen Teil aus dem Partialdruck des Waschmittels zusammen. Beim Strippen mit Wasserdampf oder einem inerten Gas bleibt die Temperatur nahezu konstant (isotherme Desorption).

Voraussetzung für das Strippen mit Wasserdampf ist, daß die Temperaturen in allen Teilen des Regenerierturms so hoch sind, daß die Partialdrücke entsprechend dem Regenerationsdruck vorhanden sind, daß aus dem Dampf an keiner Stelle des Turms Wasser auskondensiert, und daß das Zustandsgebiet von Gashydraten auch bei der Kondensation über Kopf des Regenerierturms nicht erreicht wird.

Als inerte Strippgase können besonders bei Wasser oder wäßrigen Lösungen Luft oder sonst Gase, die aus einer Vorstufe des Verfahrens kommen, z. B. Methan, und in diese oder eine folgende Stufe zurückgeführt werden können, oder die aus einer Nachstufe zu erhalten sind, wie Stickstoff, z. B. aus einer Tieftemperaturgaszerlegung, dienen.

Wird ein inertes Strippgas oder Wasserdampf nicht verwendet, so muß der Eigendampfdruck des Waschmittels im Grenzfall bis auf den Regenerationsdruck erhöht werden. Der Dampf im Turm setzt sich in diesem Fall aus den Partialdrücken der abzutreibenden Komponenten und des Waschmittels zusammen. Die Temperatur kann bei gegebenen oder angenommenen Zusammensetzungen für einen bestimmten Druck mit Hilfe der Gln. (15) und (16) errechnet werden, wobei mehrmaliges Probieren notwendig ist. Die zum Austreiben notwendige Waschmittelmenge muß zusätzlich zur einlaufenden Waschmittelmenge in flüssiger Form in den Sumpf strömen, dort verdampfen und nach Kondensation über Kopf in gleicher Menge in Molen als Rücklauf in den Sumpf zurückkehren.

Wasserlösliche, organische Waschmittel können nicht durch Strippen mit Wasserdampf, sondern nur mit Hilfe des Eigendampfs regeneriert werden, der in einem Sumpfverdampfer erzeugt wird. Aber auch beim Abtreiben niedrigsiedender Kohlenwasserstoffe aus Waschölen arbeitet man oft ohne Wasserdampf, um die Schwierigkeiten zu vermeiden, die im oberen Teil des Turms durch die Kondensation von Wasserdampf entstehen können. In einzelnen Fällen besteht die

Möglichkeit, ein wasserlösliches, organisches Waschmittel bei tiefen Temperaturen, z. B. $-30\,^\circ$C, durch Strippen mit einem trockenen Inertgas zu regenerieren.

Die im Regenerierturm zum Abstrippen einer Komponente s aufzuwendende Gas- oder Dampfmenge ergibt sich für den Fall geringer Konzentrationen, der praktisch meist vorhanden ist, aus folgender Beziehung:

$$G_{Ms} = \frac{L_M S}{K_s} \tag{138a}$$

Hierin bedeuten:

G_{Ms} Gas- oder Dampfmenge zum Abstrippen der mit s bezeichneten Komponente im Regenerierturm (kg-Mol/m² h),
L_M Waschmittelmenge (kg-Mol/m² h),
K_s Gleichgewichtskonstante der Regeneration,
S Strippfaktor, Austreibfaktor.

Mit Volumeneinheiten, z. B. Nm³/m² h für das Strippgas, m³/m² h für die Flüssigkeit, und mit dem Bunsenabsorptionskoeffizienten α lautet diese Beziehung:

$$G_S = S L \alpha P_g \tag{138b}$$

Der Strippfaktor S entspricht dem Absorptionsfaktor A bei der Absorption. Er wird für die Schlüsselkomponente der Regeneration oft etwa zwischen 1,0 und 1,5 gewählt. Für die Abhängigkeit der Regeneration von der theoretischen Bodenzahl und dem Strippfaktor S gilt die auf Abb. 26 dargestellte Beziehung in gleicher Weise wie für den Absorptionfaktor A. Statt des Auswaschungsgrads setzt man jedoch hier mit den auf Abb. 43 gegebenen Bezeichnungen für reinen Strippdampf den Austreib- oder Strippgrad: $E_s = (x_L - x_0)/x_L$.

Die Schlüsselkomponente für die Regeneration braucht bei der Auswaschung einer Reihe von Stoffen nicht die Schlüsselkomponente der Absorption zu sein. Die erstere kann auch höher sieden als die Schlüsselkomponente für die Absorption. Die Gleichgewichtskonstante für die Schlüsselkomponente der Absorption sei mit K_a bezeichnet. Geht durch den Absorber die Gasmenge G_M und arbeitet die Anlage ohne Reabsorber, so daß im Absorber und im Regenerierturm die gleiche Waschmittelmenge umläuft, so erhält man für die Strippdampfmenge:

$$G_{MS} = A\,S\,\frac{K_a}{K_s}\,G_M \tag{139}$$

Werden die Gleichgewichtskonstanten für Absorption und Regeneration K_a und K_s durch die Eigendampfdrücke der Schlüsselkomponenten P_a' und P_s' sowie durch Aktivitätskoeffizienten ε_s und ε_a, die hier alle Abweichungen vom idealen Verhalten bei den im Absorber und im Regenerierturm vorhandenen Temperaturen und Drücken berücksichtigen, und durch die Gesamtdrücke im Absorber P_{gA} und im Regenerierturm P_{gS} ausgedrückt, so ergibt sich:

$$G_{MS} = A\,S\,G_M \frac{\varepsilon_a P'_a P_{gS}}{\varepsilon_s P'_s P_{gA}} \tag{140}$$

Wie diese Beziehung zeigt, ist ein hoher Absorberdruck für die Verringerung der Strippdampf- oder -gasmenge günstig, sofern der Einfluß der Fugazitäten den Vorteil der hohen Drücke durch einen hohen Wert des Aktivitätskoeffizienten ε_a nicht ausgleicht.

Häufig sind die Aktivitätskoeffizienten, soweit sie bei den physikalisch lösenden Waschmitteln Abweichungen vom idealen Verhalten durch zwischenmolekulare Kräfte infolge chemischer Besonderheiten des Waschmittels gegenüber der absorbierten Komponente bei der Lösung berücksichtigen, nur wenig von der Temperatur abhängig. Da die Aktivitätskoeffizienten, die den Einfluß des hohen Drucks bei der Absorption wiedergeben, für ideal und nichtideal lösende Waschmittel oft in gleicher Größenordnung liegen, ist das Verhältnis $\varepsilon_a/\varepsilon_S$ in vielen Fällen nahezu gleich 1. Der Strippgas- oder Strippdampfverbrauch ist daher für physikalisch lösende Waschmittel oft vom idealen oder nichtidealen Löslichkeitsverhalten des aus dem Waschmittel und der absorbierten Komponente bestehenden Gemischs nahezu unabhängig.

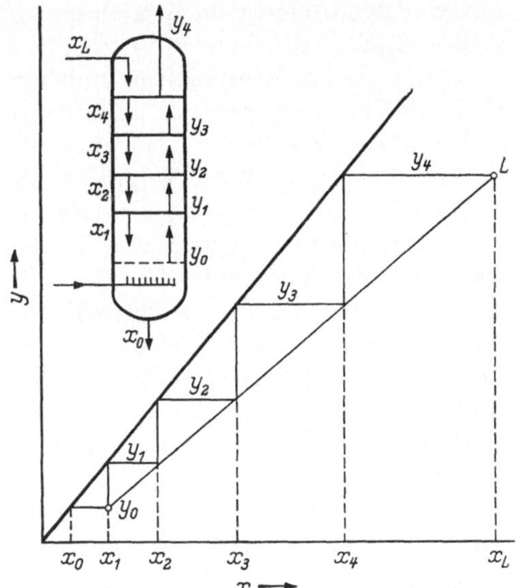

Abb. 43. Darstellung der Zusammensetzungen in einem x, y-System für einen isotherm arbeitenden Regenerierturm zur Abtreibung einer einzelnen Komponente aus dem Waschmittel mit den Stufen zwischen der Betriebsgeraden und der Gleichgewichtslinie für die Regenerationstemperatur.

6. Einfluß der Bodenzahl auf die Regeneration

Die theoretische Bodenzahl für das Strippen kann für kleine Partialdrücke der auszutreibenden Komponente in analoger Weise wie für den Absorber durch ein x, y-Stufendiagramm erhalten werden, wie es z. B. auf Abb. 43 für einen Regenerierturm mit vier theoretischen Stufen unter der Annahme isothermer Desorption geschehen ist. Die durch den Ursprung gehende Gerade ist die Gleichgewichtslinie. Ihr Anstieg y/x entspricht der Gleichgewichtskonstanten für die konstante Desorptionstemperatur. Da angenommen wird, daß das von einem Boden aufsteigende Gas sich mit der vom gleichen Boden ablaufenden Flüssigkeit im Gleichgewicht befindet, liegen die Punkte, die die Gehalte der abzutreibenden Komponente in den vom gleichen Boden abgehenden Phasen angeben, auf dieser Geraden. Unterhalb der Gleichgewichtslinie ist die Betriebs- oder Austauschgerade eingetragen. Auf ihr liegen alle Zustandspunkte der beiden Phasen zwischen zwei beliebigen Böden. Ihr Anstieg ist durch K/S gegeben. Der Gehalt des Waschmittels an der abzutreibenden Komponente ist durch den auf der Betriebsgeraden liegenden Punkt L mit der Beladung x_L gegeben. Die auszutreibende Komponente hat im Kopfgas den Anteil y_4. Mit dem Restgehalt x_0 läuft das regenerierte Waschmittel im Kreislauf auf den Absorberkopf zurück. Aus dem Sumpf entwickelt sich ein Dampf der auszutreibenden Komponente mit dem Gehalt y_0, der mit x_0 im Gleichgewicht steht.

Bei gegebener Temperatur des Waschmittels und des Drucks im Regenerierturm, d. h. bei gegebenem Anstieg der Gleichgewichtslinie, hängt die theoretische Bodenzahl des Regenerierturms überwiegend nur von dem Anstieg der Betriebsgeraden ab, der durch das Verhältnis $K/S = L_M/G_{MS}$ gegeben ist. Je größer die Strippgas- oder Strippdampfmenge G_{MS} bei konstanter Waschmittelmenge L_M ist, um so flacher verläuft die Betriebsgerade im x, y-Diagramm im Verhältnis zur Gleichgewichtslinie und um so kleiner ist die notwendige Bodenzahl. Umgekehrt kann man durch Vergrößerung der Bodenzahl Strippgas oder Wärme für den Strippvorgang sparen.

Der Mindestdampfverbrauch für das Austreiben ist dann gegeben, wenn die Betriebsgerade mit der Gleichgewichtslinie zusammenfällt. In diesem Fall ist die Bodenzahl unendlich groß anzunehmen. Dies ist auch der Fall, wenn vollkommen regeneriert werden soll, da dann nicht nur die Gleichgewichtslinie, sondern auch die Betriebsgerade durch den Nullpunkt des x, y-Systems gehen muß. Je weiter die Endkonzentration x_0 herabgesetzt wird, um so höher muß die Bodenzahl gewählt werden.

Die auf Abb. 43 dargestellten Verhältnisse gelten praktisch nur für kleine Beladungen und für die isotherme Desorption, z. B. für das Strippen eines nichtwasserlöslichen Waschmittels mit Wasserdampf. Bei größeren Beladungen und ohne Anwendung eines inerten Strippmediums verläuft die Desorption wie eine Destillation. Die Temperaturen steigen dabei vom Zulauf zum Sumpf hin, da die auszutreibenden Komponenten niedriger als das Waschmittel sieden. Im unteren Teil des Regenerierturms wachsen daher in diesem Fall die Dampfdrücke des Waschmittels so hoch, daß der aufsteigende Dampfstrom hier überwiegend aus dem Waschmittel besteht. Die Gleichgewichte müssen in diesem Fall in einem x, y-System durch eine gekrümmte Kurve dargestellt werden. Das Verhältnis des Eigendampfdrucks der Schlüsselkomponente der Regeneration und des Waschmittels bei gleicher Temperatur liegt der Größenordnung nach häufig etwa zwischen 5 und 100. Durch Abtreiben mit dem eigenen Dampf läßt sich das Waschmittel auf höchste Reinheit regenerieren.

Aus den Gleichgewichtskonstanten K_s für die auszutreibende Komponente s und K_L für das Waschmittel kann man eine einfache Beziehung für die Gleichgewichte zwischen y_s und x_s erhalten. Bei idealem Verhalten ist das Verhältnis der Gleichgewichtskonstanten K_s/K_L dem Verhältnis der Eigendampfdrücke von auszutreibender Komponente und Waschmittel P'_s/P'_L für den Druck und die Temperatur der Regeneration gleich, das mit α bezeichnet sei. Es ist daher stets größer als Eins.

Man erhält daher für das binäre Gemisch:

$$K_s = y_s/x_s$$

$$K_L = (1 - y_s)/(1 - x_s)$$

$$\frac{K_s}{K_L} = \frac{P'_s}{P'_L} = \frac{y_s(1 - x_s)}{x_s(1 - y_s)} = \alpha_i \tag{141}$$

$$y_s = \frac{\alpha_i x_s}{1 + (\alpha_i - 1) x_s} \tag{142}$$

Diese Beziehung stellt in einem x, y-System eine Hyperbel dar und gilt nur für das aus dem Waschmittel und der mit s bezeichneten Komponente bestehende System. Sie gilt näherungsweise auch dann, wenn der Gehalt an den übrigen Komponenten sehr gering ist, z. B. dadurch, daß die Komponente s im Rohgas überwiegt oder dadurch, daß für ihre Absorption ein selektiv wirkendes Waschmittel zur Verfügung steht.

Eine Gleichgewichtshyperbel, die sich nach der obenstehenden Beziehung für ein bestimmtes Eigendampfdruckverhältnis und für ideales Verhalten ergibt, ist auf Abb. 44 in einem x, y-System mit molaren Einheiten dargestellt.

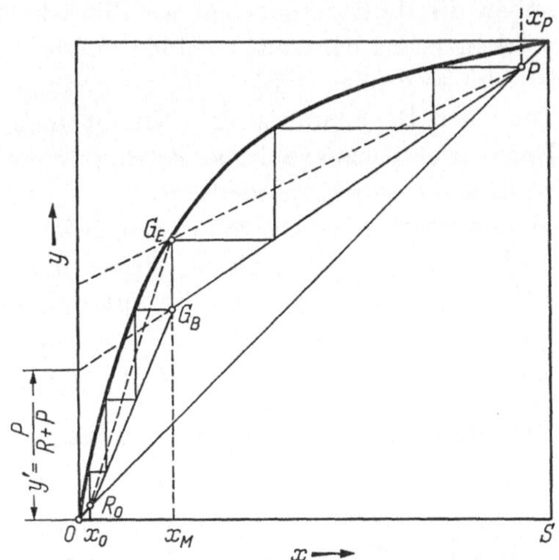

Abb. 44. Darstellung der Zusammensetzungen in einem x, y-System für einen aus Abtriebs- und Verstärkungsteil bestehenden Regenerierturm zur destillativen Trennung eines aus dem Waschmittel und der absorbierten Komponente bestehenden Gemischs (McCabe-Thiele-Diagramm).

Besteht der Regenerierturm nur aus einem Abtriebsteil, auf dessen obersten Boden das beladene Waschmittel aufläuft, so sind die Zusammensetzungen, z. B. für einen Zulauf mit dem Gehalt x_M und einen Ablauf mit dem Gehalt x_0, durch die Betriebsgerade $R_0 G_B$ gegeben.

Die theoretische Bodenzahl wird für diesen Fall durch einen Stufenzug erhalten, der zwischen der Betriebsgeraden $R_0 G_B$ einerseits und der Gleichgewichtskurve andererseits in der auf Abb. 43 und 44 dargestellten Weise gezogen wird. Die im Sumpf des Regenerierturms zum Abtreiben zuzuführende Wärmemenge ergibt sich entsprechend der Dampfmenge G_M aus der Steigung der Betriebsgeraden L_M/G_M. Die minimale Dampfmenge ist für die Konzentrationen x_0 und x_M durch die Gerade $R_0 G_E$ gegeben. Der aus dem obersten Boden des Regenerierturms austretende Dampf enthält im vorliegenden Beispiel noch erhebliche Anteile des Waschmittels.

Ist das Eigendampfdruckverhältnis α zwischen abzutreibendem Stoff und Waschmittel verhältnismäßig klein, so ist zur vollständigen, destillativen Trennung in der Regel noch ein Verstärkungsteil über dem Abtriebsteil notwendig, der über dem Waschmittelzulauf angeordnet wird. Die beiden Betriebsgeraden $R_0 G_B$ für den Abtriebsteil und $G_B P$ für den Verstärkungsteil schneiden sich, wie Abb. 44 in einem x, y-System zeigt, bei der Konzentration x_M. Die theoretischen Bodenzahlen ergeben sich aus den Stufenzahlen zwischen den beiden Betriebsgeraden und der Gleichgewichtskurve (McCabe-Thiele-Diagramm)[1]. Je näher die Betriebsgeraden an die Gleichgewichtskurve heranrücken, je kleiner also der vom Rücklaufkondensator zurückgeleitete Rücklauf ist, um so größer werden die notwendigen Bodenzahlen für die beiden Teile des Regenerierturms. Nimmt man an, daß das über Kopf des Regenerierturms erhaltene Produkt P keine Waschmittelteile enthält, so daß für den Kopfdampf $y = 1$ ist, und bedeutet R den vom Kopf in den Sumpf herabströmenden Rücklauf, dessen Molzahl von oben nach unten konstant bleibt, so ist der Abschnitt auf der y-Achse für $x = 0$ bis zum Schnittpunkt mit der Betriebsgeraden (Abb. 44):

$$y' = \frac{P}{R + P} \tag{143}$$

Die Steigung dieser Betriebsgeraden ist durch

$$\frac{dy}{dx} = \frac{R}{R + P} \tag{144}$$

gegeben. Aus diesen Beziehungen läßt sich die im Rücklaufkondensator zu verflüssigende Kopfdampfmenge errechnen, die im Sumpf durch einen Verdampfer zuzuführen ist. Der aufsteigende Dampfstrom

[1] McCabe, Thiele: Ind. Engng. Chem. Bd. 17 (1925) S. 605.

$(R + P)$ in Molen m²/h bleibt dabei über den ganzen Regenerierturm konstant, wenn das Waschmittel mit seiner Beladung ausschließlich im flüssigen Zustand mit Vorwärmung auf Siedetemperatur zugeführt wird.

Die minimale Rücklaufmenge wird auf Abb. 44 durch die Geraden $P\,G_E$ und $R_0 G_E$ für $x = x_0$ im Sumpf, $x = x_P$ im Kopf und die Beladung x_M dargestellt. Wenn in dem Verstärkungsteil das Produkt rein gewonnen wird, so gilt unabhängig von der Beladung x_M für das Verhältnis von Rücklauf zu Zulauf bei dem minimalen Rücklauf:

$$\frac{R}{L_M} = \frac{1}{\alpha_i - 1} \tag{145}$$

Der wirklich anzuwendende Rücklauf kann für viele Fälle um etwa 50% größer angenommen werden als der minimale Rücklauf.

Muß das Waschmittel im Regenerierturm erheblich durch den von unten aufsteigenden Dampf nachgewärmt werden, so sind hierfür noch zusätzlich einige Böden erforderlich.

7. Austreiben verschiedener Komponenten

In ähnlicher Weise, wie ein physikalisch lösendes Waschmittel bei der Absorption die einzelnen Komponenten aus dem Rohgasgemisch entsprechend dem Verhältnis der Flüchtigkeit der Schlüsselkomponente zur Flüchtigkeit der einzelnen Komponenten entfernt, werden diese in der Regeneration entsprechend ihrer Flüchtigkeit verschieden aus dem Waschmittel ausgetrieben. Werden z. B. für Absorption und Regeneration die gleichen Schlüsselkomponenten gewählt, so wird nur diese nahezu vollständig in der Regeneration gewonnen. In diesem Fall bereitet es zwar keine Schwierigkeiten, die niedriger siedenden, in der Absorption nur teilweise aufgenommenen Komponenten in der Regeneration vollständig auszutreiben. In dem Waschmittel verbleibt jedoch eine Restbeladung an den höher siedenden Komponenten, die in der Regeneration nicht oder nur teilweise ausgetrieben werden. Dadurch gelangt ein Teil dieser Komponenten mit dem Waschmittel auf den Absorberkopf.

Wird z. B. bei der Absorption eines Gemischs von Kohlenwasserstoffen, als Schlüsselkomponente für die Regeneration die gegenüber der Schlüsselkomponente der Absorption nächsthöher siedende Komponenten mit einem Kohlenstoffatom mehr im Molekül gewählt und die Strippdampfmenge auf die Austreibung dieser Komponente eingestellt, so muß der Wärmebedarf dafür in der Regeneration auf ein Mehrfaches, z. B. auf das Zwei- bis Vierfache, gesteigert werden. Dieser hängt daher für eine bestimmte Schlüsselkomponente der Absorption wesentlich von der Wahl der Schlüsselkomponenten für die Regeneration ab.

Wird die Regeneration durch Anwendung einer größeren Strippdampfmenge auf eine höher siedende Komponente eingestellt als die Absorption, so werden alle Komponenten, die zwischen den Schlüsselkomponenten der Absorption und der Regeneration liegen, nahezu vollständig gewonnen. Der Grenzfall ist dadurch gegeben, daß als Schlüsselkomponente für die Regeneration die unmittelbar unter dem Waschmittel siedende Komponente des Rohgases gewählt wird. In diesem Fall ist jedoch die Trennung in der Regeneration zwischen 2 Stoffen mit geringem Dampfdruckverhältnis vorzunehmen, so daß der Wärmebedarf besonders bei großen Waschmittelmengen, also bei einer niedrigsiedenden Schlüsselkomponente in der Absorption, sehr hoch wird.

Da die Gewinnung der einzelnen Komponenten eines Gasgemischs sowohl von der Wahl der Schlüsselkomponenten der Absorption als auch der Regeneration abhängt, ist die Ausbeute der einzelnen Komponenten für gegebene Faktoren A und S und gegebene Bodenzahlen durch die Festlegung der Ausbeute von 2 Komponenten bestimmt. Es ist in beschränktem Umfang auch noch möglich, den Auswaschungsgrad einer zweiten Komponente in der Absorption, die vorzugsweise niedriger siedet als die Schlüsselkomponente der Absorption und den Austreibungsgrad einer zweiten Komponente in der Regeneration, die vorzugsweise höher siedet als die Schlüsselkomponente der Regeneration, festzulegen und durch geeignete Wahl der Faktoren A und S und der Bodenzahlen von Wasch- und Regenerierturm zu erreichen, so daß maximal die Ausbeuten von 4 Komponenten in gewissen Grenzen gefordert werden können. Die Ausbeuten aller übrigen Komponenten sind damit gegeben und nicht zu beeinflussen.

Wird mit einem inerten Gas oder Wasserdampf gestrippt und die Strippgasmenge nach der obenstehenden Gl. (138) für die Schlüsselkomponente s

$$G_{M\,s} = \frac{L_M\,S}{K_s}$$

bestimmt, so gilt in analoger Weise wie bei der Absorption bei konstantem Verhältnis L_M/G_M und isothermer Desorption für die einzelnen, abzutreibenden Komponenten $a, b, c, \ldots, s$ usw.:

$$\frac{K_a}{S_a} = \frac{K_b}{S_b} = \frac{K_c}{S_c} = \ldots = \frac{K_s}{S_s} = \ldots \tag{146}$$

Man erhält damit aus den Gleichgewichtskonstanten die Strippfaktoren S für die einzelnen Komponenten und mit Hilfe der auf Abb. 26 dargestellten Beziehung den Austreib- oder Strippgrad.

In ähnlicher Weise wie für die Absorption (s. S. 94) ist in dem auf Abb. 45 dargestellten x, y-System eine Gleichgewichtskurve OE_s für die Schlüsselkomponente der Regeneration und je eine Gleichgewichtslinie für die nächsthöhersiedende Komponente OE_b und für eine niedriger siedende Komponente OE_a für die Regenerationstemperatur eingetragen. Die Betriebsgeraden sind durch die Beladungen, die durch die Punkte A_s, A_b und A_a festgelegt seien, durch $R_s A_s$ für die Schlüsselkomponente, durch $R_b A_b$ für die höher siedende und durch $R_a A_a$ für die niedriger siedende Komponente gegeben. Sie haben entsprechend dem Verhältnis L_M/G_M im Regenerierturm die gleiche Steigung. Die 3 Komponenten werden in dem vorliegenden Beispiel bis zur Restbeladung $x_{0a} \approx 0$, x_{0s} und x_{0b} vom Waschmittel abgetrennt.

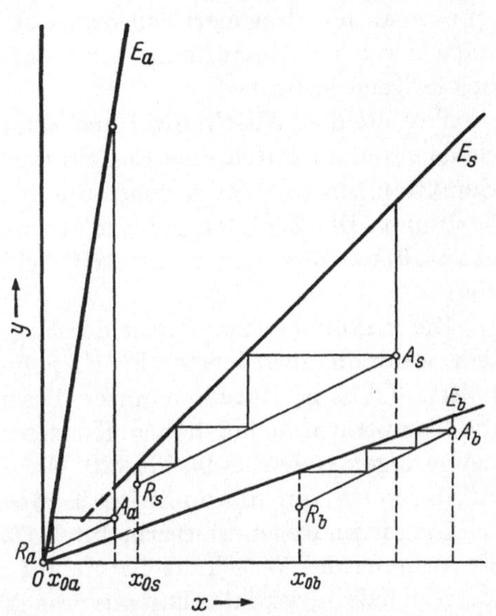

Abb. 45. Darstellung des Verlaufs der Zusammensetzungen bei der isothermen Regeneration eines mit 3 Komponenten a, b und s beladenen Waschmittels mit Hilfe der 3 Betriebsgeraden mit konstanter Steigung und der 3 Gleichgewichtslinien für die einzelnen Komponenten.

8. Die Temperaturen bei der Regeneration

Während der Betriebsdruck in der Absorption meist durch die verfahrensmäßige Eingliederung der Anlage gegeben ist, kann der Betriebsdruck der Regeneration in der Regel nach den für diese günstigsten Verhältnissen gewählt werden. Nach Möglichkeit wird dabei der Atmosphärendruck bevorzugt. Höhere Drücke sind notwendig, wenn der Kopfdampf des Regenerierturms ganz oder teilweise mit dem vorhandenen Kühlmittel, z. B. Kühlwasser oder dem Kältemittel einer Kältemaschine, verflüssigt werden soll, um durch Kondensation den Rücklauf für die Erzeugung des Strippdampfs zu erhalten. Das eigentliche, aus der Anlage abzuführende Produkt kann dabei in gasförmigem oder auch in flüssigem Zustand über Kopf abgezogen werden. Wenn das gasförmige Kopfprodukt des Regenerierturms unter hohem Druck gebraucht wird, so können durch hohen Regenerationsdruck unter Umständen Verdichtungskosten gespart werden.

Der Betriebsdruck in der Regeneration wird ferner durch die Temperatur im Sumpf des Regenerierturms begrenzt, die durch das vorhandene Heizmittel erzeugt werden soll und z. B. bei Dampfbeheizung mindestens etwa 30 °C unterhalb der hinter dem Dampfdruckregler vorhandenen Sattdampftemperatur liegen muß. Entsprechend dem Regenerationsdruck steigt die Temperatur des Waschmittels von der Zulauftemperatur auf die Siedetemperatur im Sumpf des Regenerierturms.

Besteht das Waschmittel aus einer Mineralölfraktion, so daß sein Siedeverhalten durch eine Siedekurve gekennzeichnet ist, so wird die Sumpftemperatur vorwiegend durch die niedrigstsiedenden Anteile bestimmt. Die Siedetemperatur entspricht dabei dem Punkt, bei dem etwa 10 bis 15% der Flüssigkeit bei der Siedeanalyse übergegangen sind.

Die maximale Temperatur der Regeneration muß oft begrenzt werden, wenn die absorbierten Stoffe polymerisierende Komponenten enthalten. Ist z. B. Butadien unter diesen Stoffen vorhanden, so dürfen die Temperaturen bei hohen Konzentrationen etwa 70 bis 90 °C und bei geringen Gehalten 90 bis 120 °C nicht übersteigen. Mit Zugabe von Inhibitoren kann die zulässige Temperaturgrenze erhöht werden.

Um die im Regenerierturm durch Dampf aufzubringende Wärme zur Erwärmung des Waschmittels bis auf die Sumpftemperatur möglichst klein zu halten, wird das kalt aus dem Absorber oder einer Vorentgasung ablaufende Waschmittel durch das heiß aus dem Regenerierturm kommende Waschmittel in einem Wärmeaustauscher vorgewärmt. Je höher das beladene Waschmittel dabei erwärmt werden kann, um so geringer ist die Wärmemenge, die im Regenerierturm zur Nachwärmung des Waschmittels auf die Sumpftemperatur aufzubringen ist.

Der Temperaturunterschied, der im Mittel für den Wärmeübergang im Wärmetauscher mindestens notwendig ist, beträgt etwa 8 bis 20 °C. Kleine Temperaturunterschiede für den Wärmeübergang, z. B. 7 bis 10 °C, am kalten Ende des Wärmetauschers sind zweckmäßig, wenn der Absorber als Kaltwäsche mit tiefen Temperaturen, z. B. mit künstlicher Kälte, betrieben wird. Je größer die Beladung des Waschmittels ist, um so größer ist der Temperaturunterschied am warmen Ende des Wärmeaustauscher im Vergleich zum kalten Ende.

Die Siedetemperatur des Waschmittels im Sumpf des Regenerierturms läßt sich für einen gegebenen Regenerationsdruck vermindern, wenn kleine Anteile des Produkts im Waschmittel verbleiben können.

Auf Abb. 46 sind die Siedekurve (untere Kurve) und die Kondensationskurve (obere Kurve) eines aus dem Waschmittel und dem absorbierten Produkt bestehenden Zweistoffsystems in einem $t - x, y$-Diagramm für konstanten Druck dargestellt. Sie verlaufen zwischen dem Siedepunkt des Waschmittels L und dem Siedepunkt des abzutreibenden Stoffs S. Die Siedetemperatur des kalten, beladenen

Waschmittels t_1 entspricht dem Punkt L_1 mit dem Gehalt x_1 an dem Stoff S. Durch Vorwärmung des Waschmittels auf die Temperatur t_2, bei der das Waschmittel den Zustand des Punktes L_2 mit dem Gehalt x_2 annimmt, verdampft ein Teil der Beladung und des Waschmittels beim Auflauf im Verhältnis der Strecken L_2M/L_2G_2.

In dem Regenerierturm werde der Gehalt an dem abzutrennenden Stoff S auf den Gehalt x_3 entsprechend dem Punkt L_3 mit der Temperatur t_3 gesenkt, wobei im Sumpf des Regenerierturms eine Gasphase G_3 entsteht. Die Sumpftemperatur t_3 liegt dabei erheblich niedriger als die Siedetemperatur des reinen Waschmittels, die durch den Punkt L gegeben ist. Der Restgehalt an absorbiertem Stoff x_3 vermindert daher die Siedetemperatur im Sumpf erheblich. Der Wärmebedarf für die Nachwärmung des Waschmittels im Regenerierturm erreicht die praktische Grenze, wenn die Temperaturdifferenz zwischen Einlaufboden und Sumpf dem Temperaturunterschied am warmen Ende des Wärmeaustauschers gleich ist, der wegen des Wärmeübergangs in diesem mindestens erforderlich ist.

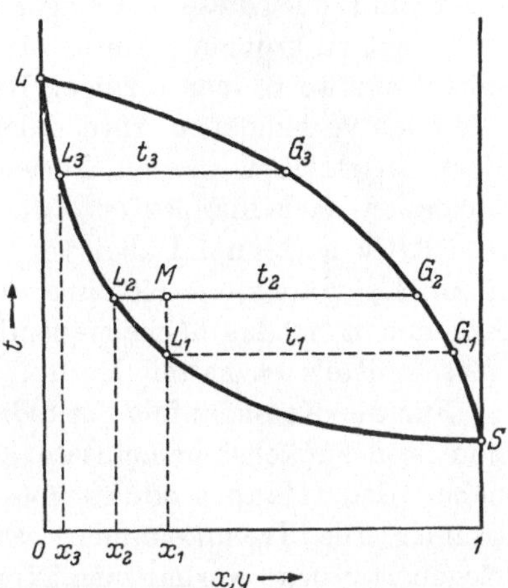

Abb. 46. Temperaturen bei der destillativen Regeneration eines Waschmittels in einem $t - x, y$-Bild für konstanten Druck für das aus dem Waschmittel und der abzutrennenden Komponente bestehende Gemisch.

9. Trennung der absorbierten Stoffe

Die Regeneration eines physikalisch lösenden, beladenen Waschmittels hat häufig die Aufgabe, die absorbierten Stoffe, z. B. Kohlenwasserstoffe, in einzelne Komponenten oder Fraktionen mit eng begrenzten Siedebereichen zu zerlegen. Hierzu kann man das beladene Waschmittel nach Erwärmung nacheinander durch zwei oder mehrere Kolonnen leiten, in denen die Produkte entsprechend ihrer Siedelage destillativ vom Waschmittel abgetrennt werden (stufenweise Regeneration). Die vordersten Kolonnen treiben dabei die niedrigstsiedenden und die folgenden Kolonnen die höher siedenden Stoffe ab. Der Vorteil des Verfahrens besteht darin, daß die erste Kolonne unter hohem Druck betrieben werden kann, um noch einen genügenden Rücklauf zu erhalten. Die letzte Kolonne kann mit geringerem Druck oder unter Atmosphärendruck gefahren werden. Der notwendige Rücklauf ist in der vordersten Kolonne am geringsten und in der letzten Kolonne am größten. Der wesentliche Nachteil dieser

Anordnung besteht darin, daß die verhältnismäßig große Waschmittelmenge nacheinander durch *alle* Kolonnen zu leiten ist.

Wenn die gasartigen Komponenten aus der Beladung bereits entfernt sind und diese vorwiegend aus mittelsiedenden Komponenten mit nicht zu großem Siedebereich besteht, kann das beladene Waschmittel nur über einen einzigen Regenerierturm geleitet werden, in dem alle noch vorhandenen Anteile der absorbierten Stoffe gemeinsam über Kopf abgetrieben werden. Diese werden in mehreren nachgeordneten Kolonnen nacheinander etwa in der auf Abb. 28 dargestellten Weise destillativ getrennt. Dabei wird das niedrigstsiedende Produkt über Kopf der vordersten Kolonne erhalten. Aus dem Sumpf der letzten Kolonne läuft das höchstsiedende Produkt ab, das bereits Teile des Waschmittels enthalten kann.

Für die Kolonnenfolge gilt die Regel, daß man engsiedende Komponenten zunächst gemeinsam abdestilliert und in einer besonderen, neben dem Hauptproduktstrom angeordneten Kolonne voneinander trennt. Die Trennkolonnen erhalten, verglichen mit Wasch- und Regenerierturm, verhältnismäßig geringe Durchmesser.

Der Vorteil dieses Verfahrens liegt darin, daß das Waschmittel in der eigentlichen Regeneration nur durch *einen* Turm zu führen ist, und daß die auf die Waschmittelmenge bezogene, große Rücklaufmenge nur einmal aufzubringen ist. Der Rücklauf des Regenerierturms wird auf die Abtrennung der höchstsiedenden Komponente des gemeinsam abgetriebenen Produkts eingestellt, so daß die Rücklaufwärme verhältnismäßig hoch ist. Voraussetzung für dieses Verfahren ist dabei, daß das Waschmittel so weit entgast ist, daß die notwendige Rücklaufmenge im Kondensator des Regenerierturms bei nicht zu hohem Druck erhalten werden kann.

Ist der Siedebereich der zu absorbierenden und in der Regeneration abzutreibenden Stoffe verhältnismäßig groß, so wird in der Regel eine mehrstufige Absorptionsanlage (geteilte Wäsche) mit je einer Regeneration in jeder Stufe wirtschaftlicher sein (s. S. 103).

10. Waschmittelersatz

Das aus dem Absorber austretende Reingas sättigt sich mit dem auf den Absorberkopf auflaufenden Waschmittel und nimmt daher kleine Anteile des Waschmittels als Dampf entsprechend ihrer Flüchtigkeit mit. Durch Verwendung hochsiedender Waschmittel und Herabsetzung der Absorptionstemperatur läßt sich der Waschmittelverlust im abziehenden Reingas begrenzen.

Darüber hinaus können Teile des Waschmittels in Form von Tröpfchen, Schaumblasen oder Nebel mitgeführt werden. Die mechanisch mitgerissenen Teilchen lassen sich durch Füllkörperschichten,

Maschendraht- und Siebgewebeschichten, die meist im Absorberkopf untergebracht werden, oder durch Zyklone abscheiden.

Der Waschmittelverlust des Absorbers G_{MW} (Mol/m² h), der durch die Flüchtigkeit entsteht, ergibt sich aus der Menge des gewaschenen Gases G_M (Mol/m² h) und der Konzentration des Waschmitteldampfs im Reingas y (Mol/Mol) aus folgender Beziehung:

$$G_{MW} = G_M\, y \tag{147}$$

Da für das Waschmittel im Absorberkopf $x_W = 1$ ist, gilt auch:

$$G_{MW} = G_M\, K_W \tag{148}$$

Hierin bedeutet K_W die Gleichgewichtskonstante des Waschmittels bei der Temperatur und dem Druck im Absorberkopf. Steht das Gas im Absorber unter hohen Drücken, so hängt der an sich geringe Waschmittelverlust wesentlich von der Gaszusammensetzung ab. Er ist in diesem Fall geringer, wenn das Gas vorwiegend aus Wasserstoff besteht, und ist erheblich größer, wenn es vorwiegend Methan und andere niedrigsiedende Kohlenwasserstoffe enthält. Im übrigen steigt der Waschmittelverlust mit abnehmendem Druck.

Bezieht man den im Reingas entstehenden Waschmittelverlust auf die Waschmittelmenge L_M, so ergibt sich mit der Gleichgewichtskonstanten für die Schlüsselkomponente K_A der Absorption das Verhältnis von Waschmittelverlust zu umlaufender Waschmittelmenge:

$$\frac{G_{MW}}{L_M} = \frac{K_W}{A\, K_A} \tag{149}$$

Das Verhältnis von K_W/K_A muß möglichst klein sein und liegt oft in der Größenordnung von etwa 10^{-2} bis 10^{-4}.

Ist der im Reingasstrom auftretende Waschmittelverlust zu hoch, so kann der aus dem Absorber abziehende Reingasstrom zur Rückgewinnung der mitgeführten Waschmittelreste mit einem höher siedenden Waschmittel nachgewaschen werden. Dieser Nachwäscher arbeitet in der Regel mit der gleichen Temperatur wie der Hauptabsorber. Das beladene Waschmittel der Wiedergewinnungsstufe muß in einer besonderen Regenerierkolonne von den aufgenommenen Waschmittelresten befreit werden. Wegen der höheren Siedelage des Nachwaschmittels muß diese Regenerierkolonne mit entsprechend höherer Temperatur arbeiten als die Regenerierkolonne des Hauptwaschkreislaufs. Die Nachwaschmittelmengen sind sehr gering, da die Gleichgewichtskonstante K_W für das Waschmittel des Hauptwaschkreislaufs bei der Absorptionstemperatur sehr klein ist.

Das Fließbild einer Anlage mit Waschmittelrückgewinnung ist auf Abb. 47 dargestellt.

Hat das beladene Waschmittel große Gasmengen aufgenommen, so werden in der Vorentgasung oder auch in der Regeneration Gasmengen frei, die unter geringen Drücken stehen und zum Teil auch höhere Temperaturen aufweisen. Diese Gase können daher Waschmitteldämpfe enthalten, deren Menge in derselben Größenordnung liegen kann wie die in den Gasen des Hauptabsorbers mitgeführten Mengen.

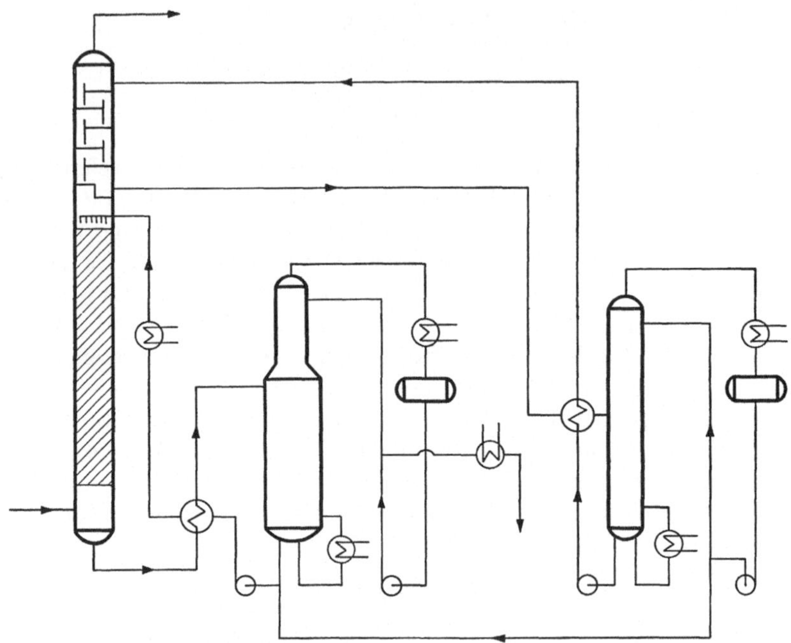

Abb. 47. Fließbild einer Absorptionsanlage mit einem Nachwaschteil zur Waschmittelrückgewinnung aus dem Reingas mit besonderer Regeneration zur destillativen Trennung des reabsorbierten Waschmittels von dem Nachwaschmittel.

Werden Entspannungsgase vor den Hauptabsorber zurückgedrückt, so werden dabei auch die Waschmittelreste dieses Gasstroms zurückgewonnen. Im übrigen sucht man durch Kühlung dieser Gase möglichst viel Waschmitteldampf zu verflüssigen, soweit dies möglich ist.

Hinsichtlich des Waschmittelverlusts sind Wasser und die als chemisch wirkende Waschmittel benutzten, wäßrigen Salzlösungen als ideal zu betrachten.

Waschmittelverluste können ferner durch Zersetzungen des Waschmittels eintreten, wenn die Temperaturen bei der Regeneration zu hoch sind und das Waschmittel temperaturempfindlich ist.

Viele Gase enthalten polymerisierende Bestandteile, Harzbildner und die Polymerisation begünstigende Stoffe, die mit dem beladenen Waschmittel in die Regeneration gelangen und hier durch die Erwärmung feste und flüssige Polymerisate bilden. Diese verdicken das Waschmittel im Laufe der Zeit, so daß es in größeren Abständen ersetzt werden muß. In solchen Fällen sind Waschmittel mit verhältnismäßig niedrigem Siedepunkt oder nicht zu hohem Siedeende vorteilhaft, da man dann einen Teilstrom des Waschmittels laufend aus der Regeneration abziehen und destillativ von den hochsiedenden Rückständen trennen kann, die im Sumpf der hierzu verwendeten Reinigungskolonne zurückbleiben.

11. Kraftbedarf

Steht das Gas mit dem Absorptionsdruck zur Verfügung und wird mit Kühlwassertemperaturen gearbeitet, so sind die wesentlichen Kraftverbraucher die Druckpumpe, die das regenerierte Waschmittel durch den Wärmetauscher gegen den Absorberdruck auf den Kopf des Absorptionsturms fördert, und gegebenenfalls Rekompressoren, die Gase, die bei der Entgasung des Waschmittels oder an anderen Stellen der Regeneration frei werden, vor den Hauptabsorber oder einen Reabsorber zurückverdichten, weil z. B. Verluste von Komponenten, die in diesen Gasen enthalten sind, begrenzt werden müssen. Der Kraftbedarf einer Pumpe, die das Waschmittel auf den Absorberkopf fördert, ist bezogen auf eine bestimmte Gasmenge nur wenig von dem Gesamtdruck abhängig, wie sich aus den Beziehungen 87, 88 und 89 ergibt. Arbeitet der Absorber unter Atmosphärendruck oder mit geringem Überdruck, so ist eine weitere Pumpe notwendig, die das beladene Waschmittel aus dem Sumpf des Absorbers auf den Kopf des Regenerierturms fördert.

Bei großen Waschmittelmengen und Absorberdrücken, z. B. über etwa 15 ata, die ein genügendes Gefälle liefern, kann der Kraftbedarf für die Pumpe so groß sein, daß es wirtschaftlich ist, einen Teil der Druckenergie des aus dem Absorber beladen ablaufenden Waschmittels in einer Turbine als mechanische Energie zurückzugewinnen. Hierzu wird die Förderpumpe mit der Turbine und dem Elektromotor auf einer gemeinsamen Welle zu einem Maschinensatz vereinigt. Als Turbine wird meist eine Freistrahlturbine verwendet. Der Gehäusedruck in der Turbine wird so gewählt, daß das beladene Waschmittel noch mit eigenem Druck auf den Kopf des Regenerierturms strömen kann. Je nach den Verhältnissen können mit einer Flüssigkeitsturbine etwa 50 bis 75% des Pumpenkraftbedarfs zurückgewonnen werden.

Um bei der Auswaschung von Gasen, wie z. B. Äthan, Äthylen, Propan, Propylen usw., aus Druckgasen mit kleineren Waschmittelmengen arbeiten zu können, ist es meist zweckmäßig, die Temperaturlage der Absorption durch Anwendung einer Kältemaschine zu senken. Mit einer einstufigen Ammoniak-Kompressions-Kältemaschine können etwa Waschtemperaturen von $-10°$ C, mit einer zweistufigen Maschine

Temperaturen von etwa $-35°$ C erreicht werden, so daß die Gleichgewichtskonstanten für die Absorption erheblich vermindert werden können. Um den Kraftbedarf der Kältemaschine zu verringern, muß der Wärmeaustausch zwischen kaltem und warmem Waschmittel weiter getrieben werden als beim Kühlwasserbetrieb. Mindestens sind die durch Unvollständigkeit des Wärmeübergangs in den Austauschern erforderlichen Wärmemengen, die durch die notwendigen Temperaturunterschiede entstehen, die Kälteverluste, die in den Gasströmen bei der Tiefkühlung auftretenden Kondensationswärmen und die Absorptionswärme durch die Kältemaschine zu decken. Ein Teil der Absorptionswärme kann oft bei der Entspannung des beladenen Waschmittels zur Kühlung des Waschmittels ausgenutzt werden, so daß er die Kältemaschine nicht belastet.

Mittelbar ist ferner der Kraftbedarf für den Druckverlust des Hauptgasstroms im Absorber und bei Kaltwäschen in den Wärmeaustauschern und Kühlern aufzubringen.

Wird das Rohgas nicht aus Verfahrensgründen, die durch die folgenden Stufen bestimmt sind, sondern lediglich zur Verminderung des Waschmittelumlaufs einer Absorptionsanlage verdichtet, so ist ein Enddruck von 8 bis 12 ata günstig. Die Waschmittelmenge vermindert sich dabei etwa auf $^1/_8$ bis $^1/_{12}$ gegenüber dem Betrieb unter Atmosphärendruck. Die Verdichtung des Rohgases vor Eintritt in die Absorptionsanlage zur Verringerung des Waschmittelumlaufs ist besonders für Kaltwäschen vorteilhaft, da der Kältebedarf durch arbeitsleistende Entspannung des gewaschenen Gases gedeckt oder teilweise gesenkt werden kann.

Kreislaufströme, die aus einem Teil der Anlage in einen anderen zurückgeführt werden sollen, sind möglichst in einen Strom von gleicher oder ähnlicher Zusammensetzung einzuleiten, um geleistete Trennarbeit nicht durch Vermischung teilweise zu vernichten, was sich auf den Kraftbedarf ungünstig auswirken würde.

Der gesamte Energiebedarf eines Absorptionsverfahrens ist in jedem Fall höher als der theoretische Mindestenergieverbrauch. Dieser ergibt sich als isotherme Entmischungsarbeit mit der Annahme einer semipermeablen Wand für den Stoffübergang durch die Verdichtung der abzutrennenden Gaskomponente einerseits und des inerten Trägergases oder des Reingases andererseits.

Bezeichnen G_2 und G_1 die Roh- und die Reingasmenge in Nm³, so daß $(G_2 - G_1)$ die abgetrennte Menge der zu entfernenden Komponente in Nm³ bezeichnet, so erhält man den theoretischen Mindestenergieverbrauch für die isotherme Trennarbeit durch folgende Beziehung:

$$N_{th} = (G_2 - G_1)\, P \left(\ln \frac{G_2}{(G_2 - G_1)} + \left(\frac{G_1}{G_2 - G_1}\right) \ln \frac{G_2}{G_1}\right)$$

Der wirkliche Energieverbrauch einer Absorptionsanlage beträgt je nach den Verhältnissen etwa das Drei- bis Zehnfache der theoretischen Trennarbeit. Diesem Verhalten entspricht eine erhebliche Entropiezunahme der beteiligten Stoffe.

An einem Beispiel soll die Größenordnung des Verhältnisses zwischen der wirklich verbrauchten und der theoretischen Mindestenergie erläutert werden. Aus 10000 Nm³/h Rohgas soll CO_2, das in diesem mit 30% vorhanden ist, bei einem Druck von 20 ata mit Wasser bei 25° C bis auf 1% Restgehalt ausgewaschen werden. Die Mitabsorption inerter Gasbestandteile soll unberücksichtigt bleiben.

Es betragen danach:

Rohgasmenge $G_2 = 10000$ Nm³/h
Reingasmenge $G_1 = 7071$ Nm³/h
abgetrennte Gasmenge $= (G_2 - G_1) = 2929$ Nm³/h

Damit erhält man für die theoretische Mindestenergiemenge:

$$N_{th} = 0{,}0272 \cdot 1{,}033 \frac{298}{273} \cdot 2929 \left(\ln \frac{10000}{2929} + \frac{7071}{2929} \ln \frac{10000}{7071}\right)$$

$$N_{th} = 185\ \text{kWh}$$

Die wirklich in Umlauf zu setzende Wassermenge ergibt sich aus Gl. (88) mit dem Faktor $A = 1{,}3$ und dem Absorptionskoeffizient α nach Tab. 1:

$$L = \frac{A\,G}{\alpha\,P_g} = \frac{1{,}3 \cdot 10000}{20 \cdot 0{,}759} = 855\ \text{m}^3/\text{h}$$

Der Kraftbedarf für die Umlaufpumpe beträgt für diese Wassermenge etwa 840 kWh. Durch eine Peltonturbine läßt sich ein Teil des Kraftbedarfs zurückgewinnen. Andererseits kommt noch der Kraftbedarf für das Einblasen von Luft als Strippgas in den Regenerierturm hinzu. Der wirkliche Kraftbedarf beträgt daher etwa 460 kWh. Das Verhältnis des wirklichen Energiebedarfs zum theoretischen Mindestbedarf errechnet sich daher mit 460/185 = 2,5. Dieser günstige Wert beruht teils darauf, daß ein Teil des Kraftbedarfs durch die Peltonturbine wiedergewonnen wird, teils darauf, daß im vorliegenden Fall für das Strippgas nur ein geringer Kraftbedarf für das Gebläse aufzuwenden ist.

VIII. Absorption mit chemisch wirkenden Waschmitteln

1. Eigenschaften der chemisch wirkenden Waschmittel

Die chemisch wirkenden Waschmittel bestehen aus einer wäßrigen Lösung eines Stoffs, der die zu absorbierende Gaskomponente chemisch bindet. Je nach den stöchiometrischen Verhältnissen und der Konzentration der Lösung kann nur eine bestimmte Menge der zu bindenden Gaskomponente im Höchstfall reagieren. Während die Gleichgewichtskurven der physikalisch wirkenden Waschmittel für konstante Temperatur nahezu geradlinig entweder ideal oder steiler mit einem Aktivitätskoeffizienten größer als 1 oder bei losen Additionsverbindungen mit einem Aktivitätskoeffizienten, der etwas kleiner als 1 ist, in Abhängigkeit der absorbierten Menge verlaufen, steigt die Gleichgewichtskurve eines chemisch wirkenden Waschmittels nach einer Potenzfunktion steil mit zunehmender Umsetzung. Die starke Dampfdruckminderung der chemisch wirkenden Waschmittel bei geringen Umsetzungen bedingt einen hohen Wärmebedarf bei der Regeneration, der eine wesentliche Eigenschaft der chemisch wirkenden Waschmittel ist. Da die Reaktionsfähigkeit mit zunehmendem Umsatz nachläßt, ist es schwierig, chemisch wirkende Waschmittel auf hohe Partialdrücke der auszuwaschenden Komponente über der Lösung zu beladen, da das reagierende Mittel sehr weit umgesetzt werden müßte. Der wesentliche Unterschied gegenüber den physikalisch wirkenden Wäschen besteht darin, daß die Waschmittelmenge der chemischen Wäschen der zu entfernenden Gasmenge proportional ist, während diese bei den physikalisch lösenden Waschmitteln sich praktisch nach der effektiven Gesamtgasmenge richtet.

Das wichtigste Anwendungsgebiet der chemisch wirkenden Waschmittel ist die Absorption saurer Gase, insbesondere von Schwefelwasserstoff und Kohlendioxyd, aus Gasgemischen.

Ein wesentlicher Vorteil der chemischen Wäschen besteht in der Selektivität gegenüber Kohlenwasserstoffen und anderen wasserunlöslichen Verbindungen. Sie eignen sich daher ganz besonders zur Auswaschung saurer Verbindungen aus Gasen, die Kohlenwasserstoffe enthalten. Die Wäsche zur Entfernung saurer Gase wird dabei möglichst vor die Stufe für die Absorption der Kohlenwasserstoffe angeordnet. Dabei werden sowohl das Rohgas als auch die in den folgenden Stufen zu gewinnenden Kohlenwasserstoffe von den sauren Gasen befreit. Bei der umgekehrten Anordnung, bei der die chemische Wäsche hinter der Stufe für die Kohlenwasserstoffe liegt, sättigt sich das Waschmittel für die Kohlenwasserstoffe, das in der Regel aus einer Mineralölfraktion besteht, mit den sauren Gasen entsprechend ihrer Löslichkeit. Die ausgewaschenen Kohlenwasserstoffe enthalten daher in diesem Fall auch saure Gase. Die Aufgabe, C_2- bis C_3-Kohlenwasserstoffe von Schwefelwasserstoff und Kohlendioxyd zu befreien, ist im übrigen wegen der Bildung von Azeotropen mit den sauren Gasen nur durch die Absorption mit chemisch wirkenden Waschmitteln möglich. Von den höher siedenden Kohlenwasserstoffen lassen sich Schwefelwasserstoff und Kohlendioxyd auch destillativ trennen.

2. Die Beladung

Die maximal mögliche Aufnahmefähigkeit eines chemisch wirkenden Waschmittels ist durch die Zahl der Mole des reagierenden Mittels in der Raumeinheit der Waschlösung gegeben. Wird z. B. CO_2 mit einer Kaliumkarbonatlösung nach der Gleichung:

$$K_2CO_3 + CO_2 + H_2O = 2\,KHCO_3$$

absorbiert, so wird für ein kg Mol K_2CO_3 ein Mol = 22,4 Nm^3 CO_2 im Grenzfall gebunden. Enthält ein m^3 Lösung z. B. 3 kg Mol K_2CO_3, so können im Grenzfall 3 · 22,4 = 67,2 Nm^3 CO_2 von diesem aufgenommen werden. Dieser Fall der Grenzbeladung setzt für das vorliegende Beispiel voraus, daß der CO_2-Partialdruck im Gas praktisch unendlich groß ist. Da der CO_2-Partialdruck in den technischen Gasen 10 atm nur selten übersteigt, meist darunter liegt, und da der Gleichgewichtszustand aus Gründen des Stoffübergangs praktisch nicht erreicht wird, ist es daher nur selten möglich, die maximale Beladung entsprechend den stöchiometrischen Verhältnissen zu erreichen. Je nach dem Partialdruck der auszuwaschenden Komponente erreicht man daher nur Beladungen etwa in der Größenordnung von 90% der maximalen Bindung. Dabei ist der vorhandene Partialdruck der zu entfernenden Komponente im Gas etwas größer als der Gleichgewichtspartialdruck dieser Komponente über der Lösung.

Andererseits kann der Partialdruck über der Lösung in der Regenerierung nicht beliebig tief erniedrigt werden, weil hierzu der Dampfbedarf für die Regeneration zu hoch steigen müßte. Es kann daher nur ein Teil des reagierten Stoffs in der Regeneration umgesetzt werden. Für das Beispiel der Auswaschung von Kohlendioxyd mit einer Kaliumkarbonatlösung bedeutet dies, daß das bei der Absorption gebildete Bikarbonat nur teilweise in der Regenerierung in Karbonat umgewandelt werden kann. Enthält z. B. 1 m^3 Lösung 2 kg Mol K_2CO_3 entsprechend einer Grenzbeladung von 44,8 Nm^3 CO_2/m^3 und ist etwa 80% des Karbonats bei der Absorption in Bikarbonat umgewandelt, so sind insgesamt 44,8 · 0,8 = 36 Nm^3 CO_2 je m^3 Lösung aufgenommen. Wird in der Regenerierung der Birkarbonatgehalt etwa auf die Hälfte der maximalen Menge umgewandelt, so enthält 1 m^3 Lösung noch 44,8 · 0,5 = 22,4 Nm^3 CO_2. Es werden daher in diesem Beispiel von einem m^3 Lösung etwa 36 — 22,4 = 13,6 Nm^3 CO_2 absorbiert.

In dem auf Abb. 48 dargestellten Beispiel ist der Partialdruck der auszuwaschenden Komponente über dem Gehalt an absorbiertem Gas bzw. dem reagierten Anteil des in der Raumeinheit der Lösung vorhandenen, vollständig umsetzbaren Mittels mit der parabelartigen Gleichgewichtskurve dargestellt. Die vollständige Umsetzung entsprechend den stöchiometrischen Verhältnissen ist auf der Abszissenachse mit 1,0 gekennzeichnet. In der Absorption wird die Lösung durch den Partialdruck im Rohgas p_2 bis zur Umsetzung c_2 (Punkt G_2) beladen, so daß der Partialdruck über der Lösung dem Punkt L_2 entspricht. Für den Stoffübergang ist daher die Partialdruckdifferenz $L_2 G_2$ am unteren Ende des Absorbers wirksam. In der Regenerierung wird der absorbierte Stoff bis zum Anteil c_1 ausgetrieben. Bei der Absorptionstemperatur stellt sich daher ein Partialdruck der zu bindenden Komponente über der Lösung entsprechend dem Punkt L_1 ein, so daß im Kopf des Absorbers für den Stoffübergang z. B. das Partialdruckgefälle $G_1 L_1$ zur Verfügung steht. Die zu absorbierende Komponente wird daher bis auf einen Restgehalt entsprechend dem Partialdruck p_1 im Punkt G_1 entfernt. Die je m³ Lösung absorbierte Gasmenge ΔB ist durch die Differenz $(c_2 - c_1)$ gegeben. Im Absorber verlaufen die Gasgehalte entsprechend der Betriebsgeraden $G_1 G_2$.

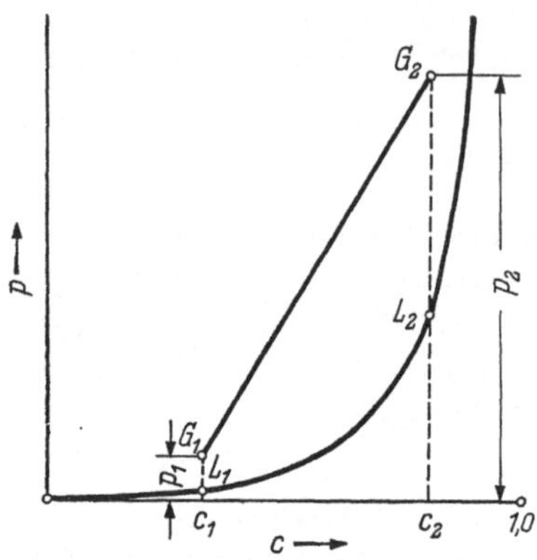

Abb. 48. Betriebsgerade für die Absorption mit einem chemisch wirkenden Waschmittel in einem p, c-Bild.

Die Waschmittelmenge L (m³/m² h), die zur Absorption der zu bindenden Komponente im Kreislauf zwischen Absorber und Regeneration umlaufen muß, ergibt sich aus der Gasmenge dieser Komponente, die zwischen den Partialdrücken p_2 und p_1 entsprechend den Punkten G_2 und G_1 am Eintritt und Austritt des Absorbers auf Abb. 48 zu entfernen ist. Für die Gasmengen G_2 und G_1 (Nm³/m² h) an den Enden des Absorbers wird die Waschmittelmenge L mit der Differenzbeladung ΔB (Nm³/m³) entsprechend der durch die Konzentrationen c_2 und c_1 auf Abb. 48 gegebenen Differenz für den Gesamtdruck P_g aus folgender Beziehung erhalten:

$$L = \frac{\left(G_2 \frac{p_2}{P_g} - G_1 \frac{p_1}{P_g}\right)}{\Delta B} \quad [\mathrm{m^3/m^2\,h}] \tag{150}$$

Bei den chemisch wirkenden Wäschen wird die umlaufende Waschmittelmenge daher aus dem Quotienten der zu entfernenden Gasmenge und der auf die Raumeinheit des Waschmittels bezogenen Beladungsdifferenz errechnet, die sich nach dem auf Abb. 48 dargestellten Schema ergibt. Die maximalen Differenzbeladungen, die bei der Auswaschung saurer Gase mit chemisch wirkenden Waschmitteln auftreten, liegen in der Größenordnung von etwa 30 Nm³/m³ Lösung. Im

Mittel liegen die Beladungsdifferenzen chemisch wirkender Lösungen etwa zwischen 5 und 20 Nm^3 saure Gase je m^3 Waschmittel. Die Beladungsdifferenz wird in der Regel auf die regenerierte Lösungsmenge bezogen, weil diese durch die Pumpe konstant gehalten wird und weil die aus dem Waschturm kommende Lösung entsprechend der Beladung ein größeres Volumen hat.

Da die Differenzbeladung entsprechend den Partialdrücken vor und hinter dem Absorber und dem Grad der Regenerierung einen bestimmten Teil der maximal möglichen Beladung, z. B. $^1/_5$ bis $^2/_3$, beträgt, ist diese proportional der Konzentration des reagierenden Stoffs in der Lösung. Die Anwendung hoher Lösungskonzentrationen mit dem Ziel, hohe Differenzbeladungen zu erhalten, wird für eine gegebene Absorptionstemperatur durch die Möglichkeit der Ausscheidung von Salzen besonders im Sumpf des Absorbers, wo die Umsetzung ihren Höchstwert erreicht, durch die Verringerung des Stoffübergangs und durch die stärkeren Korrosionen begrenzt. Mono- und Diäthanolamin werden z. B. meist nur mit Konzentrationen bis zu 20, höchstens 30 Gew.-% verwendet.

Ist der Gehalt der auszuwaschenden Komponente im Rohgas sehr gering, so daß die Waschmittelmenge bei Anwendung einer hohen Lösungskonzentration sehr klein wird, um z. B. einen Füllkörperturm genügend zu berieseln, so kann es auch aus diesem Grunde zweckmäßig sein, mit geringerer Lösungskonzentration zu arbeiten.

Ist das reagierende Mittel flüchtig wie Monoäthanolamin oder Ammoniak, so kann nur bei möglichst niedrigen Temperaturen gearbeitet werden, die durch Kühlwasser eingestellt werden können. Nichtflüchtige Stoffe, z. B. anorganische Stoffe wie Kaliumkarbonat, geben die Möglichkeit, bei erhöhten Temperaturen, z. B. zwischen 70 und 110° C, zu absorbieren und mit Rücksicht auf die Verschiebung der Löslichkeitsgrenze mit höheren Konzentrationen und größeren Beladungsdifferenzen zu absorbieren. Der Wärmetauscher zwischen beladener und regenerierter Lösung wird dadurch kleiner. Mit der zunehmenden Temperatur wächst die Stoffübergangszahl in der Absorption. Bei Verwendung eines nichtflüchtigen reagierenden Mittels ist es sogar möglich, im Absorber mit der gleichen Temperatur wie im Regenerierturm zu arbeiten, so daß ein Wärmeaustauscher zur Übertragung von Wärme vom regenerierten Waschmittel auf das beladene Waschmittel entfällt. Dabei fällt ferner die Nachwärmung des Waschmittels auf die Sumpftemperatur des Regenerierturms fort, soweit sie durch ungenügenden Wärmeaustausch verursacht ist.

Bei der Absorption mit chemisch wirkenden Waschmitteln sind die Beladungen des Waschmittels meist nicht so groß, daß sich die Lösung so stark erwärmt, daß eine Kühlung des Absorbers erforderlich wäre, obwohl die Reaktionswärme, die von der Lösung aufzunehmen ist, ein Mehrfaches der Verdampfungswärme des absorbierten Stoffs betragen kann. Die Temperaturerhöhungen des Waschmittels, die bei der Absorption saurer Gase im Höchstfall auftreten können, liegen etwa in der Größenordnung von 5 bis 10° C. Durch die Temperaturerhöhung infolge Aufnahme der Reaktionswärme wird die Differenzbeladung in geringen Grenzen vermindert.

3. Verwendung organischer Basen

Für die Auswaschung saurer Gase, z. B. von CO_2 und H_2S, werden oft organische Basen, insbesondere auch Alkanolamine, wie Mono- und Diäthanolamin ($HOC_2H_4NH_2$ bzw. $(HOC_2H_4)_2NH$), in Form wäßriger Lösungen, z. B. mit einer Konzentration von 20 Gew.-%, verwendet. Der Absorber arbeitet bei diesen Waschmitteln mit Temperaturen, die durch Kühlwasser erzeugt werden können. Bei den Temperaturen der Regeneration, die meist etwa zwischen 110 und 140° C liegen, treten genügend hohe Gaspartialdrücke über dem Waschmittel auf, so daß der Dampfverbrauch in wirtschaftlich möglichen Grenzen bleibt.

Bei den Aminen kann man die Eigenschaften durch die Wahl der mit dem Stickstoffatom verbundenen Gruppen beeinflussen. Alkylgruppen setzen z. B. die Löslichkeit in Wasser herab und erhöhen die Mitabsorption von Kohlenwasserstoffen. Eine Alkylgruppe an Stelle eines Wasserstoffatoms an dem Stickstoffatom schwächt die basische Eigenschaft mehr als eine damit verbundene Alkylolgruppe. Schwache Basen waschen die stärkeren, gasförmigen Säuren bevorzugt aus.

Die meisten organischen Basen, die als Waschmittel verwendet werden, sind bei normalen Temperaturen flüssig. Würden sie jedoch nicht in wäßriger Lösung benutzt werden, so würden sich die bei der Absorption der sauren Gase entstehenden Salze in fester Form ausscheiden und die Apparaturen verstopfen. Außerdem haben Lösungen in Wasser infolge der guten Ionisierung stärkere basische Eigenschaften.

Wird Kohlendioxyd z. B. mit Monoäthanolamin mit einer Konzentration von etwa 2,5 Mole Äthanolamin/m³ absorbiert, so werden bei einem Gleichgewichtspartialdruck des CO_2 von 100 mm Hg z. B. 0,6 Mole CO_2/Mol Monoäthanolamin bei 25° C gebunden. Die ausnutzbare Differenzbeladung beträgt mit Rücksicht auf den Dampfbedarf der Regenerierung nur einen Teil, z. B. 70% der maximalen, durch den Partialdruck begrenzten Aufnahme. Für die Regeneration ist es wesentlich, daß der CO_2-Partialdruck einer derartigen Lösung bei einem Anstieg der Temperatur um 75° C sich etwa auf das 20fache erhöht. Mit einer 2,5 N-Monoäthanolamin-Lösung kann man z. B. bei der Auswaschung von CO_2 aus Druckgasen von 15 atü mit einem CO_2-Gehalt von 25% bis auf einen Restgehalt von 0,1% mit einem m³

Lösung etwa 18 bis 20 Nm³ CO_2 absorbieren und braucht dabei zur Regeneration etwa 4 bis 5 kg Dampf/Nm³ CO_2.

Zur Entfernung von H_2S eignet sich besonders das Monoäthanolamin. Mit einer Lösung von 2,5 Molen Monoäthanolamin/m³ und einem H_2S-Partialdruck von 100 mm QS werden bei 25° C etwa 0,85 Mole H_2S/Mol Monoäthanolamin gebunden. In der Regeneration steigt der H_2S-Partialdruck bei einer Temperaturerhöhung von 75° C etwa auf das 50fache.

Werden CO_2 und H_2S gleichzeitig ausgewaschen, so wird durch die Absorption von CO_2 der H_2S-Partialdruck über der Lösung um ein vielfaches erhöht. Das eine Gas vermindert daher die Aufnahme des anderen Gases. Werden (CO_2 + H_2S) gemeinsam bei hohen Drükken mit Diäthanolamin von etwa 45% ausgewaschen, so können Beladungen bis zu etwa 40 Nm³ CO_2/m³ Lösung erreicht werden. Geht dabei der CO_2-Gehalt z. B. auf $^1/_6$ des ursprünglichen Gehalts im Rohgas zurück, so vermindert sich der H_2S-Gehalt auf etwa $^1/_{30}$ des Gehalts im Rohgas. Wird der CO_2-Gehalt, z. B. durch vermehrte Dampfzufuhr in der Regeneration, weiter ausgewaschen, so sinkt auch der H_2S-Gehalt tiefer, wenn das Kohlendioxyd im Rohgas gegenüber dem H_2S im Überschuß vorhanden ist. In diesem Fall ist der Auswaschungsgrad der Äthanolamine für H_2S größer als für CO_2.

Bei tiefen Temperaturen und kurzen Aufenthaltszeiten der Waschlösung im Absorber wird aus kinetischen Gründen noch weniger CO_2 aufgenommen, so daß das Verhältnis H_2S/CO_2 in dem aus der Regeneration abziehenden Gas größer wird. Unter diesen Bedingungen verzögert sich die Einstellung des Gleichgewichts, weil der Schwefelwasserstoff an sich eine Säure ist, während das Kohlendioxyd sich erst mit dem Wasser verbinden muß (Kurzzeitwäsche).

Da bei den Äthanolamin-Wäschen, insbesondere auch, wenn mit einem Glykolzusatz gearbeitet wird, eine große Temperaturdifferenz zwischen Absorption und Regeneration besteht, ist es möglich, Schwefelwasserstoff bis auf wenige mg je Nm³ zu entfernen.

Monoäthanolamin hat infolge seines höheren Dampfdrucks einen Aminverlust durch Verdunstung in das abziehende Gas zur Folge. Hinter den Absorber wird in diesem Fall oft ein mit Glykol betriebener Wäscher nachgeschaltet, der mit einer kleinen Waschmittelmenge beaufschlagt wird und etwa 8 Böden enthält. Statt des Glykols wird in der Regeneration Wasser zur Rückwaschung der Aminreste verwendet. Diese Rückgewinnung wird dadurch erleichtert, daß sich in der Gasphase infolge der Anwesenheit des CO_2 in der Regeneration ein Karbamat bildet, das sich in dem Waschwasser löst. Bei der Regeneration von Monoäthanolamin-Lösungen arbeitet man auch mit erhöhten Drücken, z. B. 3 atü, um das flüchtige Amin mit geringerem Aufwand aus dem Brüdenstrom der Regeneration erhalten zu können.

Zu den organischen Basen gehören auch die Alkazidlaugen, die sich besonders zur Auswaschung von H_2S und zur gleichzeitigen Abtrennung von CO_2 und H_2S aus dem Gas bewährt haben. Bei der Auswaschung von H_2S können Beladungsdifferenzen je nach dem CO_2-Gehalt des Rohgases, z. B. bis zu 20 Nm^3/m^3 Lösung, erzielt werden. Über Alkazidlaugen s. auch H. BÄHR [1].

Wäßrige Lösungen, die einen erheblichen Anteil von Salzen enthalten, haben entsprechend der Siedepunktserhöhung einen geringeren Wasserdampfpartialdruck über der Lösung als reines Wasser im Sättigungszustand bei der gleichen Temperatur. Sie vermindern daher den Taupunkt des gewaschenen .Gases, wenn dieses mit Wasserdampf gesättigt in den Absorber eintritt. Die trocknende Wirkung der Lösung kann durch den Zusatz Wasser gut lösender Stoffe gesteigert werden. Den Äthanolaminen werden z. B. Äthylenglykol, Diäthylenglykol, Propylenglykol usw. zu diesem Zweck zugesetzt.

Derartige Lösungen enthalten etwa 20% Monoäthanolamin, 75% Diäthylenglykol und 5% Wasser. Mit Gemischen bis zu 80% Glykolgehalt kann man den Wasserdampftaupunkt des gewaschenen Gases maximal bis zu etwa 40° C unter die Sättigung bei der Absorptionstemperatur senken.

Die Glykole können, wenn die in der Regeneration auftretenden Temperaturen zu hoch sind, infolge ihrer nichtgenügenden thermischen Stabilität unter Umständen geringe Mengen saurer Zersetzungsprodukte bilden. Die Anwesenheit des Amins verbessert dabei die thermische Stabilität des Glykols.

4. Verwendung von Ammoniak

Enthält das Gas Ammoniak, so wird zur Entfernung der sauren Gase, insbesondere zur Entfernung des Schwefelwasserstoffs, meist eine Ammoniak–Wasser-Lösung verwendet, wobei das Ammoniak den Schwefelwasserstoff chemisch bindet. Infolge der guten Löslichkeit des Ammoniaks im Wasser erhält man ein wirksames Waschmittel. Die Gleichgewichtskurven, die den Partialdruck über dem umgesetzten NH_3-Anteil zeigen, verlaufen parabelförmig wie bei allen chemisch wirkenden Waschmitteln.

Das Hauptanwendungsgebiet ist die Auswaschung von Schwefelwasserstoff aus Steinkohlendestillationsgasen insbesondere aus Kokereigasen. Dabei kann das Gaswasser, das bei der Gaskühlung anfällt, unmittelbar als Waschmittel mitverwendet werden. In solchen Gasen sind etwa 3—5 g/Nm^3 an NH_3 und 7—9 g H_2S/Nm^3 vorhanden. Beträgt das Verhältnis der Gasgehalte von $NH_3/H_2S = 1:1$, so können etwa

[1] BÄHR, H.: Chemische Fabrik, Bd. 11 (1938) Nr. 23/24, S. 283.

70% des H_2S entfernt werden. Ein Vorteil der mit wäßrigem Ammoniak arbeitenden Verfahren besteht dabei darin, daß die H_2S-Absorption ohne großen Mehraufwand auch bei Atmosphärendruck möglich ist.

Die wesentliche Aufgabe bei der Absorption mit wäßrigen Ammoniaklösungen besteht darin, den Schwefelwasserstoff möglichst allein ohne wesentliche Anteile anderer saurer Gase wie Kohlendioxyd und Blausäure auszuwaschen. Wenn z. B. bei einem derartigen Verfahren auch das Kohlendioxyd absorbiert werden würde, so würde sich dadurch die notwendige Ammoniakmenge um ein mehrfaches entsprechend den in diesen Gasen vorhandenen, z. B. 5- bis 8mal größeren Volumenanteilen von CO_2 gegenüber H_2S erhöhen.

Um die Mitabsorption von CO_2 zu vermindern, benutzt man auch bei der Verwendung von NH_3 den verschiedenen Lösungsvorgang bei der Absorption von CO_2 und H_2S in alkalischen, wäßrigen Lösungen. Während sich H_2S unmittelbar mit dem gelösten Ammoniak verbindet, muß das Kohlendioxyd sich mit dem Wasser erst zu H_2CO_3 umsetzen. Diese Reaktion erfordert Zeit, so daß die Bindung des CO_2 langsamer verläuft als die Aufnahme des Schwefelwasserstoffs. Die Aufgabe der bevorzugten Auswaschung des H_2S besteht daher darin, mit Hilfe einer Kurzzeitwäsche, die Zeit beim Durchlauf von Flüssigkeit und Gas im Absorber so gering zu halten, daß nur ein kleiner Anteil des Kohlendioxyds mit dem Ammoniak zur Reaktion gelangt. Dabei kann die erforderliche Waschmittelmenge wesentlich vermindert werden. Wegen der geringen Berührungsdauer kann das H_2S in der Regel nicht vollständig, sondern z. B. nur zu etwa 90% ausgewaschen werden. Die Selektivität der Ammoniakwäschen wird nach dem Molverhältnis H_2S/CO_2 im beladenen Waschmittel beurteilt, das bei Kokereigasen Werte bis etwa 9 erreichen kann. Die selektive Auswaschung von H_2S verläuft besonders günstig, wenn das Ammoniakwasser nur geringe Mengen an CO_2 und H_2S enthält und die Temperaturen niedrig sind.

Der Dampfverbrauch der Ammoniakwäschen ist verhältnismäßig hoch. Werden z. B. aus den oben erwähnten Kokereigasen mit einem m^3 Umlaufwasser 8 Nm^3 H_2S ausgewaschen und 40 kg Dampf je m^3 Wasser zur Abtreibung benötigt, so ergibt sich ein Dampfverbrauch von $40/8 = 5$ kg Dampf/Nm^3 H_2S.

Ammoniak–Wasser-Lösungen ergeben Schwierigkeiten bei der Regenerierung, da mit den sauren Gasen auch Ammoniak abgetrieben wird. Dieses kann mit einer Wasserwäsche zurückgewonnen werden. Die nachgeschaltete Wasserwäsche hat jedoch den Nachteil, daß sie wieder saure Gase aufnimmt.

Die einfachste Trennung des Ammoniaks von den sauren Gasen ist jedoch dadurch möglich, daß man das gesamte Abtriebsgas in einen Schwefelsäuresättiger leitet und Ammonsulfat gewinnt. Die sauren

Gase verlassen dann den Sättiger frei von Ammoniak. Der durch die Reaktionswärme gebildete Wasserdampf reicht aus, um die Säurekonzentration im Sättiger aufrechtzuerhalten. Das gebildete Ammonsulfat wird laufend ausgeschleust.

Eine weitere Möglichkeit CO_2 und H_2S vom Ammoniak abzutrennen beruht darauf, daß in einer wäßrigen Lösung von Ammoniak die Partialdrücke von H_2S und CO_2 mit erhöhten Drücken und Temperaturen unverhältnismäßig stärker ansteigen als der Ammoniakdruck über der Lösung. Die Wasserlöslichkeit des NH_3 nimmt mit höheren Drücken und Temperaturen weniger ab als die Löslichkeit des H_2S und des CO_2. Bei erhöhten Drücken und Temperaturen lassen sich daher CO_2 und H_2S in der Regeneration besser vom Ammoniak trennen als bei Atmosphärendruck.

Das Verfahren wird in einer Druckkolonne ausgeführt, der die wäßrige, H_2S und CO_2 enthaltende, aus dem Waschturm kommende NH_3-Lösung zugeleitet wird. Die Kolonne wird im oberen Teil gekühlt und im unteren Teil erhitzt. Der oberste Teil wird mit einer verhältnismäßig kleinen Wassermenge berieselt, wobei die Ammoniakreste aus dem sauren Kopfgas herausgewaschen werden, so daß dieses frei von Ammoniak über Kopf abgeführt werden kann. Durch die nach unten zunehmenden Temperaturen steigen die Partialdrücke von H_2S und CO_2 in den unteren Querschnitten der Kolonne, so daß diese Gase nach oben steigen. Der größte Teil des Ammoniaks wird durch einen Seitenstrom im unteren Teil der Kolonne abgezogen.

Zur Trennung des Ammoniaks von einem Gasgemisch, das Schwefelwasserstoff und Kohlendioxyd enthält, eignen sich Waschmittel, die die sauren Gase lediglich physikalisch und dadurch nur in geringen Mengen lösen, mit dem Ammoniak jedoch eine lose chemische Bindung eingehen. Ein solches Waschmittel besteht z. B. aus einem Gemisch von Phenolen. Das NH_3, H_2S und CO_2 enthaltende Gasgemisch wird in einem Absorber der Waschlösung entgegengeführt, die vorwiegend nur das Ammoniak aufnimmt, während die sauren Gase den Absorber über Kopf verlassen. In einem Fraktionierteil des Absorbers werden die kleinen Gasmengen, die von dem Waschmittel aufgenommen sind, unter geringer Erwärmung desselben ausgetrieben, so daß dieses nur mit NH_3 beladen ist. In der eigentlichen Regenerierkolonne wird das Ammoniak aus der beladenen Lösung abgetrieben. In ihr steigt die Temperatur nach unten bis auf 110°C. Bei dieser Temperatur ist das Waschmittel von dem Ammoniak befreit.

Ammoniakwasser eignet sich auch zur Auswaschung von CO_2 allein. Dabei kann man etwa 10 Nm^3 CO_2/m^3 Lösung von etwa 3 N mit einem Wärmeaufwand von etwa 6 kg Dampf je Nm^3 CO_2 für die Regeneration aus dem Gas entfernen und hohe Reinheiten erreichen.

5. Nichtregenerierbare Waschmittel

Sind kleine Anteile saurer Gase nahezu vollständig, z. B. auf 0,5 bis 2 mg/Nm³ auszuwaschen, so muß der Partialdruck dieser Komponenten über dem Waschmittel praktisch Null sein. Solche niedrigen Partialdrücke kann man mit einem regenerierbaren Waschmittel, d. h. mit einem Reaktionsmittel nicht erhalten, dessen Bindung mit den zu absorbierenden Gaskomponenten verhältnismäßig locker ist. Dabei wäre zur Regeneration dieses Waschmittels eine sehr große Dampfmenge je Mol des zu absorbierenden Gases aufzubringen. Man verwendet daher, wenn nur noch Reste solcher Gaskomponenten, z. B. bei Druckgasen mit einem Gehalt bis etwa 0,2%, auszuwaschen sind, mit Wärmeanwendung nichtregenerierbare Waschmittel, die praktisch keinen Gasdruck der absorbierten Komponente über der Lösung haben.

Solche Lösungen lassen sich nur mit großen Schwierigkeiten, z. B. auf dem Umweg der Umsetzung mit einem anderen Reaktionsmittel, regenerieren, so daß man sie oft mit den Abwässern ablaufen läßt. Als Beispiel sei die Auswaschung saurer Gase mit Natronlauge, z. B. mit einer Konzentration von 8 bis 10 Gew.-%, genannt. Diese läßt sich nicht durch Strippen mit Dampf, sondern z. B. durch Kaustifizieren mit Kalkmilch regenerieren, wobei große Kalkschlammengen anfallen.

Ist die auszuwaschende Komponente in erheblichem Anteil im Gas vorhanden, so wird der größte Teil stets mit einem Waschmittel entfernt, das durch Strippen regenerierbar ist, so daß der Natronlaugeverbrauch gering ist.

Ein Gewichtsteil $NaOH$ bindet z. B. folgende Gewichtsteile von sauren Gasen:

Kohlendioxyd	0,55	Sulfidschwefel	0,40
Schwefelwasserstoff	0,43		

Meist wird die Lauge nur bis zu 85% ausgenutzt. Um das Ausfallen von Salzen zu vermeiden, darf die Waschtemperatur eine bestimmte Grenze, z. B. 10° C, nicht unterschreiten.

Man erhält mit solchen Laugewäschen gute Stoffübergangszahlen, z. B. $K_G\, a$-Werte von 500 Nm³/m³ h 1 ata. Je höher die Konzentration der Lauge ist, um so höher ist die Stofffübergangszahl. Sie nimmt jedoch mit zunehmender Umsetzung, z. B. zum Karbonat oder Sulfid, stark ab.

Wäschen, die mit starker chemischer Bindung wie im Fall der Natronlauge arbeiten, waschen alle sauren Gase gleichzeitig aus. Sie sind also nicht selektiv. Wenn CO_2 und H_2S im Gas vorhanden sind und nur die Auswaschung des H_2S auf minimale Gehalte gefordert wird, ergibt sich daher die Notwendigkeit, auch den Gehalt des CO_2 vorher möglichst weitgehend zu entfernen, um den Natronlaugeverbrauch zu mindern, auch wenn die weitgehende Auswaschung des CO_2-Gehalts im Reingas verfahrensmäßig nicht erforderlich wäre.

Wegen der minimalen Dampfdrücke über der Lösung können nichtregenerative Waschmittel im Kreislauf aus dem Sumpf über Kopf des Absorbers geführt werden. Man verwendet für diese Waschmittel meist Füllkörperkolonnen. Durch den Kreislauf erreicht man eine genügende Berieselung des Kolonnenquerschnitts. Die Lauge wird der Kolonne meist periodisch zugeführt. Damit die zeitlichen Abstände bis zum Ablassen nicht zu kurz sind, wird der Sumpf mit großem Füllvolumen ausgeführt.

Meist werden 2 Waschtürme hintereinandergeschaltet. Man hat auf diese Weise eine größere Sicherheit gegen Durchbrüche der zu entfernenden Komponente. Dabei kann auch so gearbeitet werden, daß die frische Lauge in die zweite Stufe und nach teilweisem Verbrauch in die vorderste Stufe geführt wird. Man kann auf diese Weise die Lauge etwas weitergehend ausnutzen als mit nur einem Absorber. Aus dem vordersten Absorber wird die Lauge von Zeit zu Zeit abgelassen. Wegen der kleineren Stoffübergangszahlen bei zunehmender Umsetzung soll der vordere Waschturm ein größeres Austauschvolumen erhalten.

Da die Gasdrücke der zu entfernenden Gaskomponenten über der Lauge auch bei höheren Temperaturen nicht ansteigen, kann die Wäsche auch bei erhöhten Temperaturen betrieben werden. Der Vorteil besteht darin, daß die Stoffübergangszahlen noch günstiger sind.

6. Regeneration chemisch wirkender Waschmittel

Während physikalisch wirkende Waschmittel, die mit Gasen von hohen Partialdrücken beladen sind, infolge der nahezu geradlinig verlaufenden Druckisothermen große Gasmengen bei der Entspannung schon im kalten Zustand freigeben, ist dies bei chemisch wirkenden Lösungen infolge der parabelförmig verlaufenden Gleichgewichtskurve nur in beschränktem Umfang der Fall. Bei einer Entspannung des kalten, chemisch wirkenden Waschmittels wird daher die entweichende Gasmenge meist nur gering sein. Dagegen ist die durch Entspannung entweichende Gasmenge größer, wenn das Waschmittel in erwärmtem Zustand etwa mit einer Temperatur, die im oberen Teil des Regenerierturms vorhanden ist, entspannt wird. Der vorhandene Gesamtdruck setzt sich dann aus dem Partialdruck des Wasserdampfs unter Einrechnung der Dampfdruckminderung durch das teilweise umgesetzte Reaktionsmittel und aus dem Partialdruck der absorbierten Komponente zusammen. Bei einer Temperatur von 105 bis 110° C liegt der Partialdruck des Wasserdampfs über der Lösung allein in der Größenordnung von einer Atmosphäre. Hat der absorbierte Stoff im Gleichgewicht bei der gleichen Temperatur z. B. ebenfalls einen Partialdruck von etwa einer Atmosphäre, so haben Gas und Wasserdampf in den bei der Entspannung zunächst frei werdenden Gasmengen bei vollständiger Gleichgewichtseinstellung etwa gleiche Molverhältnisse. Während der Wasserdampfpartialdruck bei der weiteren Entspannung und Entgasung wegen des großen Wärmeinhalts der Lösung nur wenig fällt, sinkt der Partialdruck der absorbierten Komponente infolge des parabelförmigen Verlaufs der Gasdruckkurve schneller. Während also die Gasmengen, die bei der Entspannung zuerst frei werden, mit verhältnismäßig kleinen Wasserdampfmengen entwickelt werden, wird der Wasserdampfanteil immer größer, bis der Gesamtgasdruck über der Lösung dem Regenerationsdruck, z. B. dem Atmosphärendruck, entspricht. Die vom Gas mitgenommene Wasserdampfmenge ergibt sich daher aus dem Mittelwert des Verhältnisses des Partialdrucks der absorbierten Komponente zum Wasserdampfpartialdruck. Der Wärmeverbrauch, der bei der Entspannung von der Lösung zu decken ist, einschließlich der frei gewordenen Reaktionswärme, kühlt die Lösung bis auf die Endtemperatur ab, bei der der Wassserdampf- und der Gasdruck zusammen dem Entspannungsdruck entsprechen.

Dieser Verlauf ist jedoch nur möglich, wenn in jedem Augenblick zwischen der Lösung und der Gasphase Gleichgewicht bestehen würde. Während jedoch der Wasserdampf zur Entwicklung keine Zeit erfordert, muß sich das Reaktionsmittel erst umsetzen, bevor es Gas abgeben kann. Dieser Vorgang erfordert erheblich mehr Zeit als die Wasserdampfentwicklung. Im Entspannungsgas eines chemisch wirkenden, auf Siedetemperatur gebrachten Waschmittels ist daher stets mehr Wasserdampf vorhanden, als dem Gleichgewicht entspricht.

Die geringen Gasdrücke des absorbierten Stoffs, die nach dessen teilweiser Austreibung, z. B. bei der Entspannung, durch den parabelförmigen Verlauf der Gleichgewichtskurve bedingt sind, haben zur Folge, daß man praktisch ein chemisch wirkendes, beladenes Waschmittel nicht allein durch einfaches Sieden oder Ausdampfen regenerieren kann. Diese Betriebsweise, die etwa der einfachen Destillation bei der Trennung flüchtiger Stoffe entspricht, würde einen hohen Dampfverbrauch bedingen, da entsprechend den im Verhältnis zum Atmosphärendruck geringen Gasdrücken ein Vielfaches an Dampf, bezogen auf die auszutreibende Gasmenge, aufzuwenden wäre. Man verwendet daher zur Regeneration eines beladenen, chemisch wirkenden Waschmittels in der gleichen Weise wie für die Regeneration physikalisch lösender Waschmittel Gegenstromsysteme. Mit diesen ist es möglich, mit verhältnismäßig geringem Dampfverbrauch einen geringen Gasdruck über der Lösung und damit die Möglichkeit zu einer hohen Differenzbeladung des Waschmittels zu erhalten. Während der Dampfverbrauch, bezogen auf eine bestimmte Gasmenge, bei den physikalisch wirkenden Waschmitteln vorwiegend nur von den Gleichgewichtskonstanten für die Betriebsverhältnisse entsprechend Gl. (139) z. B. abhängt, ist bei dem Dampfverbrauch für die Regeneration eines chemisch wirkenden Waschmittels der parabelförmige Verlauf der Gleichgewichtskurve zu berücksichtigen.

Sieht man von der Temperaturerhöhung durch den Druckabfall im Regenerierturm ab und nimmt man einen isothermen Entgasungsvorgang in diesem an, so ändern sich die Konzentrationen etwa in der auf Abb. 49 dargestellten Weise. Bei der Regenerationstemperatur verlaufen die Gleichgewichte nach der parabelförmigen Kurve. Der Zustand der Lösung beim Auflauf auf den Kopf des Regenerierturms, also nach der Entspannung, sei durch den auf der Gleichgewichtskurve liegenden Punkt P_1 mit der Lösungskonzentration c_1 gegeben. Der Zustand der Lösung im Sumpf des Regenerierturms ist durch den Punkt P_2 bestimmt. Die Differenzbeladung, z. B. bezogen auf 1 m³ Waschmittel, ist durch die Differenz $(c_1 - c_2)$ gegeben. Durch das Einblasen von Wasserdampf in den Sumpf des Regenerierturms oder Ausdampfen wird der Partialdruck der auszutreibenden Komponente im Sumpf entsprechend dem Punkt B_2 vermindert. Im Kopf des Regenerierturms stellt sich ein Partialdruck der auszutreibenden Komponente entsprechend dem Punkt B_1 ein. Wie die Betriebsgerade $B_1 B_2$ zeigt, sind die im Turm wirklich vorhandenen Partialdrücke kleiner als die Gleichgewichtsdrücke. Infolge der Krümmung der Gleichgewichtskurve sind die Partialdruckunterschiede, die den Stoffübergang bestimmen, im Sumpf des Regenerierturms kleiner als in seinem oberen Teil.

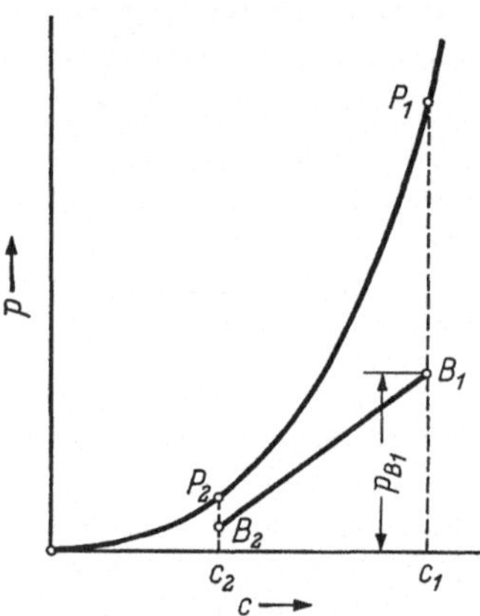

Abb. 49. Betriebsgerade für die Regeneration eines chemisch wirkenden Waschmittels in einem p, c-Bild.

Da die Strippdampfmenge V im oberen Teil des Turms die Differenz zwischen dem Gesamtdruck P_g und dem vorhandenen Druck p_{B1} entsprechend dem Punkt B_1 (Abb. 49) ausfüllen muß, ergibt sich mit der Waschmittelmenge L folgende Beziehung:

$$V = \frac{L\,(c_1 - c_2)\,(P_g - p_{B1})}{p_{B1}} \tag{151}$$

Je weiter das Waschmittel regeneriert werden soll, d. h. je mehr der Restpartialdruck über der Lösung vermindert werden soll, um so mehr rücken die Punkte P_2 und B_2 auf Abb. 49 nach links in den Bereich der kleinen Konzentrationen. Dabei muß der Anstieg der Betriebsgeraden mit Rücksicht auf den gekrümmten Verlauf der Gleichgewichtskurve verringert werden, so daß der Partialdruck $p_{B\,1}$ sich vermindert. Es ergibt sich daraus, daß der Strippdampfverbrauch V mit zunehmender Auswaschung stark ansteigt.

Durch Wärmetausch und Kühlung wird der Partialdruck über der regenerierten Lösung im Absorber so weit vermindert, daß der geforderte Gehalt der zu entfernenden Komponente im Reingas erreicht wird.

Wird der Restpartialdruck der auszuwaschenden Komponente über der Lösung durch den Dampfbedarf der Regeneration begrenzt, so steigt die Gasreinheit mit erhöhtem Druck des Rohgases, so daß der Restgehalt im gewaschenen Gas vom Absorptionsdruck abhängig ist. Bei kalt arbeitenden Alkalikarbonatwäschen zur Entfernung von CO_2 unter dem Absorberdruck P_g beträgt z. B. der wirtschaftlich noch erreichbare CO_2-Restgehalt in % $\approx 10/P_g$.

Werden Absorption und Desorption ohne Wärmetausch zwischen beladener und regenerierter Lösung, d. h. nahezu bei gleicher Temperatur vorgenommen, wie es z. B. bei der Auswaschung saurer Gase mit konzentrierten Alkalikarbonatlösungen möglich ist, so liegt der Endpunkt der Betriebsgeraden für die Absorption, der den Zustand im Kopf des Absorbers kennzeichnet, auf Abb. 49 oberhalb des Punkts P_2.

Durch Zusätze kann die Siedetemperatur und damit der Partialdruck der absorbierten Komponente gesteigert werden. So erhöhen z. B. Zusätze von Glykol zu Alkanolaminen, die an sich den Zweck haben, der Lösung einen geringen Wasserdampfpartialdruck zur Trocknung des behandelten Gases zu geben, die Siedetemperatur der Lösung, so daß die Regenerierung infolge des höheren Partialdrucks der abzutreibenden Komponente mit geringerem Dampfverbrauch möglich ist. Bei gleicher Dampfzufuhr zur Regenerierung wird mit Glykolzusatz z. B. mehr Kohlendioxyd ausgetrieben als ohne Glykolzusatz, so daß weniger Kohlendioxyd in der Lösung verbleibt. Die je Raumeinheit der Lösung erzielbaren Beladungen sind jedoch ohne Glykolzusatz wegen des höheren Amingehalts größer.

Entsprechend der Siedepunktserhöhung der Lösung liegt die Dampftemperatur bei allen Lösungen über der Siedetemperatur des Wassers bei gleichem Druck. Liegt der Zustand des Strippdampfs bei der Regeneration über der Temperatur und dem Wasserdampfpartialdruck der Lösung, so kondensiert Wasserdampf in diese ein, so daß die Lösung sich erwärmt, wobei ein Teil des absorbierten Gases entbunden wird, bis der Gleichgewichtszustand erreicht ist.

Wird die beladene Lösung mit einem inerten Gas abgetrieben, so ist die aufzubringende Reaktionswärme allein von der Lösung zu decken, so daß diese sich abkühlt. Das Strippgas muß daher vor dem Einblasen mit Wasserdampf gesättigt werden, um eine zusätzliche Kühlung der Lösung möglichst zu vermeiden.

Wird dagegen zum Strippen in der Regeneration Wasserdampf verwendet, so kann sich die Lösung nicht unterhalb des Wasserdampfgleichgewichts abkühlen, weil der übergehende Wasserdampf die Lösung wieder anwärmt. Es ist dabei ferner zu berücksichtigen, daß der Partialdruck der zu absorbierenden Komponente beim Strippen mit Inertgas entsprechend der Abkühlung der Lösung sich vermindert. Beim Strippen mit Wasserdampf muß dagegen die Absorptionswärme durch den Dampf gedeckt werden. Dafür bleibt die Temperatur und der zur Konzentration gehörige Partialdruck der zu desorbierenden Komponente erhalten.

Der Größenordnung nach beträgt die Reaktionswärme je nach der Stärke der chemischen Bindung ein Mehrfaches der Verdampfungswärme der zu desorbierenden Komponente. So ist z. B. die Reaktionswärme für die Absorption bzw. Desorption von Kohlendioxyd in Alkanolamin-Lösungen größer als mit Alkalikarbonat-Lösungen, bei denen sie etwa 360 kcal/Nm^3 für CO_2 beträgt. Bei der Absorption in Monoäthanolamin ist sie etwa doppelt so groß.

Bei der Regeneration kann der Strippdampf mittelbar durch einen Verdampfer am Sumpf des Regenerierturms oder auch unmittelbar durch Einblasen zugeführt werden. Das unmittelbare Einblasen hat den Vorteil, daß der Dampf einen geringeren Druck haben kann, während ein Sumpfverdampfer wegen des Temperaturgefälles mit einem Heizdampf von mehreren Atmosphären beaufschlagt werden muß. Wird der Dampf aus dem Brüdenstrom, der über Kopf des Regenerierturms entweicht, kondensiert, so wird das dabei erhaltene Kondensat in die Lösung zurückgeführt, wenn der Dampf aus der Lösung durch einen Sumpfverdampfer erzeugt wurde, um die Konzentration der Lösung aufrechtzuerhalten. Ein Sumpfverdampfer bietet ferner den Vorteil, daß das Heizdampfkondensat nicht verlorengeht. Derjenige Dampfanteil, der nicht über Kopf kondensiert wird, kann unmittelbar in den Sumpf des Regenerierturms eingeblasen werden.

Der Gesamtwärmebedarf für die Regeneration umfaßt außer der Deckung der Reaktionswärme, der zum Strippen notwendigen Wärme und den äußeren Wärmeverlusten noch die Wärme, die zum Ausgleich der Unvollkommenheit des Wärmetauschs zwischen beladener und regenerierter Lösung erforderlich ist, falls Absorption und Desorption in verschiedener Temperaturlage durchgeführt werden. Hierdurch muß die Lösung um etwa 20° C vor der eigentlichen Regeneration nachgewärmt werden. Die zum Strippen notwendige Wärme macht dabei meist den größten Anteil aus.

Ist die Komponente, die durch ein chemisch wirkendes Waschmittel zu entfernen ist, im Rohgas mit erheblichem Anteil, z. B. mit 20 bis 30%, vertreten, und steht dieses unter hohem Druck, z. B. 20 bis 30 atü, so würde der Dampfverbrauch einer chemischen Wäsche sehr hoch werden. Er liegt dabei z. B. in der Größenordnung von 2 bis 4 kg/Nm³ zu desorbierendes Gas. Man kann in diesem Fall durch die Vorschaltung einer Waschstufe, die mit einem physikalisch lösenden Waschmittel arbeitet, Dampf sparen. So kann z. B. bei der Auswaschung von CO_2 und H_2S, wenn diese Gase im Rohgas unter hohen Partialdrücken zur Verfügung stehen, der chemischen Wäsche eine Wasserwäsche vorgeschaltet werden.

7. Betriebseigenschaften chemischer Wäschen

Die Betriebseigenschaften chemischer Wäschen lassen sich näherungsweise aus folgenden Beziehungen für die z. B. in einem Füllkörperturm aus der Gasmenge G (Nm³/m²h) absorbierte Menge erkennen:

$$V_T K_G a \Delta p_m = G \frac{(p_2 - p_1)}{P_g} = L (c_2 - c_1) \tag{152}$$

Das Füllkörpervolumen V_T kann für einen Bodenturm auch durch ein äquivalentes Bodenvolumen, dargestellt durch das Produkt von Bodenzahl, von Gas durchströmter Bodenfläche und von aktiver Flüssigkeitshöhe ersetzt werden. In dieser Beziehung bedeuten, wobei das obere Ende des Turms mit 1, das untere mit 2 bezeichnet werde:

V_T Füllkörpervolumen,

Δp_m mittlerer Partialdruckunterschied für den Stoffübergang zwischen Gas und Flüssigkeit,

p_1, p_2 Partialdrücke der auszuwaschenden Komponente an den Enden des Absorbers,

c_1, c_2 Konzentrationen des absorbierten Gases im regenerierten und beladenen Waschmittel,

$K_G a$ Stoffübergangszahl je Raumeinheit der Füllung.

In welcher Weise die Veränderung einer Betriebsgröße die übrigen beeinflussen kann, soll hier nur für 2 Fälle näherungsweise dargestellt werden. Es sei zunächst der Fall betrachtet, daß Waschmittelmenge, Rohgasmenge, Gesamtdruck des Rohgases, Konzentration der Lösung, Turmhöhen und Wärmeaufwand der Regeneration konstant bleiben und sich lediglich der Partialdruck der auszuwaschenden Komponente p_2 im Rohgas ändert. Unter diesen Bedingungen hängt der Wert $K_G a$ nur von dem wirksamen, mittleren Partialdruckgefälle Δp_m ab. Je größer Δp_m ist, um so kleiner ist $K_G a$. Sieht man daher von extrem kleinen oder besonders großen Partialdruckunterschieden ab, so ändert sich die je Raumeinheit des Waschmittels absorbierte Menge nur verhältnismäßig wenig mit den Partialdruckunterschieden. Unter diesen Bedingungen sind daher nach der obenstehenden Beziehung auch die Konzentrationsunterschiede im Gas $(p_2 - p_1)$ und in der Flüssigkeit $(c_2 - c_1)$ mit einiger Annäherung konstant. Auf Abb. 50 sind für diesen Fall je ein p, c-Bild für die Ab-

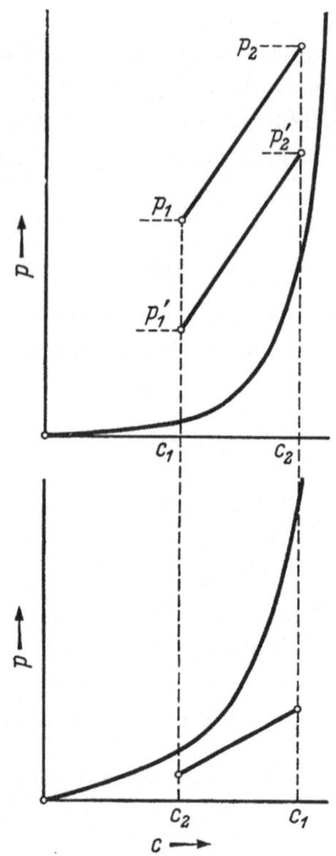

Abb. 50. Betriebsgeraden für zwei verschiedene Gehalte der zu absorbierenden Komponente im Rohgas bei der Absorption mit einem chemisch wirkenden Waschmittel (oberes Bild) und der Regeneration (unteres Bild) unter sonst gleichen Verhältnissen zwischen den Konzentrationen c_1 (oberes Turmende der Absorption) und c_2 (unteres Turmende) in einem p, c-Bild.

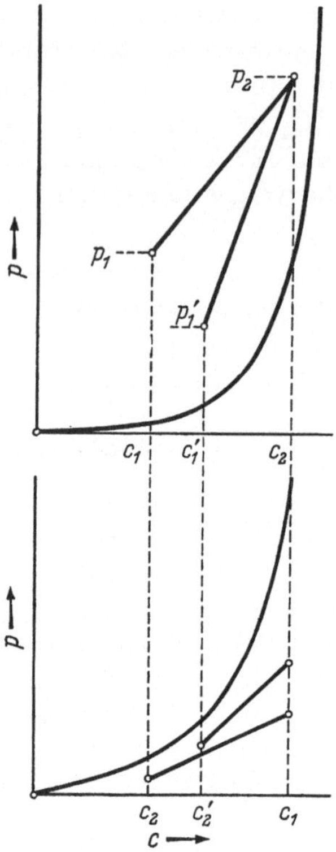

Abb. 51. Betriebsgeraden für zwei verschiedene Waschmittelmengen bei der Absorption mit einem chemisch wirkenden Waschmittel (oberes Bild) und der Regeneration (unteres Bild) unter sonst gleichen Verhältnissen zwischen den Konzentrationen c_1 (oberes Turmende der Absorption) und c_2 (unteres Turmende) in einem p, c-Bild.

sorption und darunter für die Regeneration mit den Gleichgewichtskurven für die beiden Temperaturen und mit den Betriebsgeraden dargestellt. Für zwei verschiedene Partialdrücke der auszuwaschenden Komponente im Rohgas p_2 und p_2' und im Reingas p_1 und p_1' erhält man daher näherungsweise die auf Abb. 50 dargestellten Betriebsgeraden mit der gleichen Steigung L/G über dem Konzentrationsunterschied $(c_2 - c_1)$.

Wie Abb. 50 zeigt, wird das Verhältnis der ausgewaschenen Menge zur insgesamt im Rohgas vorhandenen Menge der zu absorbierenden Komponente, das für den kleineren Gehalt mit dem Partialdruck p_2' proportional $(p_2' - p_1')/p_2'$ und für den größeren Gehalt entsprechend dem Partialdruck p_2 proportional $(p_2 - p_1)/p_2$ ist, mit kleiner werdendem Gehalt dieser Komponente im Rohgas größer.

Bleiben die Rohgasmenge, der Gesamtdruck, der Gehalt der zu entfernenden Komponente im Rohgas, der Wärmeaufwand der Regeneration, die Konzentration des Waschmittels und die Turmhöhen konstant und wird nur die Waschmittelmenge L geändert, so steigt die absorbierte Menge mit größer werdender Waschmittelmenge, weil die Stoffübergangszahl je Raumeinheit der Füllung $K_G a$ mit dieser zunimmt und weil $K_G a$ um so kleiner ist, je größer Δp_m ist. Dabei seien besonders große oder kleine Partialdrücke ausgeschlossen. Mit kleiner werdender Waschmittelmenge steigt ferner bei gleichem Gesamtwärmeaufwand die je Volumeneinheit des Waschmittels in der Regeneration aufgewendete Wärme. Die kleinere Waschmittelmenge bringt daher eine größere Differenzbeladung. In dem p, c-Bild auf Abb. 51 sind oben über der Gleichgewichtskurve für die Absorption die beiden Betriebsgeraden für zwei verschiedene Waschmittelmengen bei gleichem Gehalt der auszuwaschenden Komponente im Rohgas näherungsweise dargestellt. Darunter sind unter der Gleichgewichtskurve für die Regeneration die beiden zugehörigen Betriebsgeraden eingetragen. Der Anstieg der Geraden entspricht dem jeweiligen Verhältnis L/G. Die Beladungsdifferenz wird für die kleinere Waschmittelmenge in der Absorption mit $(c_2 - c_1)$ und für die große Waschmittelmenge mit $(c_2 - c_1')$ erhalten. Wie sich näherungsweise aus der Darstellung auf Abb. 51 ergibt, steigt für die angegebenen Bedingungen mit kleiner werdender Waschmittelmenge die Differenzbeladung, während der Auswaschungsgrad sinkt.

8. Regeneration mit Stromteilung

Während eine mehrstufige Anlage mit Teilströmen eines physikalisch lösenden Waschmittels lediglich die Aufgabe haben kann, Gaskomponenten mit verschiedenen Siedepunkten bevorzugt (fraktioniert) zu absorbieren, hat die Stromteilung eines chemisch wirkenden Waschmittels ausschließlich die Aufgabe, eine bestimmte Gaskomponente, z. B. CO_2, möglichst vollständig zu absorbieren.

Wenn die zu absorbierende Komponente auf einen sehr kleinen Restpartialdruck auszuwaschen ist, müßte in der Regeneration eine extrem hohe Dampfmenge wegen der parabelförmigen Gleichgewichtskurve der chemisch wirkenden Waschmittel aufgewendet werden, um den Partialdruck der zu absorbierenden Komponente über dem regenerierten Waschmittel unter diesen Restpartialdruck in der Absorption zu senken. Für eine derartige Aufgabe kann die Regeneration zweistufig für die gesamte, beladene Waschmittelmenge in einer oberen Strippstufe und für einen davon abgezweigten, kleineren Strom in einer unteren Strippstufe mit einem durchgehenden Dampfstrom ausgeführt werden. In der oberen Strippstufe wird die Lösung nur teilweise regeneriert und danach in den mittleren Teil des Absorbers zur Auswaschung der Hauptmenge des sauren Gases geführt. In der unteren Strippstufe wird die abgeteilte, kleinere Lösungsmenge mit der Gesamtdampfmenge voll regeneriert. In dieser Stufe steht daher für 1 Nm^3 auszutreibendes Gas eine mehrfach so hohe Dampfmenge zur Verfügung wie in der oberen Stufe für den großen Strom. Der vollregenerierte, kleinere Strom wird danach auf den Kopf des Absorbers geführt, um die noch zu entfernende Menge aufzunehmen.

Das Fließbild einer Anlage, die in der Regeneration mit Stromteilung und Strippen mit einer durchgehenden Dampfmenge arbeitet, ist auf Abb. 52 dargestellt. Wie sich die Regeneration mit Stromteilung auf die Absorption auswirkt, ist auf Abb. 53 in einem p, c-Bild zu ersehen. Das eintretende Gas, das die zu absorbierende Komponente mit einem Partialdruck entsprechend dem Punkt A_2 enthält, beladet die Lösung bis zur Konzentration c_2. Der aus dem mittleren Teil des Regenerierturms in der auf Abb. 52 gezeigten Weise abgezogene, größere Strom L_s hat die Konzentration c_s.

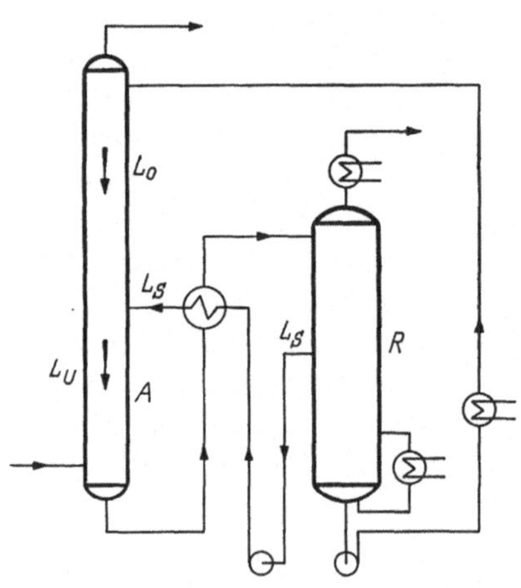

Abb. 52. Fließbild einer Absorptionsanlage für ein chemisch wirkendes Waschmittel mit Teilung des Waschmittels in einen großen Strom im unteren Teil des Absorbers A und im oberen Teil des Regenerierturms R und in einen kleinen Strom im oberen Teil des Absorbers A und im unteren Teil des Regenerierturms R.

Im Sumpf des Regenerierturms wird durch die verhältnismäßig hohe Strippdampfmenge die Konzentration c_1 erreicht. Der Partialdruck über dem mittleren Zulauf des Absorbers sei durch den Punkt A_s und im Kopf des Absorbers durch den Punkt A_1 gegeben. Die Betriebsgeraden für den oberen Teil des Absorbers A_1A_s und für den unteren Teil A_2A_s haben den Anstieg L_o/G für die kleinere Lösungsmenge L_o und L_u/G für die größere Lösungsmenge L_u.

Die letztere setzt sich, wie Abb. 52 zeigt, aus der teilweise regenerierten, aus dem Regenerierturm seitlich abgezweigten Lösungsmenge L_s und der von oben herunterlaufenden Lösungsmenge L_o zusammen. Bei den auf Abb. 53 dargestellten Verhältnissen ist vorausgesetzt, daß diese beiden Ströme die gleiche Konzentration c_s haben. Diese Bedingung stellt sich nicht zwangläufig ein. Je nach den Verhältnissen kann die Konzentration des kleineren Lösungsstroms L_0 kleiner als c_s und die Konzentration des größeren Teilstroms größer als c_s sein. Die Mischung dieser Ströme ergibt dann z. B. die Konzentration c_s.

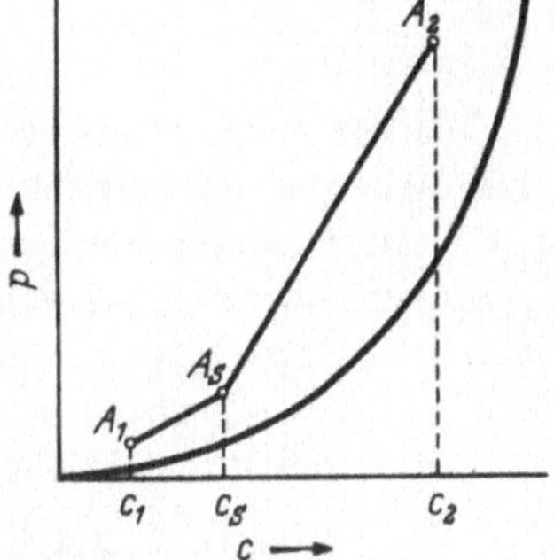

Abb. 53. Betriebsgerade für einen Absorber mit Strömungsteilung nach Abb. 52 in einem p, c-Bild.

Durch die Anwendung der Stromteilung werden die für den Stoffübergang maßgebenden Partialdruckdifferenzen vermindert, weil die Betriebsgeraden im mittleren Teil entsprechend der parabelförmigen Form der Gleichgewichtskurve geknickt werden. Dies ist im vorliegenden Fall jedoch kein wesentlicher Nachteil, weil die Stoffübergangszahlen der chemischen Wäschen mit geringer werdenden Partialdruckunterschieden im allgemeinen steigen oder sich nur wenig ändern.

9. Verfahren mit Schwefelgewinnung (Oxydationsverfahren)

Wird Schwefelwasserstoff mit einem chemisch wirkenden Waschmittel, z. B. einer NH_3–Wasser-Lösung, ausgewaschen, so besteht die Möglichkeit, diesen in der Regeneration durch eine Sauerstoffübertragung z. B. durch Einblasen von Luft oder Sauerstoff aus einer Luftzerlegung zu elementarem Schwefel umzusetzen und auf diese Weise eine besondere Verfahrensstufe zur Gewinnung von Schwefel oder Schwefelsäure zu sparen (*Oxydationsverfahren*).

Durch gleichzeitige Zuführung von Schwefeldioxyd kann z. B. folgende Reaktion durchgeführt werden, die unmittelbar zu elementarem Schwefel führt:

$$2\,H_2S + SO_2 \rightarrow 3\,S + 2\,H_2O$$

Dabei bildet sich zunächst mit dem Schwefeldioxyd ein Sulfit, das in Thiosulfat übergeführt wird. In Gegenwart dieses Salzes scheidet sich Schwefel aus, solange Schwefelwasserstoff und Schwefeldioxyd zugeführt werden. Der in feinster Verteilung ausfallende Schwefel wird durch Flotation oder durch Absitzkammern entfernt. Etwa ein Drittel des gewonnenen Schwefels wird zur Erzeugung des notwendigen Schwefeldioxyds verbrannt. Dieses kann unmittelbar in das Rohgas eingeführt werden. Das Schwefeldioxyd kann aber auch besonders, wenn es mit anderen, inerten Gasen verdünnt ist, in den Regenerierturm eingelassen werden. Dabei können die eingeführten Inertgasbestandteile zum Austreiben der absorbierten Komponenten dienen.

Die meisten Oxydationsverfahren benutzen neutrale oder alkalische oder ammoniakalische Lösungen, um den Schwefelwasserstoff zunächst in Sulfidionen zu überführen, und setzen ihn dann mit Sauerstoff als Oxydationsmittel und mit Sauerstoffüberträgern, wie Eisenhydroxyd, Eisenzyanverbindungen, Thioarsenaten usw., zu elementarem Schwefel um. Die zur Regenerierung notwendige Luftmenge beträgt dabei etwa 5 bis 10% der durchgesetzten Gasmenge.

Bei einem dieser Verfahren zur Absorption von Schwefelwasserstoff mit Gewinnung des Schwefels in fester Form werden Sauerstoff oder sauerstoffhaltige Gase zur Regeneration der ammoniakalischen Lösung, die Eisen-Zyan-Verbindungen enthält, in einen Belüfter eingeblasen. Es läuft dabei unter Wärmeentwicklung etwa folgende Reaktion ab:

$$2\,H_2S + O_2 = 2\,S + 2\,H_2O$$

Die genannten Komplexe laufen als Zwischenträger zwischen Absorption und Regeneration um, ohne verbraucht zu werden. Es bildet sich zunächst Ammoniumsulfid, das sich mit den Eisen-Zyan-Komplexen verbindet. Durch die Oxydation des Eisens mit Hilfe der Belüftung wird das Ammoniak zur weiteren H_2S-Aufnahme frei gemacht. Der Schwefelwasserstoff wird dabei mit dem Sauerstoff der Luft zu Schwefel umgesetzt. Mit den im Belüftungsturm aufsteigenden Luftblasen wird der feinkörnige Schwefel im Belüfter nach oben gebracht und über einen Überlauf abgeschieden. Man spart dabei die Wärme, die andernfalls zum Austreiben des Schwefelwasserstoffs aus der Lösung erforderlich wäre. Bei der Gewinnung des Schwefels aus Kohlendestillationsgas sind Ammoniak und Zyan in diesen vorhanden, so daß lediglich Eisensalze, z. B. Eisensulfat, der Lösung zuzusetzen sind.

Der erhaltene Schwefel, der noch Reste von Waschflüssigkeit enthält, gelangt in einen Druckkocher und wird in diesem einige Zeit auf etwa 150° C erhitzt. Durch Entspannung wird die Flüssigkeit in Dampfform abgetrennt. Er wird danach nochmals erhitzt, um etwaige Ölanteile auszutreiben. Schließlich wird der geschmolzene Schwefel zur Erstarrung gebracht.

Wegen des NH_3-Partialdrucks über der Lösung muß hinter den Absorber ein Ammoniakwäscher oder ein mit Schwefelsäure betriebener Sättiger zur Herstellung von Ammonsulfat geschaltet werden.

Ein weiteres Verfahren arbeitet mit einer Aufschlämmung von Eisenhydroxyd in einer Ammonium- oder Natriumkarbonatlösung. Dabei wird der Schwefelwasserstoff zunächst als Hydrosulfid gebunden, das sich mit dem Eisenhydroxyd zu Eisensulfid umsetzt. Dieses wird durch Oxydation mit Luft unter Abscheidung von elementarem Schwefel regeneriert.

Das Thylox-Verfahren, bei dem ebenfalls elementarer Schwefel aus dem absorbierten Schwefelwasserstoff hergestellt wird, arbeitet mit einer neutralen Lösung von Natriumthioarsenat. Da sie neutral ist, reagiert sie nicht mit Kohlendioxyd. Die beladene Lösung wird in Belüftungstürmen behandelt und durchströmt diese hierzu von unten nach oben. Dabei läuft folgende Reaktion ab:

$$2\,Na_2HAsS_3O + 2\,H_2S = 2\,Na_2H_3AsS_4O$$

Die Regeneration mit Luft geht in folgender Weise vor sich:

$$2\,Na_2H_3AsS_4O + O_2 = 2\,Na_2HAsS_3O + 2\,H_2O + 2\,S$$

Die Türme sind auf eine Höhe von etwa 30 m mit Lösung gefüllt und ohne Einbauten ausgeführt. In das Unterteil dieser Türme wird Luft mit entsprechendem Überdruck eingeblasen. Die aufsteigenden Luftblasen führen die Schwefelteilchen nach oben. Auf dem Kopf des Turms ist ein Schwefelabscheidebehälter angeordnet. Die Luftblasen erzeugen hier eine Schaumschicht, in der sich der Schwefel sammelt. Der Schwefel wird über ein Wehr abgeschieden und auf einem Filter von der mitgeführten Flüssigkeit abgetrennt. Der Belüftungsturm wird oft unterteilt, um den notwendigen Luftdruck zu vermindern. Die Thylox-Anlagen entfernen etwa 90 bis 96% des Schwefelwasserstoffs aus dem Rohgas. Etwa bis zu 10% des absorbierten Schwefels bildet Thiosulfat, das sich in der Lösung anreichert, so daß ein Teil der Lösung ständig abgezogen werden muß.

Die wesentlichen Vorteile dieser Verfahren bestehen darin, daß der Schwefelwasserstoff weitgehend entfernt werden kann, daß die Schwefelgewinnung mehr oder weniger von dem CO_2-Gehalt des Rohgases unabhängig ist, und daß der Schwefel in fester Form unmittelbar anfällt. Als Nachteile dieser Verfahren können erwähnt werden, daß der Schwefel infolge von Verunreinigungen weniger wert ist, daß infolge von Nebenreaktionen durch die Anreicherung von Fremdsalzen, wie Sulfaten, Rhodaniden usw., mit Laugeverlusten zu rechnen ist, und daß die Gasreinheit entsprechend der Temperaturfunktion über der Sulfide enthaltenden Lösung von der Waschtemperatur abhängt.

10. Reinhaltung des Waschmittels

Die Absorptionswirkung chemisch lösender Waschmittel kann sich durch die Reaktion von Schwefelwasserstoff mit vorhandenen Anteilen von Sauerstoff, die sich oft im Gas finden, und durch die Hydrolyse von COS und Merkaptanen durch das dabei gebildete Thiosulfat verschlechtern. In gleicher Weise können im Gas vorhandene, saure Komponenten, wie Ameisensäure, Essigsäure, Zyanwasserstoff usw., nichtregenerierbare Verbindungen, wie Formiate, Azetate usw., in der

Lösung ergeben. Mit einzelnen Aminen bilden Carbonylsulfid und Schwefelkohlenstoff Verbindungen.

Wird einer Äthanolamin-Lösung Glykol zugemischt, so können bei der Erwärmung in der Regeneration kleine Säuremengen entstehen und nichtregenerierbare Stoffe erzeugen. Zersetzungsprodukte organischer Basen können Verharzungen in den Apparaturen verursachen.

Während flüchtige Zersetzungsprodukte größtenteils durch den Strippdampf im Regenerierturm aus der Lösung entfernt werden, reichern sich alle nichtflüchtigen Zersetzungs- und Reaktionsprodukte in der Waschlösung an. Die Bildung nichtregenerierbarer Stoffe in der Lösung vermindert die Differenzbeladung der Lösung für die zu entfernende Komponente durch die Abnahme des Gehalts an freiem Reaktionsmittel und in einzelnen Fällen auch durch Erhöhen der Zähigkeit. Die Ansammlung nichtflüchtiger und nichtregenerierbarer Verunreinigungen kann auf ein tragbares Maß begrenzt werden, wenn das Waschmittel flüchtig ist. Hierzu wird in diesem Fall ein Teilstrom des regenerierten Waschmittels abgezogen und in einer besonderen Apparatur überdestilliert. Die nichtflüchtigen Verunreinigungen bleiben dabei im Rückstand zurück. Wenn mit der Anreicherung nichtflüchtiger Produkte in der Lösung zu rechnen ist, wird das Monoäthanolamin wegen seiner Destillierbarkeit oft bevorzugt. Wird Monoäthanolamin mit Glykolzusatz verwendet, so muß unter Vakuum destilliert werden, da die Glykole bei erhöhten Temperaturen nicht genügend stabil sind.

Alkalikarbonat-Lösungen lassen sich in beschränktem Umfang dadurch reinigen, daß man einen Teilstrom der Lösung abzieht, bei warmen Temperaturen und mit hohen Konzentrationen hoch mit Kohlendioxyd sättigt, so daß ein großer Anteil von Bikarbonat entsteht, der nach Kühlung ausgefällt wird.

Feste Verunreinigungen können durch den vom Gas mitgeführten Staub, durch Schwefelteilchen, die durch die Reaktion zwischen Schwefelwasserstoff und Sauerstoff entstehen, durch Eisenverluste, z. B. in Form von Eisensulfid infolge von Korrosionen, durch Füllkörperabrieb oder -bruchstücke und ähnliche Vorgänge, auftreten. Zur Abscheidung solcher Stoffe wird daher meist ein kleines Filter eingeschaltet.

Da chemische Wäschen eine wäßrige Lösung benutzen, werden Kohlenwasserstoffe nicht gelöst. Bei der Verwendung organischer Basen, insbesondere mit Glykolzusatz, können kleine Mengen von Kohlenwasserstoffen in Lösung gehen. Die niedrigsiedenden Anteile werden im Regenerierturm über Kopf abdestilliert. Hochsiedende Kohlenwasserstoffe und teerartige Stoffe, die besonders in Form von Nebeln in die Anlage gelangen und sich nicht lösen, können sich in dieser anreichern. In diesem Fall muß eine Abtrennvorrichtung mit Schichtenscheidung vorgesehen werden.

Lassen sich die nichtflüchtigen Zersetzungs- und Reaktionsprodukte nicht entfernen, so muß ständig ein Teil der Lösung abgestoßen werden, um die Anreicherung der Verunreinigungen zu begrenzen. Die Waschmittelmenge, die dabei verlorengeht, hängt vorwiegend von dem Schwefelwasserstoff- und dem Sauerstoffgehalt des Rohgases ab.

Bei der Absorption mit flüchtigen Waschmitteln, z. B. mit Monoäthanolamin, ist außerdem der durch den Dampfdruck entstehende Verlust zu decken, so daß z. B. bei der Auswaschung von CO_2 aus Druckgasen mit Monoäthanolamin ein Ersatz in der Größenordnung von etwa 0,3 bis 0,5 g/Nm^3 CO_2 erforderlich sein kann.

Bei verhältnismäßig günstigen Verhältnissen kann man bei chemisch wirkenden Waschmitteln im allgemeinen damit rechnen, daß etwa jedes Jahr die gesamte Füllung der Apparatur einmal zu ergänzen ist.

IX. Regelung

Als Störgrößen können in Absorptionsanlagen besonders Änderungen des Rohgasdrucks, der Rohgasmenge oder des Gehalts an den auszuwaschenden Komponenten auftreten. Schwankungen dieser Größen gehen teils von den Gaserzeugungsanlagen oder den Anlagen oder Apparaturen, in denen die Gase entstehen, teils aber auch von den nachgeschalteten Verarbeitungsanlagen oder dem angeschlossenen Gasnetz aus. Während die Rohgasmenge und der Gehalt an den auszuwaschenden Komponenten als gegeben anzusehen sind, kann der Gasdruck durch einen Druckregler hinter dem Waschturm auf eine bestimmte Höhe besonders dann eingeregelt werden, wenn dies auch für eine vorgeschaltete Anlage wichtig ist, z. B. um eine Entspannung durch nachgeschaltete Anlagen zu verhindern. Für den Betrieb ist die Aufrechterhaltung des Gasdrucks besonders für Wäschen mit einem physikalisch lösenden Waschmittel wichtig, wenn der Gehalt an der zu absorbierenden Komponente hoch ist, und für Wäschen mit einem chemisch wirkenden Waschmittel, wenn der Restgehalt der zu entfernenden Komponente im Reingas sehr gering sein soll.

Das Waschmittel hat in der Absorptionsanlage über Absorber, Wärmetauscher, Regenerierturm und sonstige Apparaturen einen weiten Weg mit verhältnismäßig geringen Geschwindigkeiten und erheblichen Aufenthaltszeiten besonders in den Sümpfen der Türme zurückzulegen, so daß ein Eingriff der Regelung, z. B. eine Änderung der Waschmittelmenge, mit großen Verzögerungen verbunden ist. Läuft z. B. in einer Absorptionsanlage, die einen Betriebsinhalt von 30 m^3

hat, eine Waschmittelmenge von 180 m^3/h um, so beträgt die mittlere Umlaufzeit 30/180 = 0,167 h = 10 Minuten.

Entsprechend der Zeit für den Umlauf der Füllung kann die Waschmittelmenge nur allmählich verändert werden, damit die neue Betriebsfüllung sich gleichmäßig einstellt. Eine Verstellung der Waschmittelmenge wirkt sich daher nur langsam auf die Spezifikationen für das Reingas und für die in der Regeneration erhaltenen Stoffe aus. Eine Temperaturänderung des Waschmittels kommt meist noch langsamer zustande. Man regelt in der Absorptionstechnik Waschkreisläufe möglichst nach Mengen und nicht mit Temperaturen.

Die Schwankungen der oben genannten Größen, die in Absorptionsanlagen auftreten, sind oft von kurzer Dauer, da die vorgeschalteten Anlagen, in denen diese entstehen, mit selbsttätiger Regelung und verhältnismäßig geringen Regelverzögerungen arbeiten, die kürzer sein können als die der Absorptionsanlage. Man begnügt sich in solchen Fällen mit einer Festwertregelung der Absorptionsanlage, die auf den mindest vorhandenen Rohgasdruck und die festgelegte Rohgasmenge eingestellt wird. Die Anlage arbeitet dann bei einer vorübergehenden Verminderung der Rohgasmenge nicht unter den wirtschaftlichsten Bedingungen. Man hält daher in diesem Fall die umlaufende Waschmittelmenge und den Wärmeaufwand für die Regeneration konstant, um auf diese Weise die Spezifikationen für das Reingas zu erreichen.

Treten länger anhaltende Veränderungen der Rohgasmenge auf, so kann grundsätzlich bei physikalisch wirkenden Waschmitteln das Verhältnis Waschmittelmenge/Gasmenge unabhängig von dem Gehalt der zu absorbierenden Komponenten im Rohgas konstant gehalten werden. Man kann hierzu z. B. einen Verhältnisregler benutzen. Ändert sich die Rohgasmenge in längeren Perioden, so kann es zweckmäßig sein, auch die Wärmemenge, die dem Regenerierturm zugeführt wird, nach dieser Gasmenge zu regeln.

Wird die Waschmittelmenge nach der Reingasmenge eingestellt, so kann die Wärmezufuhr zum Regenerierturm auch nach der Waschmittelmenge eingeregelt werden.

Nur in einfachen Fällen kann eine Absorptionsanlage durch Analysen der Produktströme einschließlich des Reingases selbsttätig geregelt werden. Die Meßgeräte zur Bestimmung des Gehalts von Komponenten, für die bestimmte Forderungen bestehen, dienen daher meist lediglich zur Einstellung der Regler von Hand. Zur Bestimmung von Stoffgehalten in den Gasströmen benutzt man möglichst physikalisch wirkende, kontinuierlich arbeitende Geräte, wie Wärmeleitfähigkeitsmesser, Interferometer, Infrarotgeräte, lichtelektrische Kolorimeter, Wärmetönungsmesser, Geräte, die die magnetische Suszeptibilität oder die elektrische Leitfähigkeit als Meßgröße erfassen, usw.

Werden von einem physikalisch wirkenden Waschmittel außer dem eigentlichen Produkt große Gasmengen mitabsorbiert, so daß eine Vorentgasung, z. B. eine Vorentgasungskolonne mit Reabsorber vor den Regenerierturm, geschaltet ist, so ist eine genaue Einregelung der Sumpftemperatur dieser Kolonne notwendig, da an dieser Stelle eine möglichst genaue Trennung zwischen den niedrigsiedenden, mitabsorbierten Gasanteilen und den höher siedenden Produkten vorzunehmen ist. Insbesondere darf die Temperatur im Sumpf der Vorentgasungskolonne eine bestimmte Temperaturgrenze nicht unterschreiten, weil dann das Produkt, das in der nachfolgenden Regenerierkolonne gewonnen wird, zu große Anteile an niedrigsiedenden Stoffen enthalten würde. Hier besteht daher die Möglichkeit, die Sumpftemperatur der Vorentgasungskolonne unter Konstanthaltung des Drucks zur Regelung heranzuziehen, indem man sie z. B. auf einen konstanten Wert einstellt. Wird z. B. die dem Sumpf der Vorentgasungskolonne zugeführte Gas- oder Strippdampfmenge nach der Waschmittelmenge geregelt, so muß auch die Sumpftemperatur dieser Kolonne in dem angegebenen Sinn in den Regelkreis eingreifen und bei einem zu tiefen Sinken der Temperatur mehr Wärme oder Dampf in den Sumpf der Vorentgasungskolonne einführen.

Eine andere Möglichkeit zur Regelung der Vorentgasungskolonne besteht darin, die dem Sumpf dieser Kolonne zuzuführende Wärme nach der Menge der aus dem Kopf des Reabsorbers abziehenden Gase zu regeln. Bei einem Steigen dieser Gasmenge muß die der Vorentgasungskolonne zuzuführende Wärme vermindert werden.

Eine Vorentgasung mit Reabsorber kann in einfacher Weise durch Einstellung des Drucks geregelt werden. Wird z. B. der Druck erhöht, so vermindert sich die aus dem Waschmittel frei werdende Gasmenge. Gleichzeitig wird die Waschwirkung des Reabsorbers bei gleichbleibender Waschmittelbeaufschlagung durch den erhöhten Druck vergrößert, so daß das Waschmittel mehr Stoffanteile aus dem Gas herausnimmt. Eine geringe Druckerhöhung wirkt daher derart, daß die im Waschmittel verbleibenden Produktanteile sich vergrößern. Eine schwächere Wirkung erhält man, wenn der Druck im Reabsorber konstant gehalten und die auf den Reabsorber geführte Waschmittelmenge z. B. nach der Menge des gewaschenen Gases verändert wird.

Wird der Regenerierturm unter Druck betrieben, so wird dieser durch einen Druckregler konstant gehalten, der in der Leitung für die hinter dem Kopfkondensator abziehenden Gase angeordnet ist. Sind in den Gasen, die im Regenerierturm aus dem Waschmittel ausgetrieben werden, große Anteile an kondensierbaren, vorwiegend niedrigsiedenden Stoffen vorhanden, so kann man auch die Kühlwassermenge, die dem Rücklaufkondensator des Regenerierturms zugeführt wird, zur Regelung des Drucks in diesem Turm heranziehen.

Um die Anlaufzeiten für die Regelung und die Totzeiten einer Absorptionsanlage klein zu halten, soll der Flüssigkeitsinhalt der Anlage, der notwendig ist, um die Türme, Behälter, Austauscher usw. zu füllen, im Verhältnis zur Waschmittelmenge, die in der Zeiteinheit umzuwälzen ist, nach Möglichkeit klein gehalten werden. Andererseits können bei der Inbetriebsetzung und auch beim Nachstellen der Anlage bei Veränderungen, z. B. der Gaslast, Schwankungen in der Menge und in der örtlichen Verteilung des Betriebsinhalts auftreten. Es muß daher eine kleine Reservemenge an Waschmittel in der Anlage vorhanden sein, die in der Regel im Sumpf des Regenerierturms gespeichert wird.

Die Verteilung des Waschmittelinhalts der Anlage auf Absorption und Regeneration wird oft so ausgeführt, daß der Sumpfspiegel im Absorber und gegebenenfalls in den Entspannungsgefäßen und in der Vorentgasungskolonne durch Standregler konstant gehalten wird. Da das Waschmittelvolumen im laufenden Betrieb unveränderlich ist, kann der Sumpf des Regenerierturms ohne Standregler betrieben werden, so daß er alle auftretenden Schwankungen aufnehmen kann. Es ist aber auch die umgekehrte Anordnung möglich, bei der der Flüssigkeitsstand im Absorber schwankt und im Regenerierturm konstant gehalten wird.

Wird ein Turm zur Verringerung der Bauhöhe in zwei oder drei hintereinandergeschaltete Türme geteilt, so soll jeder Turm wegen der verschiedenen Flüssigkeitshöhen, die sich in den Sümpfen infolge des Druckabfalls einstellen würden, einen eigenen Standregler erhalten.

X. Wirtschaftlichkeit der Absorptionsverfahren

Die Wirtschaftlichkeit eines Absorptionsverfahrens, die sich aus den Anlage- und Betriebskosten ergibt, muß sowohl Verfahren der gleichen Art, z. B. einer Absorption mit einem anderen Waschmittel, als auch physikalisch und technisch anderen Verfahren überlegen sein, die mit ihm in einen Wettbewerb treten können.

In einzelnen Fällen kann eine Gaskomponente sowohl durch ein physikalisch lösendes Waschmittel als auch durch eine chemisch wirkende Lösung absorbiert werden. Als Beispiel sei die Auswaschung von Kohlendioxyd erwähnt, die chemisch mit allen basischen Waschmitteln und physikalisch mit Wasser und Regenerierung durch Strippen mit Luft oder bei tiefen Temperaturen mit organischen, polaren Waschmitteln möglich ist. Rechnet man die Dampfkosten dabei entsprechend dem Verhältnis Dampfpreis/kW-Preis in die Energiekosten ein, so unterscheiden sich die physikalischen und chemischen Absorptionsverfahren hinsichtlich der Energiekosten wesentlich dadurch, daß die gesamten Energiekosten der Verfahren mit physikalisch lösenden Waschmitteln bei gleichbleibender Rohgasmenge von der zu absorbierenden Menge nahezu unabhängig sind. Bei den chemisch wirkenden Wäschen dagegen steigen die Energiekosten wegen der begrenzten Differenzbeladung proportional der ausgewaschenen Gasmenge. Qualitativ ergibt sich daher beispielsweise das auf Abb. 54 dargestellte Bild. Hier sind die Gesamtenergiekosten N, z. B. in kWh/h, über der absorbierten Gasmenge F_i für sonst gleiche Verhältnisse mit der Kurve A für eine Wäsche mit einer chemisch wirkenden Lösung und mit der Kurve B für ein physikalisch lösendes Waschmittel aufgetragen. Je höher der Gehalt an der zu absorbierenden Komponente im Rohgas ist, um so günstiger ist der Gesamtenergiebedarf einer Anlage mit einem physikalisch lösenden Waschmittel.

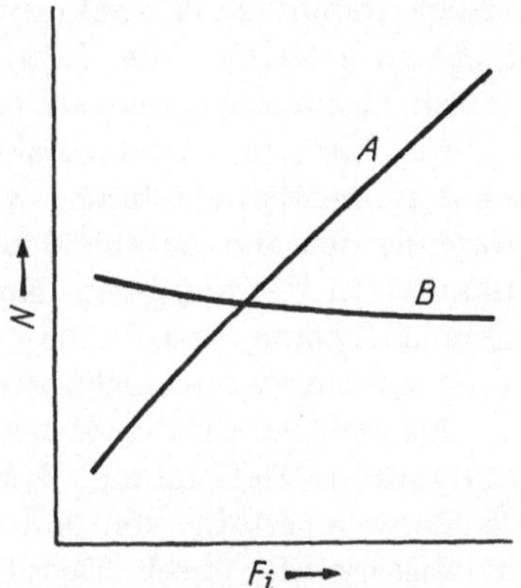

Abb. 54. Vergleich der Gesamtenergiekosten für die Absorption mit einem physikalisch und mit einem chemisch wirkenden Waschmittel in Abhängigkeit von der absorbierten Gasmenge mit der Kurve A für das chemisch bindende und mit der Kurve B für das physikalisch lösende Mittel.

Stehen die durch Absorption zu behandelnden Gase unter Atmosphärendruck oder mit geringem Überdruck zur Verfügung und kann die zu gewinnende Komponente, z. B. Äthylen, praktisch nur unter erhöhten Drücken durch Absorption aus dem Gas entfernt werden, so ist es für den Vergleich mit anderen Verfahren wesentlich, ob die Gase nach der Absorption mit dem geringen Druck vor der Absorption oder aus anderen Verfahrensgründen unter Drücken gebraucht werden, die nicht unter dem gewünschten Absorptionsdruck liegen. Im ersten Fall müßte das Absorptionsverfahren mit den Kosten für die Verdichtung auf den Absorptionsdruck belastet werden, so daß ein Verfahren, das unter geringeren Drücken arbeitet, im Vorteil wäre. Werden die Gase dagegen unter hohen Drücken weiterverarbeitet, so kann ein Absorptionsverfahren besonders geeignet sein.

Sind die zu entfernenden Komponenten in erheblichem Anteil, z. B. entsprechend dem Sättigungszustand, im Gas vorhanden und kommt es auf eine nahezu vollständige Gewinnung dieser Komponenten nicht an, so kann statt einer Absorption eine einfache Tiefkühlung des Gases genügen, bei der diese Komponenten zu einem erheblichen Teil auskondensieren. Dieses Verfahren ist besonders vorteilhaft, wenn das

Gas unter hohem Druck steht und ein Teil des Druckgefälles zur Erzeugung von Kälte durch Drosselung auf einen Zwischendruck ausgenutzt werden kann. So wird z. B. aus Naturgasen, die unter hohem Druck zur Verfügung stehen, ein erheblicher Teil des Gasbenzins durch Ausnutzung des JOULE-THOMSON-Effekts zur Kühlung des Gases ohne vorherige Trocknung mit sofortigem Schmelzen der gebildeten Gashydrate auskondensiert. Gegen dieses Verfahren ist eine Absorptionsanlage für gleichen Gewinnungsanteil an Kohlenwasserstoffen nicht konkurrenzfähig. Ist der Druck des Naturgases nicht so hoch, daß die Kälte durch Drosselung erzeugt werden kann, so scheidet das Kondensationsverfahren zur Gasbenzingewinnung aus.

Die Tieftemperaturverfahren sind gegenüber der Absorption besonders wettbewerbsfähig, wenn die Temperaturen so weit gesenkt werden, daß die anfallenden Kondensate unmittelbar durch Rektifikation in die einzelnen Komponenten zerlegt werden können. Im Grenzfall kann dabei eine vollständige, destillative Trennung aller Gaskomponenten erreicht werden.

Als Beispiel sei die Zerlegung von Krackgasen durch Verdichtung, stufenweise Tiefkühlung, destillative Trennung der C_4- und höheren Kohlenwasserstoffe von den C_3-Anteilen und Gewinnung der C_2-Kohlenwasserstoffe durch Destillation erwähnt. Weitere Beispiele sind die Gewinnung von Äthylen aus der Spaltung von Äthan und Propan und aus der partiellen Oxydation von Äthan. Dabei können alle Kohlenwasserstoffe einschließlich der C_2-Anteile und des Methans durch Tiefkühlung bis auf etwa -140 bis $-150\,^\circ$C auskondensiert und nacheinander destillativ gewonnen werden.

Wird für diese Aufgabe ein Absorptionsverfahren benutzt, so genügt für die Absorber eine Temperaturlage von etwa $-35\,^\circ$C. Man muß jedoch für die Gewinnung der C_2-Kohlenwasserstoffe große Waschmittelmengen umwälzen und erhält Gaskreisläufe mit Rekompression und Reabsorbern. Die Bedingungen für die Anwendung eines Absorptionsverfahrens liegen für Aufgaben dieser Art gegenüber den Tieftemperaturverfahren günstig, wenn die Gehalte an Methan und niedriger siedenden Gasen verhältnismäßig hoch sind, wenn die Anforderungen an die Äthylenausbeute begrenzt werden und wenn das Restgas unter hohem Druck gebraucht wird.

Zu den Verfahren, die mit der Absorption oft in Wettbewerb treten, gehört ferner die Adsorption, insbesondere mit aktiver Kohle als Adsorptionsmittel. Die Adsorption wird der Absorption z. B. bei der Rückgewinnung von Lösungsmitteln, wie Azeton, Schwefelkohlenstoff usw., oft vorgezogen. Zur Absorption von Azeton aus Gasen wird in der Regel Wasser als Waschmittel verwendet, weil das Azeton durch andere organische Stoffe nicht verunreinigt werden darf. Wegen des hohen Aktivitätskoeffizienten des Azetons in Wasser, der etwa 7 beträgt, sind bei der Absorption große Wassermengen in Umlauf zu setzen. Da die Aktivkohle andererseits ein gutes Adsorptionsvermögen für Azeton hat, wird die Adsorption für diesen Fall der Absorption oft vorgezogen, besonders auch dann, wenn die Gase unter geringem Druck oder drucklos zur Verfügung stehen.

Bei geringen H_2S-Gehalten, z. B. bis zu etwa 5 g/Nm^3, und nicht zu hohen Gasdrücken kann eine Trockenreinigung oder die Kombination mit einer vorgeschalteten chemischen Wäsche besonders dann vorteilhaft sein, wenn im Rohgas vorhandenes Kohlendioxyd nicht vollständig zu entfernen ist.

In einzelnen Fällen besteht die Möglichkeit, eine Komponente, die nur durch eine besondere Waschstufe abgetrennt werden könnte, durch eine geeignete Reaktion in eine Stofform umzusetzen, die dem Verfahrenszweck entspricht. Als Beispiele seien die selektive, katalytische Hydrierung von Acetylen oder Acetylenhomologen, z. B. bei der Gewinnung von Äthylen aus olefinhaltigen Gasen, die Oxydation von NO, das sich nur schwer auswaschen läßt, zu NO_2 und die Konvertierung von organischen Schwefelverbindungen mit Wasserdampf zu Schwefelwasserstoff, der sich ohne Schwierigkeiten nahezu vollständig durch Absorption entfernen läßt, erwähnt. Bei der zuerst genannten Entfernung von Acetylen aus Äthylen enthaltenden Gasen ist die selektive Hydrierung des Acetylens im Vergleich mit einer Absorption, z. B. mit Dimethylformamid (s. S. 21), um so wirtschaftlicher, je geringer der Acetylengehalt der Gase, der gerechnete Acetylenpreis und die Äthylenleistung der Anlage sind.

Bei der Beurteilung eines Absorptionsverfahrens sind daher stets die Möglichkeiten des Wettbewerbs mit anderen Verfahren zu berücksichtigen.

Namen- und Sachverzeichnis